U0216336

"十三五"职业教育部委级规划教材

安徽省规划教材

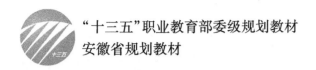

纺织工艺设计与计算

（第 2 版）

倪中秀　罗建红　主　编

张　勇　刘秀英　副主编

中国纺织出版社有限公司

国家一级出版社
全国百佳图书出版单位

内 容 提 要

本书是"十三五"职业教育部委级规划教材,是现代纺织技术专业的核心综合课程用书。主要介绍了原棉、棉纱和棉布的技术规格的计算以及纺织工艺配备计算,包括纱线种类和原料选配、织物种类和技术规格、纺织工艺流程、机器选择、卷装计算、产量计算、配棉量计算、用纱量计算、机器配台计算等以及织物的结构与性能的基本知识。列举了典型产品的计算实例,具有较好的实用性。

本书可作为高职高专类纺织院校相应课程的教材,也可作为纺织工程技术人员的参考用书。

图书在版编目（CIP）数据

纺织工艺设计与计算/倪中秀,罗建红主编. --2 版.
--北京:中国纺织出版社有限公司,2019.9（2025.5重印）
"十三五"职业教育部委级规划教材 安徽省规划教材
ISBN 978 - 7 - 5180 - 6368 - 0

Ⅰ. ①纺… Ⅱ. ①倪… ②罗… Ⅲ. ①纺织工艺—
高等职业教育—教材 Ⅳ. ①TS104.2

中国版本图书馆 CIP 数据核字（2019）第 134709 号

策划编辑:符 芬 孔会云　责任编辑:李泽华
责任校对:楼旭红　　　　 责任印制:何 建

中国纺织出版社有限公司出版发行
地址:北京市朝阳区百子湾东里 A407 号楼　邮政编码:100124
销售电话:010—67004422　传真:010—87155801
http://www.c-textilep.com
中国纺织出版社天猫旗舰店
官方微博 http://weibo.com/2119887771
北京虎彩文化传播有限公司印刷　各地新华书店经销
2025 年 5 月第 13 次印刷
开本:787×1092　1/16　印张:16.25
字数:368 千字　定价:56.00 元

凡购本书,如有缺页、倒页、脱页,由本社图书营销中心调换

第2版前言

编写背景 "纺织工艺设计与计算"是现代纺织技术专业的核心课程之一,是根据纺织企业技术岗位能力要求所开设的专业综合课程。按照高职课程改革与建设要求,原来的教材编排形式不能适应现在的项目化教学。在编排形式上,力求改变传统的教材编写模式,按照教学过程、环节或技能模块组织教材的编写,充分吸收专业领域的先进技术,与科学技术、职业发展、行业企业紧密联系,突出体现职业素质和职业能力;突出以工作过程为导向,以学生职业能力培养为出发点,以职业标准为主要依据,围绕在实践中学习知识;在实践中运用知识;在实践中锻炼能力、发展能力;在实践中设计产品、创新产品的理念。适应示范高职建设课程改革要求"教学做一体"的教学模式。

修订思路 根据棉纺织企业的发展变化和教材使用过程中出现的问题进行修订。

1. 力求改变原来传统的教材编写模式,按照教学过程、环节或技能模块组织教材的编写,充分吸收专业领域的先进技术,与科学技术、职业发展、行业企业紧密联系,突出体现职业素质和职业能力。

2. 突出以工作过程为导向,以学生职业能力培养为出发点,以职业标准为主要依据。在编排形式上力求新颖,适应示范高职建设课程改革要求"教学做一体"的教学模式。

3. 结合企业实际,本教材以各种典型织物的工艺设计划分教学模块,每一模块以具体设计任务作为教学载体。

4. 在教材开发上,充分体现产学结合的特色,编写队伍中既有学校一线教学人员,也有企业一线专家,内容上对接职业标准和岗位。

教学建议 "纺织工艺设计与计算"课程作为现代纺织技术专业"现代纺织技术""纺织品设计""家用纺织品设计与工艺"等方向的主干课程,应为必修课。学习本课程前应掌握专业基础知识,如纺织材料学、棉纺技术、织物结构与设计、机织技术等。建议理论教学72~80课时,教学内容为本书全部内容。另外安排设计与计算课程内容为一周时间,对纺织和织造工艺、设备配备进行系统计算演练。

"纺织工艺设计与计算"课程也可作为现代纺织相关专业"纺织品检测与贸易""染整技术"等方向的辅助课程,作为选修课,建议学时36课时,选择与专业有关内容进行教学。

编写分工 本书的内容分为两大模块,由院校的教师和企业专家共同撰写。模块一的项目一、项目二、项目三由成都纺织高等专科学校罗建红执笔,项目四和项目五由成都纺织高等专科学校刘秀英执笔;模块二的项目一、项目三、项目四及附录由安徽职业技术学院倪中秀执笔,模块二的项目二由安徽职业技术学院张勇执笔。其中模块一得到安徽阜阳华源纺织有限公司张云龙的大力支持,模块二及附录部分得到华润集团(合肥)纺织公司陈婷的大力支持;全书由倪中秀统稿。

此教材的出版获得了安徽职业技术学院 dsgzso4 项目的资助,在此表示衷心感谢。

限于编者的能力和水平以及纺织科技高速发展的现实,书中难免有不足、疏漏之处,敬请广大读者不吝赐教(E - mail:1075376447@ qq. com),以便再版修订时及时修正,使之不断进步。

《纺织工艺设计与计算》编写组
2019 年 5 月

第 1 版前言

《纺织工艺设计与计算》是顺应纺织高等教育发展的需要而诞生的,在全国纺织教育学会和全国纺织染整专业指导委员会的指导和关怀下,由4所院校组成了本书编写委员会,安徽职业技术学院为主编单位。

此次编写的《纺织工艺设计与计算》,明确了教学对象——高等职业技术学院的学生,编写时要求:内容精练、突出实用性,每一章后都有思考题。同时对近几年纺织科技发展的内容(新的知识与术语、新型设备等)也有所体现。

本书的内容分为5个部分,由各个院校的教师共同撰写。绪论和第四章由安徽职业技术学院倪中秀执笔,第一章、第二章由安徽职业技术学院陈晓春执笔,第三章由河南纺织高等专科学校肖丰执毛,第五章第一节至第三节由江苏盐城纺织职业技术学院刘华执笔,第五章第四节至第五节以及附录部分由陕西纺织职业技术学院裴建平执笔。全书由倪中秀统稿。

限于编者的能力和水平,书中难免有不足和疏漏之处,敬请广大读者不吝赐教(E – mail:nizhongxiu@yahoo. com. cn),以便再版修订时及时修正,使之不断进步。

《纺织工艺设计与计算》编写组
2007 年 2 月

教学内容及课时安排

课程性质(课时)	章(课时)	任务(课时)	课程内容
模块一 (42课时)	项目一 (6课时)		纱线设计与计算
		任务一(1课时)	纤维纱线基础知识
		任务二(1课时)	纱线的线密度
		任务三(1课时)	纱线的捻度
		任务四(1课时)	纱线的强力与弹性
		任务五(2课时)	纱线的结构特征与毛羽
	项目二 (6课时)		原料的选配与混合
		任务一(2课时)	原棉的选配
		任务二(2课时)	化学纤维的选配
		任务三(2课时)	原料的混合
	项目三 (10课时)		纺纱工艺流程和主要设备的工艺参数确定
		任务一(2课时)	纺纱工艺流程的确定
		任务二(4课时)	纺纱各工序主要设备与纺纱流程选择
		任务三(4课时)	纺纱各工序主要工艺原则及工艺设计
	项目四 (16课时)		纺纱生产工艺设计与计算
		任务一(6课时)	纺纱工艺参数的选择与计算
		任务二(6课时)	纺纱生产设备的配台计算
		任务三(4课时)	纺纱生产管理及相关计算
	项目五 (4课时)		纺部纱线的工艺设计与计算举例
		任务一(4课时)	纺纱工艺和设备配备计算实例
模块二 (44课时)	项目一 (10课时)		织物结构参数设计与计算
		任务一(2课时)	织物种类与风格特征
		任务二(4课时)	织物几何结构
		任务三(4课时)	织物密度与紧度设计与计算
	项目二 (10课时)		织物规格设计与计算
		任务一(6课时)	织物技术设计计算
		任务二(4课时)	穿经工艺的计算
	项目三 (10课时)		织造生产工艺与设计计算
		任务一(4课时)	生产工艺流程与机器选择
		任务二(6课时)	织造卷装形式与计算
	项目四 (12课时)		织造机器参数选择和机器配备计算
		任务一(2课时)	织造设备工艺参数的确定和计算
		任务二(2课时)	生产供应的平衡
		任务三(8课时)	织造设备配备计算

注 各院校可根据自身的教学特点和教学计划对课程时数进行调整。

目录

模块一　纺纱工艺设计与计算

项目一　纱线设计与计算

学习目标

- 能规范地写出纱线的表示代号与标识。
- 掌握纱线的线密度的表示方法及换算。
- 了解加捻目的与实质,加捻的量度指标。
- 掌握捻系数选择的主要依据。
- 了解原料的性能与成纱强力的关系。
- 了解纺纱工艺与成纱强力的关系。
- 了解影响纱线弹性的主要因素。

重点难点

- 纱线的线密度的表示方法及换算。
- 捻系数的合理选择。
- 纺纱工艺与成纱强力的关系。

学习要领

- 纤维纱线的基础知识。
- 纱线的线密度。
- 纱线的捻度。
- 纱线的强力与弹性。
- 纱线的结构特征与毛羽。

教学手段

多媒体教学法、混合式教学法、案例教学法、项目教学法、实物样品展示法。

任务一　纤维纱线基础知识

 **学习目标**

1. 掌握纱线基本知识:纱线的分类、结构特点。
2. 能识别纱线代号与标识的内容,纱线性能表示指标及其含义。
3. 能规范地写出纱线的表示代号与标识。

任务描述

1. 纺织纤维分类及纱线的分类。
2. 能识别纱线产品的代号与标识的内容。
3. 纱线性能表示指标及其含义。

相关知识

一、纺织纤维的分类

纺织纤维是构成纺织品的基本单元,纤维的来源、形态及结构直接影响纤维本身的实用价值和商业价值,以及纱线和织物等纤维集合体的性能。

以细而长为特征,直径为几微米或几十微米,长度比直径大许多倍(约 10^3 以上)的物质,称作纤维。用于纺织加工的具有一定的物理、化学、生物特性而能满足纺织加工和人类使用需要的纤维为纺织纤维。

纺织纤维分类方法很多,有按来源和化学组成、纤维形态、纤维色泽、纤维性能特征等进行分类,分类方法不同,纤维名称类别不同。

(一)按照纤维来源和化学组成分类

纺织纤维可分为天然纤维与化学纤维两大类,或按英美习惯分为天然纤维、再生纤维、合成纤维三大类。如图 1-1-1 所示。

```
                  ┌ 种子纤维:棉、木棉、彩色棉等
                  │ 果实纤维:椰壳纤维
          ┌植物纤维┤ 韧皮(茎)纤维:苎麻、亚麻、大麻、荨麻、罗布麻等
          │      └ 叶纤维:剑麻、蕉麻、菠萝麻、马尼拉麻等
      ┌天然纤维┤       ┌ 毛发纤维:绵羊毛、山羊绒、马海毛、兔毛、牦牛绒、羊驼毛等
      │      │动物纤维┤
      │      │       └ 丝(腺分泌物)纤维:桑蚕丝、柞蚕丝、天蚕丝等
      │      └矿物纤维:石棉等
纺织纤维┤      ┌       ┌ 再生纤维素纤维:黏胶纤维、铜氨纤维、天丝(Tencel)、莫代尔(Modal)、竹浆纤维、醋酯(酸)纤维等
      │      │再生纤维┤
      │      │       └ 再生蛋白质纤维:酪素(牛奶)纤维、大豆纤维、花生纤维、仿蜘蛛丝纤维等
      └化学纤维┤ 合成纤维:聚酯纤维(PET 涤纶、PBT、PTT)、聚酰胺纤维(锦纶)、聚丙烯腈纤维(腈纶)、
             │          聚乙烯醇缩甲醛纤维(维纶)、聚丙烯纤维(丙纶)、聚氨酯纤维(氨纶)等
             └ 无机纤维:玻璃纤维、金属纤维、岩石纤维、矿渣纤维等
```

图 1-1-1　纺织纤维按来源与化学组成分类

1. 天然纤维 凡是从人工种植的植物、人工饲养的动物或自然界里原有的纤维状物质中直接获取的纤维称为天然纤维。按其生物属性,将天然纤维分为植物纤维、动物纤维和矿物纤维。

(1)植物纤维。植物纤维是从植物取得的纤维的总称,其主要化学组成物质为纤维素,又称为天然纤维素纤维。根据纤维在植物上的生长部位不同,分为种子纤维、韧皮(茎)纤维、叶纤维和果实纤维四种。

(2)动物纤维。动物纤维是从动物身上的毛发或分泌物中取得的纤维,其主要组成物质为蛋白质,又称作天然蛋白质纤维。

(3)矿物纤维。矿物纤维是从纤维状结构的矿物岩石中取得的纤维,其主要组成物质是硅酸盐等无机物,属天然无机纤维,如石棉。

2. 化学纤维 凡是用天然的、合成的高聚物以及无机物为原料,经人工的机械、物理和化学方法制成的纤维。按原料、加工方法和组成成分不同,可分为再生(人造)纤维、合成纤维和无机纤维。

(1)再生纤维。再生纤维是以天然高聚物为原料,以化学方法和机械方法制成的,化学组成与原高聚物基本相同的化学纤维。根据其原料成分,可分为再生纤维素纤维和再生蛋白质纤维。

再生纤维素纤维是以木材、棉短绒、甘蔗渣等纤维素为原料制成的再生纤维。

再生蛋白质纤维是以酪素、大豆、花生、牛奶等天然蛋白质为原料制成的再生纤维,它们的物理化学性能与天然蛋白质纤维类似,主要有大豆纤维和牛奶纤维。

(2)合成纤维。合成纤维是以石油、煤、天然气及一些农副产品等低分子化合物为原料,经人工合成高聚物纺丝制成的化学纤维。

(3)无机纤维。无机纤维是以无机物为原料制成的化学纤维。

(二)按照纤维形态分类

1. 按照纤维纵向长短分类 按纤维长短分为短纤维和长丝纤维。

(1)短纤维。长度为几十毫米到几百毫米的纤维,如天然纤维中的棉、麻、毛和化学纤维中的切断纤维。

(2)长丝。长度很长(几百米到几千米)的纤维,不需要纺纱即可形成纤维,如天然纤维中的蚕丝、化学纤维中未切断的长丝纤维。

2. 按照纤维横向形态分类

(1)薄膜纤维。高聚物薄膜经纵向拉伸、撕裂、原纤化或切割后拉伸而制成的化学纤维。

(2)异形纤维。通过非圆形的喷丝孔加工的,具有非圆形截面形状的化学纤维。

(3)中空纤维。通过特殊喷丝孔加工的,在纤维轴向中心具有连续管状空腔的化学纤维。

(4)复合纤维。由两种及两种以上聚合物,或具有不同性质的同一类聚合物经复合纺丝法制成的化学纤维。

(5)超细纤维。比常规纤维细度细得多(0.4dtex 以下)的化学纤维。

(三)按照纤维性能特征分类

1. 普通纤维 应用历史悠久的天然纤维和常用的化学纤维的统称,在性能表现、用途范围上为大众所熟知,且价格便宜。

2. 差别化纤维 属于化学纤维,在性能和形态上区别于普通纤维,是通过物理或化学的改性处理,使其性能得以增强或改善的纤维,主要表现在对织物手感、服用性能、外观保持性、舒适性及化纤仿真等方面的改善。如阳离子可染涤纶,超细、异形、异收缩纤维,高吸湿、抗静电纤维,抗起球纤维等。

3. 功能性纤维 在某一或某些性能上表现突出的纤维。主要指在热、光、电的阻隔与传导,在过滤、渗透、离子交换、吸附性能,在安全、卫生、舒适等特殊功能及特殊应用方面的纤维。需要说明的是,随着生产技术和商品需求的不断发展,差别化纤维和功能性纤维出现了复合与交叠的现象,界限渐渐模糊。

4. 高性能纤维(特种功能纤维) 用特殊工艺加工的具有特殊或特别优异性能的纤维。如具有超高强度、模量性能的纤维、耐高温、耐腐蚀、高阻燃性能的纤维。对位或间位的芳纶、碳纤维,聚四氟乙烯纤维,陶瓷纤维,碳化硅纤维,聚苯并咪唑纤维,高强聚乙烯纤维,金属(金、银、铜、镍、不锈钢等)纤维等均属此类。

5. 环保纤维(生态纤维) 这是一种新概念的纤维类属。笼统地讲,就是天然纤维、再生纤维和可降解纤维的统称。传统的天然纤维属于此类,但是更强调纺织加工中对化学处理要求的降低,如天然的彩色棉花、彩色羊毛、彩色蚕丝制品无需染色;对再生纤维则主要指以纺丝加工时对环境污染的降低和对天然资源的有效利用为特征的纤维,如天丝纤维、莫代尔纤维、大豆纤维、甲壳素纤维等。

二、纱线的分类

纱线是由纺织纤维组成的,具有一定的力学性质、细度和柔软性的连续长条。

纱线形成的方法有两类,一类是短纤维经纺纱加工形成,称为短纤维纱。另一类是长丝纤维不经任何加工,即纤维作纱线用;或经并合、并合加捻及变形加工形成,称为长丝纱。可以根据它们的形态、结构、生产方法和工艺分为不同的类别。

(一)按组成纱线的纤维种类分

1. 纯纺纱 用一种纤维纺成的纱线称为纯纺纱。命名时习惯以"纯"字及纤维名称方式命名,例如,纯涤纶纱、纯棉纱等。

2. 混纺纱 用两种或两种以上纤维混合制成的纱线。可分为棉型混纺纱、中长型混纺纱等。混纺纱的命名规则为:原料混纺比不同时,比例大的在前;比例相同时,则按天然纤维、合成纤维、再生纤维顺序排列。书写时,将原料比例与纤维种类一起写上,原料、比例之间用"/"隔开。例如,涤/棉(65/35)混纺纱、毛/腈(50/50)混纺纱、涤/黏(50/50)混纺纱等。

混纺的几种纤维通常性能互补,例如,羊毛纤维与涤纶混纺,羊毛具有优良的吸湿性、保暖性,但强度低,纤维粗,成本高;而涤纶能使织物保持形态,降低成本,提高强度,纤维可以比羊毛细,纱线可纺成更细,织物重量减轻。

如果是两种或两种以上长丝纤维混合在一起,因为不经过纺纱,这样的纱线称为混纤丝(纱)。

(二)按纱线粗细分

棉型纱线和毛型纱线按粗细分为特细特(超高支)纱、细特(高支)纱、中特(中支)纱和粗特(低支)纱。不同类别纱线线密度(支数)见表1-1-1,常用纱线产品的代号见表1-1-2。

表 1 - 1 - 1　棉型与毛型纱线粗细类别

纱线类型	细度	
	棉型纱(tex)	毛型纱(支)
特细特(支)纱	≤10	≥80
细特(支)纱	11~20	32~80
中特(支)纱	21~31	—
粗特(支)纱	≥32	<32

表 1 - 1 - 2　常用纱线产品的代号

纱线产品	代号	举　例	
经纱线	T	28T	
纬纱线	W	28W	14×2W
绞纱线	R	R28	R14×2
筒子纱线	D	D28	D14×2
精梳纱线	J	J18	J10×2
转杯纺纱	OE	OE60	
针织用纱线	K	18K	10×2K
精梳针织用纱线	JK	J10K	J10×2K
起绒用纱	Q	96Q	
烧毛股线	G	G10×2	
涤/棉纱线	T/C	T/C 65/35 J13	T/C 65/35 J14×2
涤/黏纱线	T/R	T/R 65/35 14.5	T/R 65/35
棉/维纱线	C/V	C/V 55/45 28	C/V 55/45 13.5×2
黏/棉纱	R/C	R/C 55/45 18.5	
有光黏胶纤维经纱	RB	RB19.5T	
无光黏胶纤维纬纱	RD	RD19.5W	
棉/腈纱	C/A	C/A50/50 19.5	
锦/黏纱	N/R	N/R50/50 18.5	
棉/丙纱	C/P	C/P50/50 18.5	
氨纶纱	L	L18.5	
棉/氨包芯纱	C/PU	C/PU 95/5 19.5	
低比例棉/涤纱	C. V. C	C. V. CC/T70/30 15	

注　1. 标纱线产品代号时,原料种类混纺比例或产品种类的代号要标在纱线线密度的前面,产品的用途代号标在纱线的后面。

2. 混纺比例按干重混纺比例。

(三)按纺纱方法分

1. 传统环锭纺纱　指用一般环锭纺纱机纺得的纱线。纱线加捻是靠钢丝圈转动加捻,如

图1-1-2所示。约有90%的短纤维纱由环锭纺纱方法生产,可加工天然纤维和化学纤维,并进行纤维混纺,制备的短纤维纱具有一定强度和外观,能满足各种织物用途的要求。

2. 新型纺纱 包括自由端纺纱和非自由端纺纱。

自由端纺纱是指加捻过程中,纱条的一端不被握持住,纤维聚集于纱条的自由端加捻成纱,有转杯(气流)纺纱、静电纺纱、摩擦(尘笼)纺纱、涡流纺纱。

非自由端纺纱如自捻纺、喷气纺、平行纺、包缠纺、黏合纺等。

近年来,工业化趋势明显的复合与结构纺纱技术产生的新型纱线,主要是在传统环锭细纱机上加装特殊装置,其成纱分别以专用外来名加上纱构成称谓。如复合纺纱的赛络纺纱(sirospunyarn)、赛络菲尔纺纱(sirofil yarn);如结构纺纱的分束纺纱(solospun yarn)、集聚纺纱(compact yarn)、皮芯结构纺纱等。

(四)按纺纱工艺分

1. 普(粗)梳纱 经过一般的纺纱工程纺得的纱线,也叫普梳纱,棉纺和毛纺稍有区别。

2. 精梳纱 经过精梳工程纺得的纱线。它与普梳纱相比,用料较好,纱线中纤维伸直平行,纱线品质优良,纱线的细度较细,均匀好,毛羽少。

3. 废纺纱 针对棉纱线,用较差的原料经粗梳纱的加工工艺纺得的品质较差的纱线,通常纱线较粗,杂质较多。

(五)按花色(染整加工)分

1. 原色纱 未经任何染整加工而具有纤维原来颜色的纱线。

2. 漂白纱 经漂白加工,颜色较白的纱线。通常指的是棉纱线和麻纱线等天然纤维纱。

3. 染色纱 经染色加工,具有各种颜色的纱线。

4. 丝光纱 经丝光加工的纱线,有丝光棉纱和丝光毛纱。丝光棉纱是纱线在一定浓度的碱液中处理使纱线具有丝一般的光泽和较高的强力;丝光毛纱是把毛纱中纤维的鳞片去除,使纱线柔软,对皮肤无刺激。

5. 烧毛纱 经烧毛加工,表面较光洁的纱线。

6. 色纺纱 由色纤维纺成的纱线。

(六)按产品用途分

棉纺纱线按产品用途分为机织用纱、针织用纱、起绒用纱、缝纫用纱、装饰用纱、产业用纱。

(七)按加捻方向分

棉纺纱线按加捻方向分别称作顺手(S捻)纱和反手(Z捻)纱。

(八)按卷绕形式分

棉纺纱线按卷绕形式分为管纱、筒子纱和绞纱。

(九)按组成纱线的纤维长度分

1. 短纤维纱 短纤维经加捻纺成具有一定细度的纱,又可分为以下几种。

(1)棉型纱。由原棉或棉型纤维在棉纺设备上纯纺或混纺加工而成的纱线。

(2)中长纤维型纱线。由中长型纤维在棉纺或专用设备上加工而成的,具有一定毛型感的纱线。

(3)毛型纱。由毛纤维或毛型纤维在毛纺设备上纯纺或混纺加工而成的纱线。

2. 长丝纱 一根或多根连续长丝经并合、加捻或变形加工形成的纱线。

3. 长丝短纤维组合纱 由短纤维和长丝采用特殊方法纺制的纱,如包芯、包缠纱等。

(十)按纱线结构外形分

可分为短纤维纱、长丝纱和复合纱三类。每一类别中纱线结构、构成和特征见表1-1-3。

表1-1-3 按结构外形分纱线类别

纱线类型		纱线构成	纱线性能
短纤纱	单纱	由短纤维经纺纱形成的单根的连续长条	优良的手感、覆盖能力、舒适性和花色效应,强度和纱线粗细均匀度较差。花式纱具有优良的装饰性
	股线	由两根或两根以上单纱合并加捻形成;若由两根单纱合并形成,则称为双股线;三根及三根以上则称为多股线	
	膨体纱	低收缩性能与高收缩性能的腈纶按一定的比例混合制成蓬松纱线	
	花式线	由芯纱、饰纱和固纱在花色捻线机上加捻形成具有特殊外观的纱线	
	交捻纱	两种或两种以上不同纤维或色彩的单纱捻合而成	
长丝纱	单丝	由单根长丝纤维构成的纱线,纱线粗细与纤维相同	可形成较细的纱线,强度和纱线粗细均匀度好,手感、覆盖能力、外观较差,可能形成极光
	复丝	指两根及两根以上的单丝并合在一起的丝束	
	捻丝	复丝纱经加捻形成的纱线	
	复合捻丝	捻丝经过一次或多次并合、加捻即成复合捻丝	
	变形丝	化纤原丝经过变形加工使之具有卷曲、螺旋、环圈等外观特性,纱线具有蓬松性、伸缩性和弹性	拉伸性能、手感、覆盖能力好
	混纤丝	利用两种及两种以上长丝纤维混合制成一根纱线,以提高某些方面性能	具有不同类别纤维的性能特点
复合纱	包芯纱	以长丝纱为芯纱,短纤维为包覆纱,通常在短纤维纺纱时同时输入芯纱形成	氨纶包芯纱具有较大的弹性
	包缠纱	芯纱与包覆纱相互包覆	兼具短纤纱和长丝纱的性能
	包覆纱	长丝与短纤维纱分别作为芯纱和包覆纱,包覆纱包缠芯纱	

 任务实施

规范地写出纱线的表示代号与标识。

 思考练习

1. 纺织纤维如何分类?
2. 纱线怎样分类?

 **知识拓展**

1. 能陈述纱线的分类、形成过程、结构特点、加捻等概念。
2. 陈述纱线代号与标识的内容,并能规范地写出纱线的表示代号与标识。

任务二　纱线的线密度

 **学习目标**

1. 掌握纱线粗细的指标。
2. 掌握股线粗细指标。
3. 能熟练进行纱线粗细指标间的换算。

 **任务描述**

1. 纱线的粗细指标。
2. 股线的粗细指标。
3. 复丝粗细的表征。

 **相关知识**

纱线粗细是纱线结构的重要方面,可纺纱线的极限细度与纤维粗细、纺纱设备及纺纱技术有关。细的纱线可形成轻薄柔软的服装面料,但抗皱性较差。

一、纱线的粗细指标

表示纤维和纱线的粗细指标分为直接指标和间接指标两类。直接指标指的是直径、截面积、周长等。对于纤维和纱线来说,直接指标测量较为麻烦,因此,除了羊毛纤维用直径来表达纤维的粗细外,其他的纤维与纱线一般不用直径等直接指标来表示。当纺织工艺需要用直接指标时,是用间接指标换算得到的。间接指标是利用纤维和纱线的长度和重量关系来表达细度的,分为定长制和定重制两种。定长制是指一定长度的纤维和纱线的标准重量;定重制是指一定重量的纤维与纱线所具有的长度。下面着重介绍几个间接指标。

(一)线密度 Tt(tex)

线密度是指1000m长的纤维或纱线在公定回潮率时的重量克数,是法定计量单位。其计算式如下:

$$Tt = \frac{1000 \times G_k}{L} \qquad (1-1-1)$$

式中:Tt——纤维或纱线的线密度,tex;

　　L——纤维或纱线的长度,m(或 mm);

　　G_k——纤维或纱线的公定重量,g(或 mg)。

分特克斯是指 10000m 长纤维的公量克数,它等于十分之一特克斯。

$$1dtex = 10^{-1} tex$$

毫特是指 1000m 长纤维的公量毫克数,它等于千分之一特。

$$1mtex = 10^{-3} tex$$

　　线密度是国际标准化委员会于 1960 年推荐以特克斯(tex)作为通用的细度标准单位,是我国表示纤维和纱线的法定计量单位,所有的纤维及纱线均应采用线密度来表达其粗细,但由于习惯上的原因,还采用其他的细度指标。

(二)旦尼尔 N_{den}(旦)

　　指的是 9000m 长的纤维和纱线所具有的公定重量克数,计算式为:

$$N_{den} = \frac{9000 \times G_k}{L} \tag{1-1-2}$$

式中:N_{den}——纤维或纱线的旦数,旦;

　　L——纤维或纱线的长度,m(或 mm);

　　G_k——纤维或纱线的公定重量,g(或 mg)。

以上两个指标为定长制指标,其数值越大,表示纤维和纱线越粗。

(三)公制支数 N_m(公支)

　　指的是重量为 1g(或 1mg)的纤维或纱线,在公定回潮率下的长度(m/mm)。其数值越大,表示纱线越细。计算式为:

$$N_m = \frac{L}{G_k} \tag{1-1-3}$$

式中:N_m——纤维或纱线的公制支数;

　　L——纤维或纱线的长度,m(或 mm);

　　G_k——纤维或纱线的公定重量,g(或 mg)。

(四)纱线粗细指标间的换算

1. 线密度和公制支数的换算

$$Tt \times N_m = 1000 \tag{1-1-4}$$

2. 线密度和旦尼尔的换算

$$N_{den} = 9Tt \tag{1-1-5}$$

3. 线密度和英制支数(棉型纱)的换算

$$Tt \times N_e = 590.5 \tag{1-1-6}$$

4. 线密度和直径的换算

$$d = \sqrt{\frac{4}{\pi} \times Tt \times \frac{10^{-3}}{\delta}} = 0.03568 \sqrt{\frac{Tt}{\delta}} (mm) \tag{1-1-7}$$

式中:δ——纤维和纱线的体积重量,g/cm³。

　　推导线密度和直径的换算式:设纤维或纱线为圆柱体,截面直径为 d,取一段长度为 L 的纤维或纱线,则纤维或纱线重量为 G:

$$G = L \times \delta \times \frac{\pi d^2}{4} \tag{1-1-8}$$

$$d = \sqrt{\frac{G}{L} \times \frac{4}{\pi} \times \frac{1}{\delta}} \qquad (1-1-9)$$

二、股线的粗细表征

股线的粗细用单纱粗细指标和单纱根数 n 的组合来表达。

(一)单纱用线密度表示时的股线粗细表征

1. n 根线密度相同的单纱组成的股线　股线细度表示为单纱线密度×股数的形式,即 $Tt \times n$,数值相当于单纱线密度与股数的乘积,即 $Tt \times n$。

2. n 根线密度不同的单纱组成的股线　股线细度表示为各个单纱线密度以"+"联接,即 $Tt_1 + Tt_2 + \cdots$,数值相当于各根单纱线密度之和,即 $Tt_1 + Tt_2 + \cdots$

(二)单纱用公(英)制支数表示时股线粗细表征

1. n 根支数相同的单纱组成的股线　股线粗细表示为"单纱支数/股数"的形式"$N_m(N_e)/n$",数值相当于单纱支数与股数的商即 $N_m(N_e)/n$。

2. n 根支数不同的单纱组成的股线　股线粗细表示为"$Nm1(Ne1)/Nm2(Ne2)/\cdots$",数值相当于:

$$N_m(N_e) = \cfrac{1}{\cfrac{1}{N_{m1}(N_{e1})} + \cfrac{1}{N_{m2}(N_{e2})} + \cdots \cfrac{1}{N_{mn}(N_{en})}} \qquad (1-1-10)$$

式中:$N_{mn}(N_{en})$——股线 n 的公(英)制支数,公支(英支)。

三、复丝粗细的表征

1. 蚕丝纱粗细表征　蚕丝粗细习惯上以几根茧丝经缫丝合并后的成丝总旦数表示。例如,9 根 2.4 ~ 2.8 旦的茧丝缫丝合并成平均粗细为 21 旦的蚕丝,细度表征为 20/22 旦,表示成丝粗细在 20 ~ 22 旦,其他类似的粗细有 28/30 旦,50/70 旦等。这一粗细表达方式为蚕丝纱所独有。

2. 化纤纱粗细表征　化纤复丝纱粗细用成丝旦数和单丝根数组合表达,例如,20 旦/36f,表示复丝总旦数为 120 旦,组成复丝的单丝根数为 36 根(f 表示根)。

🐾 任务实施

对规定纱线粗细指标间能熟练进行换算。

◉ 思考练习

1. 什么叫线密度 $Tt(tex)$、旦尼尔 N_{den}(旦)、公制支数 N_m?

2. 纱线粗细指标间怎样换算?

3. 股线的粗细怎样表征?

 知识拓展

纱线粗细与纺纱工艺、成纱质量间的关系。

任务三 纱线的捻度

 学习目标

1. 掌握加捻的实质和量度指标。
2. 掌握捻系数的选择原则。
3. 了解纱线加捻对其结构性能的影响。

 任务描述

1. 加捻的目的和实质。
2. 加捻的量度及捻向。
3. 纱线加捻对其结构性能的影响。

 相关知识

一、加捻的目的和实质

（一）加捻的基本条件

须条一端握持住,另一端纱条绕自身轴旋转的过程,称为加捻。粗纱前罗拉钳口为纱条握持点,锭翼侧孔为纱条另一握持点,该点同时也是纱条绕自身轴旋转的加捻点。锭翼旋转一周,给纱条加上一个捻回。细纱罗拉钳口为纱条握持点,钢丝圈为加捻点。

（二）加捻的实质和意义

须条绕自身旋转时,须条由扁平状变为圆柱状,纤维由原来的伸直平行状通过加捻时的内外转移,转变为适当的紊乱排列,使外侧纤维加捻后产生两个以上的固定点,以实现其对纱体的外包围作用,而外侧纤维产生的向心压力,挤压纱条内部纤维,从而使纱条紧密,纤维彼此间联系紧密,纱条的力学性能得到显著提高,满足进一步加工的需要。

二、加捻的量度

加捻程度的大小不仅影响纱线的强力和手感,还影响纱线光泽、密度和摩擦弹性等为物理、力学性能,是纱线结构的又一重要参数。

（一）捻度

纱线的两个截面产生一个360°的角位移,称为一个捻回,即通常所说的转一圈。单位长度

的纱线所具有的捻回数称作捻度。捻度的单位长度随纱线的粗细不同而不同,线密度制捻度(T_{tex})的单位长度取10cm,捻度单位为"捻/10cm",通常习惯用于棉型纱线;公制支数制捻度 T_m 的单位长度取1m,捻度单位为"捻/m",通常用来表示精梳毛纱及化纤长丝的加捻程度。粗梳毛纱的加捻程度既可用线密度制捻度,也可用公制支数制捻度来表示。英制支数制捻度 T_e 的单位取2.54cm(1英寸),捻度单位为"捻/英寸"。

(二)捻回角

捻度用来表示纱线加捻程度时,其值受到纱线直径的影响。捻度相同的情况下,纱线越粗,纱线中纤维倾斜越明显,即捻回角 $\beta_2 > \beta_1$,表示加捻程度越大。因此,可以用纤维在纱线中倾斜角的 β 即捻回角来表示加捻程度。β 是指表层纤维与纱轴的夹角,称为捻回角。捻回角 β 可用来表示不同粗细纱线的加捻程度。捻回角需在显微镜下直接测量,而使用目镜和物镜测微尺来测量,既不方便又不易测量准确,所以,实际生产中不采用,常用于理论表述。

(三)捻幅

捻幅是指纱条截面上的一点在单位长度内转过的弧长。捻幅值实际上是这一点的捻回角的正切值,纱中各点的捻幅与半径成正比关系。捻幅表达了纱线截面不同半径处的纤维的加捻程度,它与捻系数属于同一性质指标。

(四)捻系数

捻度测量较方便,但不能用来表达不同粗细纱线的加捻程度。为了比较不同粗细纱线的加捻程度,人们定义了一个结合粗细表征指标来表示加捻程度的相对指标——捻系数。有线密度制捻系数、公制支数制捻系数和英制支数制捻系数。它们的数学定义如下:

$$\alpha_t = T_{tex} \times \sqrt{Tt} \tag{1-1-11}$$

式中:α_t——线密度制捻系数;

T_{tex}——线密度制捻度,捻/10cm;

Tt——纱线线密度,tex。

$$\alpha_m = T_m / \sqrt{N_m} \tag{1-1-12}$$

式中:α_m——公制支数制捻系数;

T_m——公制支数制捻度,捻/m;

N_m——公制支数,公支。

$$\alpha_e = T_e / \sqrt{N_e} \tag{1-1-13}$$

式中:α_e——英制支数制捻系数;

T_e——英制支数制捻度,捻/英寸;

N_e——英制支数,英支。

捻系数与捻回角的关系为:

$$\alpha = k \cdot \sqrt{\delta} \cdot \tan\beta \tag{1-1-14}$$

式中:k——换算系数,对线密度制捻系数,$k=892$;对公制支数制捻系数,$k=282$;英制支数制捻系数,$k=7$;

δ——纱线密度,g/cm^3。

式(1-1-14)表明,当纱线的密度相同(同种纱线)时,捻系数与 $\tan\beta$ 成正比,能比较不同粗细纱线的加捻程度,而且数值可根据式(1-1-11)~式(1-1-13)计算得到。

(五)捻系数的选择

纱线捻系数的大小主要由原料性质、纱线用途和种类决定。细长纤维纺纱,由于纤维间的抱合力较大,捻系数可低些。机织物中经纱要求有较高强力和弹性,在织造过程中经过络筒、整经和浆纱等较多的工序,且在织机上与钢筘、综丝反复摩擦产生拉伸变形,所以捻系数需大些;而纬纱经过的工序少、受力小,为避免纬缩疵点,捻系数需小些,一般纬纱捻系数比经纱低10%~15%。针织用纱捻系数一般接近机织物纬纱的捻系数,不同品种要求亦不同,棉毛衫要求柔软,捻系数可低些;汗衫要求有凉爽感,捻系数需大些。起绒织物和股线织物用纱,捻系数可偏低些,通常取纬纱捻系数的下限。

棉型纱线与毛型纱线常用捻系数见表1-1-4和表1-1-5。

表1-1-4　棉型纱线常用的捻系数

类别	纱线线密度(tex)或用途	捻系数 α_t	
		经纱	纬纱
普梳织物用纱	8~11	330~420	300~370
	12~30	320~410	290~360
	32~192	310~400	280~350
精梳织物用纱	4~5	330~400	300~350
	6~15	320~390	290~340
	16~36	310~380	280~330
普梳针织起绒物用纱	10~30	≤330	
	32~88	≤310	
	96~192	≤310	
精梳针织起绒物用纱	14~36	≤310	
涤棉混纺纱	单纱	360~410	
	股线	320~360	
	针织内衣	300~330	
	针织经编内衣	380~400	

表1-1-5　毛型纱线常用的捻系数

类别		捻系数 α_m	
		单纱	股线
粗纺	纯毛纱	13~15.5	—
	化纤混纺纱	12~14.5	—
	纯毛起毛纬纱	11.5~13.5	—
	化纤混纺起毛纬纱	11~13	—
	女式呢或起毛大衣呢弱捻纱	8~11	—
	粗纺花呢中捻纱	12~15	—
	板司呢弱捻纱	16~20	—

类别		捻系数 α_m	
		单纱	股线
粗纺	40×2 tex 以下平纹花呢	75~80	130~140
精纺	40×2 tex~50×2 tex 中厚花呢	80~85	135~145
	全毛华达呢、贡呢	85~90	130~155
	全毛哔叽、啥味呢	80~85	100~120
	毛涤中厚花呢	75~80	115~125

三、捻向

捻向是指纱线的加捻方向。它是根据加捻后纤维或单纱在纱线中的倾斜方向来描述的。纤维或单纱在纱线中由左下往右上倾斜方向的,称为 Z 捻向(又称反手捻),因这种倾斜方向与字母 Z 字倾斜方向一致;同理,纤维或单纱在纱线中由右下往左上倾斜的,称为 S 捻向(又称顺手捻)。一般单纱为 Z 捻向,股线为 S 捻向。

股线由于经过了多次加捻,其捻向表示按先后加捻为序依次以 Z、S 来表示。例如,ZSZ 表示单纱为 Z 捻向,单纱合并初捻为 S 捻向,再合并复捻为 Z 捻向。股线的加捻方向与单纱相同时,称为同捻向股线;相反时,则称为异捻向股线。

四、纱线加捻对其结构性能的影响

(一)捻缩

1. 捻缩率定义 加捻后单纱的长度缩短,产生捻缩。捻缩的大小通常用捻缩率来表示。它是指加捻前后纱条长度的差值占加捻前长度的百分率。计算式为:

$$\mu = \frac{L_0 - L}{L_0} \times 100\% \qquad (1-1-15)$$

式中:μ——纱线的捻缩率;

L_0——加捻前的纱线长度;

L——加捻后的纱线长度。

2. 捻缩率的变化 单纱的捻缩率随着捻系数的增大而增加。

股线的捻缩率与股线、单纱捻向有关。当股线捻向与单纱捻向相同时,加捻后股线长度缩短,捻缩率的变化与单纱一样随着捻系数的增大而增加。当股线的捻向与单纱捻向相反时,在股线捻度较小时,由于单纱的退捻作用反而使股线的长度有所伸长,捻缩率为负值;当捻系数增加到一定值后,股线又缩短,捻缩率再变为正值,且随捻系数的增大而增加。

捻缩率的大小,直接影响纺成纱的线密度和捻度,在纺纱和捻线工艺设计中,必须加以考虑。棉纱的捻缩率一般为 2%~3%。捻缩率的大小与捻系数有关外,还与纺纱张力、车间温湿度、纱的粗细等因素有关。

(二)对纱线直径和密度的影响

加捻使单纱中纤维密集,纤维间的空隙减少,纱的密度增加,直径减少。当捻系数增加到一定值后,单纱中纤维间的可压缩性变得很小,密度随着捻系数的增大变化不大,相反,由于纤维过于倾斜有可能使纱的直径稍有增加。

股线的直径和密度与股线、单纱捻向有关。当股线捻向与单纱捻向相同时,捻系数与密度和直径的关系同单纱相似。当股线与单纱捻向相反时,在股线捻系数较小时,由于单纱的退捻作用,会使股线的密度减小,直径增大;当捻系数达到一定值后,又使股线的密度随着捻系数的增大而增加,而直径随着捻系数的增大而减小;继续加捻,密度变化不大,而直径逐渐增加。

(三)对纱线强度的影响

1. 加捻对短纤维纱强度的影响 对短纤维纱而言,加捻的目的是为了提高强力,但并不是加捻程度越大,纱线的强力就越大。原因是加捻既存在有利于纱线强力提高的因素,又存在不利于纱线强力的因素。

加捻对纱线强度的影响,是两种因素的对立统一。在捻系数较小时,有利因素起主导作用,表现为纱线强度随捻系数的增加而增加。当捻系数达到某一值时,表现为不利因素起主导作用,纱线的强度随捻系数的增加而下降。纱的强度达到最大值时的捻系数叫作临界捻系数,相应的捻度称作临界捻度。工艺设计中一般采用小于临界捻系数的捻度,以在保证细纱强度的前提下提高细纱机的生产效率。

2. 加捻对长丝纱强度的影响 长丝纱中加捻使纱线强力提高的有利因素是增加了单丝间的摩擦力;单丝断裂不同时性得到改善。不利因素与短纤维纱相同,且在捻系数较小时,不利因素的影响就小于有利因素,所以,长丝纱的临界捻系数 α_k 要比短纤维纱小得多。

3. 加捻对股线强度的影响 股线加捻使股线强度提高的因素有条干均匀度的改善、单纱间摩擦力的提高。股线的捻系数对股线的影响较单纱复杂。

(1)当股线捻向与单纱捻向相同时,加捻使纤维平均捻幅增加,但内、外层捻幅差异加大,在受拉外力时纤维受力不匀。当单纱捻系数较大时,有可能使股线强度随着捻系数的增加而下降。当股线捻系数较小时,则有可能随着捻系数的增加,股线的强力稍有增加。

(2)当股线捻向与单纱捻向相反时,开始时随股线捻系数的增加,平均捻幅下降的因素大于捻幅分布均匀的因素,有可能使股线强度下降。当捻系数达到一定值后,随着捻系数的增加,平均捻幅开始上升,捻幅分布渐趋均匀,有利于纤维均匀承受拉伸外力,使股线强度逐渐上升。

(3)一般当股线捻系数与单纱捻系数的比值等于 1.414 时,股线各处捻幅分布均匀,股线强度最高,结构最均匀、最稳定。当捻系数超过这一值后,随着股线捻系数的增加,捻幅分布又趋不匀,股线强度又逐渐下降。

(四)对纱线断裂伸长的影响

1. 加捻对单纱断裂伸长的影响 加捻使纱线中纤维滑移的可能性减小、纤维伸长变形增加,表现为纱线断裂伸长率的下降。但随着捻系数的增加,纤维在纱中的倾斜程度增加,受拉伸时有使纤维倾斜程度减小、纱线变细的趋势,从而使纱线断裂伸长率增加。总的来说,在一般采用的捻系数范围内,有利因素大于不利因素,所以,随着捻系数的增加,单纱的断裂伸长率增加。

2. 加捻对股线断裂伸长的影响 对同向加捻的股线,捻系数对纱线断裂伸长的影响同单纱。对异向加捻的股线,当捻系数较小时,股线的加捻意味着对单纱的退捻,股线的平均捻幅随捻系数的增加而下降,所以,股线的断裂伸长率稍有下降,当捻系数达到一定值后,平均捻幅又随着捻系数的增加而增加,股线的断裂伸长度也随之增加。

(五) 加捻对纱线弹性的影响

纱线的弹性取决于纤维的弹性与纱线结构两方面,而纱线结构主要由纱线加捻来形成,对单纱和同向加捻的股线来说,加捻使纱线结构紧密,纤维滑移减小,纤维的伸展性增加,在一般捻系数范围,随着捻系数的增加,纱线的弹性增加。

(六) 加捻对纱线光泽和手感的影响

单纱和同向加捻的股线,由于加捻使纱线表面纤维倾斜,并使纱线表面变得粗糙不平,纱线光泽变差,手感变硬。异向加捻股线,当股线捻系数与单纱捻系数之比等于 0.707 时,外层捻幅为零,表面纤维平行于纱线轴向,此时股线的光泽最好,手感柔软。

(七) 捻向对机织物结构性能的影响

对机织物而言,经纬纱捻向配置,可形成不同外观、手感及强力的织物,

(1) 平纹织物中,经纬纱采用同种捻向的纱线,则织物强力较大,而光泽较差,手感较硬。

(2) 斜纹织物中,纱线捻向与斜纹线方向相反,则斜纹线清晰饱满。

(3) Z 捻纱与 S 捻纱在织物中间隔排列,可得到隐格、隐条效应。

(4) Z 捻纱与 S 捻纱合并加捻,可形成起绉效果。

 任务实施

对给定纱线品种进行捻系数的选配。

 **思考练习**

1. 加捻的目的和实质是什么?

2. 加捻的量度有哪些? 生产中常用哪个指标?

3. 纱线加捻对其结构性能有哪些影响?

知识拓展

1. 粗纱、细纱如何实现加捻。

2. 粗纱、细纱捻系数的选择。

任务四 纱线的强力与弹性

学习目标

1. 掌握影响成纱强力的主要因素。

2. 影响纱线弹性的主要因素。

3. 会分析各种不同纺纱方式的成纱强力及其弹性特点。

任务描述

1. 原料的性能与成纱强力的关系。
2. 前纺工艺与成纱强力的关系。
3. 细纱工艺与成纱强力的关系。
4. 纱线的弹性。

相关知识

一、纱线的强力

影响成纱强力的因素是多方面的,包括原料的性能,如长度、细度、断裂长度等;纺纱工艺过程对纤维性能的影响程度;成纱结构,如纤维的伸直平行度及在纱中的排列分布状况、纱线的捻度及纱线的不匀;成纱均匀度,如条干不匀和重量不匀。

(一)原料的性能与成纱强力的关系

1. 纤维长度、整齐度、短纤维率对成纱强力的影响 纤维长度和短绒率:原棉的长度指标有平均长度与品质长度,平均长度是原棉交易中常使用的指标,而品质长度是确定加工原棉时,罗拉牵伸握持距的依据。纤维长度越长,纱线断裂时滑脱纤维所占的比例就越小,成纱强力就越高。当纤维长度比较短时,长度的增加对成纱强力提高比较显著;当纤维长度足够长时,长度对成纱强力的影响就不明显。成纱强力不仅与长度有关,而且与纤维整齐度的关系更加密切。纤维长度长且整齐度好,纤维之间接触机会多,摩擦力、抱合力大,成纱强力高。纤维长度长,但整齐度差,由于短纤维在纱条中起到减弱纤维间摩擦力和抱合力的作用,增加纱线在拉伸时纤维间的滑脱机会,造成纱强力降低。因此,纺细特纱时,要选择纤维长度及长度整齐度都比较好的原棉。

对于长度小于16mm的短绒,一方面由于短绒本身的长度小于2倍"滑脱长度",在纱线拉伸过程中成为滑脱纤维的概率较大;另一方面,由于其长度短,在牵伸过程中不易控制,而造成条干及其各种不匀增加,降低纱线强力。

统计表明,棉纤维中短纤维率平均增加1%,成纱强力下降1%~1.2%。因此,配棉时不仅要选用合理的纤维长度,而且还要控制短绒率尽量在12%以内。锯齿棉含有的短绒率一般比皮辊棉低,选用锯齿棉有利于成纱的强力和条干。一般在纺细特纱时,原料中的短绒率控制在9%~10%,中特纱控制在13%~14%。需要注意的是,当纤维长度足够长时,长度对强力的影响不明显。所以,配棉时原料长度的选择,应根据纱线强力的不同要求、质量要求和纺纱成本要求进行综合考虑。

2. 纤维线密度成纱强力的影响 纤维线密度对成纱强力的影响较大,在纺同特纱时,原料中纤维的线密度越小,纱线截面中纤维的根数就越多,成纱强力越高。因为线密度小的纤维一般较柔软,在加捻过程中内外转移的机会增加,从而增加了纤维间的抱合力和摩擦力。这样,纱线在拉伸断裂时,纤维断裂的根数增多,滑脱纤维数量减少,即提高了纤维的强力利用系数,成纱强力高。对细特纱来说,纤维线密度对成纱强力的影响较大,粗特纱无明显影响。

纤维线密度不匀率对成纱强力的影响也很大,一般线密度不匀率高,成纱强力下降,这一点在配棉时也应该予以足够重视。

3. 棉纤维的成熟度对成纱强力的影响 成熟度适中的棉纤维,由于纤维较细,纤维转曲多,弹性好,因而成纱强力高;成熟度过低的棉纤维胞壁薄,因中腔宽度大,所以成纱强力低;成熟度过高的原棉,纤维太粗,转曲也少,成纱强力反而不高。

外棉常用马克隆尼值(M)代替细度和成熟度。M 值越大,表示棉纤维越粗,成熟度越高。按马克隆尼值可分为 A、B、C 三级,A 级是 M 值在 3.7 ~ 4.2 的原棉,为优级;B 级是 M 值在 3.5 ~ 3.6 与 4.3 ~ 4.96 的原棉,为标准级;C 级是 M 值小于 3.4 与大于 5.0 的原棉,品质最差。M 值大于 4.9 时,随着 M 值的增大,成纱条干水平下降。但配棉平均马克隆尼值并不是越小越好,当配棉平均马克隆尼值低于 3.5 以下时,纤维成熟度低,易产生棉结,并且会影响棉纱吸色能力,造成成纱质量下降。要保持成纱条干水平的长期稳定,不能只注重配棉的色泽、成熟度和长度,还应重视纤维马克隆尼值的选配。

4. 单纤维强力对成纱强力的影响　其他条件相同时,单纤维强力越高,纤维本身断裂困难,则成纱强力也越高。当单纤维强力增加到一定限度时,成纱强力不再显著增加。因为单纤维强力高,成熟度好,线密度大,纤维柔软性下降,且纱条截面内纤维根数减少。单纤维强度特别差时,在纺纱过程中纤维容易断裂,增加短纤维,恶化成纱条干均匀度,从而使成纱强力降低。

成纱强力很大程度上取决于纤维的线密度,纺纱生产中多以棉纤维的断裂长度来比较不同线密度的纤维强力。单纤维的断裂长度大时,纤维的线密度小或单纤维强度高,因此,成纱强力就越好。

5. 混纺纱的混纺比对纱线强力的影响　混纺纱的强力不仅与纤维强力、纱线结构有关,还与混纺纤维的强度和伸长能力的差异有关。为保证混纺纱的强力,尽量避免选择临界混纺比。

(二)前纺工艺与成纱强力的关系

清梳工序在考虑原料充分开松和梳理的前提下,尽可能地排除杂质和短绒。但打击力度过猛会打断或损伤纤维,也容易产生新的结粒,从而降低强力。

并粗工序主要通过牵伸增加纤维的伸直平行度,制成条干均匀、结构良好的粗纱,给细纱准备良好的未入品。

1. 开清棉工序　开清棉工序的机械较多,在实际生产中,应合理选择工艺参数,提高各机械的开松效率,充分排除杂质和有害疵点;合理减少打击点或以梳代打,尽可能避免对原料的猛烈打击,以避免损伤纤维或损失纤维原有的强力。

2. 梳棉工序　梳棉工序要充分发挥梳理作用,排除短纤维和结杂,减少对纤维的损伤,减少产生新棉结的机会。梳棉机的分梳机件主要是刺辊、锡林,增加其速度可提高分梳度和减少结杂,但刺辊速度过高易损伤纤维。为解决这一矛盾,可通过选用不同规格齿型和齿密的针布来提高分梳效果。锡林与盖板工作区可采用"紧隔距、强分梳"的工艺原则,以达到加强分梳、充分排除结杂与短纤维的效果,有利于成纱强力的提高。合理的刺辊速度、给棉板形状与工作面长度,可减少短纤维的产生。对要求高的产品应采用精梳系统,以充分排除短纤维和结杂。

3. 并条工序　并条工序重点应降低熟条的重量不匀率,改善熟条的条干均匀度,提高纤维的伸直平行度,以便有效地降低粗纱和细纱的重量不匀率,提高成纱强度和降低强力不匀率。同时,在牵伸过程中应加强对纤维运动的控制,以提高须条的条干均匀度。另外,在并条机上采用自调匀整,对降低成纱单强不匀率有显著效果。

4. 粗纱工序　粗纱工序的重点应改善短片段重量不匀。试验表明,棉纱单纱强力不匀率与粗纱 5m 片段重量不匀率的相关系数 $r = 0.8167$,在 99% 置信度下,两者呈强相关。粗纱短片段不匀率与单纱强力的关系如图 8 – 3 所示。单纱强力随粗纱短片段不匀率的增加而降低,而粗纱的周期性不匀使细纱强力的降低更为明显。这说明改善粗纱短片段不匀,对降低细纱单纱强力不匀率、提高单纱强力有着重要的意义。同时，粗纱工序应适当提高车间的温湿度，使粗纱回潮率掌握在7%左右。因为回潮率高时，棉纤维强力有所增加，有利于牵伸后纤维内应力的消失，使纤维保持伸直平行状态，有利于提高细纱的条干均匀度，降低成纱单纱强力不匀率。但回潮率过高，生产中易出现缠胶辊、缠罗拉现象，使成纱质量下降。

在实际生产中，要加强基础管理工作，减少强力弱环的产生。如粗纱机后条子因粘连而撕损集合器跑偏挂花粗纱机开关车、防细节装置失灵等情况，都会在纱条上产生强力弱环，应予以高度重视。

（三）细纱工艺与成纱强力的关系

细纱工序是提高成纱强力、降低细纱单纱强力 CV 值的关键工序。在实际生产中，为提高成纱强力，应合理选择细纱工艺参数。

1. 降低细纱条干不匀率和重量不匀率提高成纱强力　成纱条干均匀度好，细纱单纱强力 CV 值就会下降。细纱重量不匀率是造成管纱之间强力不匀的重要因素，一般细纱重量不匀率应稳定在2%以内。

2. 减少人为因素和设备原因所造成的粗节、细节、棉结　经验表明，纯棉纱易在有细节和大棉结地方断头，涤棉混纺纱易在粗节或粗细节拐点的地方断头，因为大棉结是梳不开的纤维，涤棉混纺纱粗节处的棉纤维大于混纺比规定。从试验和分析得知，这些地方是应力集中点。另外，纱的粗节会导致捻度分布不匀，粗的地方捻度小，相对强力偏低。在拉伸时，捻度的传递远小于拉伸速度，在传来的捻度尚未到达粗节处时就被拉断。这就是大棉结和粗节之所以成为成纱强力的薄弱环节和发生断头的原因。

3. 合理选择细纱捻系数，降低捻度不匀率　细纱加捻最直接的作用是使纱线获得一定的强力。细纱捻系数的大小及捻度不匀率，对成纱强力均有影响。随着捻度的增加，细纱强力逐渐增加，但达到定值后，继续增加捻度，强力反而下降，对应于最高强力处的捻度称为该处的临界捻度。这说明捻度对细纱强力的影响，既存在有利于纱线强力提高的因素，又存在不利于纱线强力的因素。加捻对纱线强力的影响，是以上有利因素与不利因素的对立统一。在临界捻度以前，有利因素占主导作用；临界捻度以后，不利因素起主导作用。

临界捻度所对应的捻系数称为临界捻系数。一般情况下，生产中所选用的捻系数均应小于临界捻系数。适当加大捻系数，对提高强力是有利的，但较大的捻系数，必然导致细纱机生产率下降。所以，在保证细纱强力的前提下，应选用较小的捻系数，以提高细纱机的生产率。同时，锭带张力的大小也是影响锭速差异和不稳定的直接因素，选用合格的锭带及其接头方式，调节好锭带张力盘，保证锭速稳定，减小锭间捻度不匀，也是降低成纱强力不匀的基础。

二、纱线的弹性

纱线的弹性取决于纤维的弹性与纱线结构两方面。结构紧密稳定的纱线弹性好，结构松散的则弹性差。而纱线结构主要由纱线加捻来形成，对单纱和同向加捻的股线来说，加捻使纱线结构紧密，纤维滑移减小，纤维的伸展性增加，在一般捻系数范围，随着捻系数的增加，纱线捻度增大，纤维倾斜角大，受到拉伸时，表现出弹簧般的伸长性，故纱线的弹性也增加。

纺纱张力也是影响纱线弹性的主要因素。一般情况是纺纱张力大，纱线弹性差。因为纺纱张力大，纤维易超过弹性变形范围，而且成纱后纱线中的纤维滑动困难，故弹性较差。

混纺纱的弹性与混纺纤维的组分及其含量有关。例如，加入氨纶后，混纺纱的弹性将大大增加；

混入 PTT 纤维和复合变形丝,混纺纱的弹性及蓬松度都明显改善。涤毛混纺纱的弹性,随涤纶含量的增加而下降;但是,因涤纶的弹性回复率比棉高,而涤绵混纺纱弹性随涤纶含量的增加而提高。

紧密环锭纱、普通环锭纱等真捻纱与非传统纱之间的回弹性不同。

转杯纱属于低张力纺纱,正捻或反捻的转杯纱的扭结均较低,且捻度比环锭纱大,因而转杯纱弹性比环锭纱的好。

喷气纱为包缠结构,所以,其成纱直径较同特环锭纱粗,紧度较环锭纱小,外观比较蓬松,但因其捻度大,表层纤维定向度较差,所以,手感比较粗硬。

摩擦纺纱由于成纱的经向捻度分布由纱芯向外层逐渐减少,成纱结构内紧外松,所以摩擦纱的紧度较小(0.35~0.65),表面丰满蓬松,弹性好,伸长大,手感粗硬,但较粗梳毛纱好。

 任务实施

提高纱线强力、弹性的措施。

 思考练习

1. 影响成纱强力的主要因素有哪些?
2. 影响纱线弹性的主要因素有哪些?

 知识拓展

1. 混纺比对混纺纱强力的影响分析。
2. 不同纺纱方式的成纱强力和弹性比较。

任务五　纱线的结构特征与毛羽

 学习目标

1. 了解纱线毛羽的形成过程,了解毛羽的形态。
2. 掌握影响毛羽的因素,学会控制毛羽的方法。
3. 掌握环锭纺纱生产和新型纺纱技术生产的新型纱线的结构特点。

任务描述

1. 细纱毛羽的形成。
2. 纱线毛羽的形态与毛羽指标。
3. 影响纱线毛羽的因素。
4. 新型纱线的结构与毛羽。

 **相关知识**

细纱毛羽是衡量纱线质量的一个重要指标。纱线毛羽的多少,不仅影响产品的性能和质量,影响纺纱加工过程的顺利进行,而且毛羽也影响纤维的强力利用系数。同时,毛羽与织物外观的光洁、清晰、滑爽密切相关。纱线毛羽较少,织物表面光洁,手感滑爽,色彩均匀,对轻薄织物具有较好的透明性和清晰度,特别是对外观要求较高的织物影响更加明显。布面毛羽也成为棉布质量考核的重要参考指标,对那些要求滑而爽的高档织物更是如此。

一、毛羽的形成

纱线毛羽产生于细纱工序,增加于后加工工序,特别是络筒工序。

1. 细纱加捻三角区产生毛羽 细纱机前罗拉钳口输出的须条只有经过加捻、改变须条结构后,才能成为具有一定强力、弹性、伸长、光泽与手感的细纱。加捻的实质就是使纱条内原来平行伸直的纤维发生一定规律的紊乱,提高纤维彼此间的联系,确保成纱满足要求的强力。经前罗拉钳口输出的须条呈扁平状态,纤维平行于纱轴。钢丝圈回转产生的捻回传向前罗拉钳口,使得钳口处须条围绕轴线回转,须条宽度被收缩,两侧逐渐折叠而卷入纱条中心,形成加捻三角形。在加捻三角形内,产生纤维内、外层的转移。每一根纤维在加捻过程中都经过从外到内、从内到外的反复转移后,使纤维之间的抱合力加大。纤维在纱条中呈空间螺旋线结构。若纱条中纤维一端被挤出须条边缘,那么便不能再回到须条内部,就会在纱条表面上形成毛羽。

2. 摩擦产生的毛羽 纤维从被加捻成纱离开加捻三角区后,纱线受导纱钩、隔纱板和钢丝圈的摩擦,使一些原来已被包卷入纱体的纤维端或中段被刮、擦、拉、扯而露出纱体,或一些纱线表层纤维被擦断浮出纱体,形成新的毛羽。

3. 加捻卷绕产生的毛羽 加捻卷绕过程中,由于离心力的作用,使已捻入纱体中的纤维端被甩出纱体外面形成毛羽。

4. 飞花附着产生的毛羽 在加捻过程中,飞花和短绒附着于纱体而部分被捻入纱中,形成没有定向的毛羽。

二、纱线毛羽的形态与毛羽指标

(一)毛羽的形态

纱线毛羽的形态错综复杂,长短不同,具有方向性、空间分布性和动态性特点。按毛羽的伸出形态,纱线毛羽基本形态有线状(纤维头端)、圈状(纤维圈)、簇状(纤维集合体)和桥状四种。按毛羽的伸出方向,大致分为顺向毛羽、倒向毛羽、两向毛羽和乱状毛羽。

毛羽本身的形态在摩擦及张力作用下是易变的,如桥状毛羽可能一端脱开变成端状,而端状弯曲毛羽可能伸直成长毛羽。

(二)纱线毛羽指标

在生产与贸易中,通常用以下三种指标来评定纱线毛羽。

1. 毛羽指数 单位长度纱线内,单侧面上伸出长度超过设定长度的毛羽累计根数,单位为根/10m。我国与日本、英国、德国、美国等都采用这一指标来表征纱线毛羽。

2. 毛羽伸出长度 纤维头端或圈端凸出纱线基本面的平均长度或单位长度纱线毛羽总长度。毛羽伸出长度与毛羽指数呈现负指数分布关系。

3. 毛羽量　用光学法测量毛羽引起的散射光量。它与纱线毛羽总长度成正比。

三、影响纱线毛羽的因素

影响纱线毛羽的因素很多,纱线毛羽的多少不仅与原料的性能有关,而且与纺纱过程中前纺短绒率的控制、细纱工序和络筒工序的设备及器材的选取、机械状态和运转操作管理等有密切关系。另外,对车间温湿度和纺纱工艺设计也不能忽视。因此,减少纱线毛羽,应认真研究影响纱线毛羽的因素及其规律,采取综合措施,以取得良好的效果。

(一)原料物理性能

纤维长,相应的成纱毛羽就少,纺纱原料中的短纤维含量比例超高,则外伸纤维的毛羽就越多;纤维细度细,成纱毛羽较多;纤维成熟度与整齐度好,细度细的优质原棉,成纱毛羽就少。另外,纤维刚度大,易形成毛羽且其毛羽长。

(二)纱线结构

纱线越粗,纱线横截面内纤维根数越多,毛羽越多;纱线捻系数大,毛羽短而少;混纺纱中纱线表层纤维的物理性质是影响纱线毛羽的主体;成纱须条中纤维伸直平行度越好,短绒含量越少,毛羽越少;环锭纺纱线的毛羽随成纱三角区长度和宽度的增加而增加。

集聚纺纱减少了传统细纱机中加捻三角区中须条带的宽度,同样的纺纱条件下,此种纺纱的毛羽较传统环锭纺减少约20%。

(三)前纺各工序毛羽

前纺各工序应尽量避免纤维的损伤,多排除短绒,提高纤维的伸直平行度,使半制品均匀、光洁、不发毛,为减少细纱毛羽打下基础。

(四)细纱工序毛羽

细纱工序影响毛羽的因素很多,如细纱的机械状态,纺纱工艺,胶辊、胶圈、钢领、钢丝圈等纺纱器材,车间温湿度等。纱线与机件间的摩擦作用越强,毛羽越多。表面滑爽的牵伸机构有利于对纱条的包覆控制及握持浮游纤维的有序运动。环锭纺细纱机"三角区"胶辊及上下胶圈的表面状况、适纺性和稳定性,是影响纱条毛羽产生的重要因素之一。胶圈在纺纱过程中起着控制纤维的握持作用,上下胶圈要有优良的弹性和柔韧性、抗静电、污染作用及抗早衰龟裂性能。纺纱过程中静电的消除有利于减少毛羽。

四、新型纱线的结构与毛羽

(一)环锭纺纱生产的新型纱线

环锭纺纱生产的新型纱线,是对传统环锭纺纱工艺或结构进行改进生产的纱线。主要有赛络纺纱、赛络菲尔纺纱、紧密纺纱和索罗纺纱。

1. 赛络纺纱　两根粗纱分别喂入环锭细纱机牵伸区,每根粗纱单独牵伸,纱线结构与性能类似股线,毛羽较少。

2. 赛络菲尔纺纱　使用一根长丝纱和一根粗纱一起加捻形成长丝与短纤维双边结构的复合纱,长丝在短纤纱的外围,横截面呈圆形,与环锭纱结构相似,纱轴向与双股线的螺旋结构相似。由于复合纱较股线具有较高的残余扭矩,因此,纱线使用时易产生"小辫子纱",使织物产生歪斜的不良外观。

3. 紧密纺纱　在细纱机牵伸系统中增加凝聚装置,减少甚至消除加捻三角区中的边缘纤维,纤维在须条内伸直平行且紧密排列,纱线毛羽量大大减少。纱线捻度径向分布(捻幅沿纱直径方向的变化)差异较小,纤维内外转移程度也低于环锭纱。

4. 索罗纺纱 牵伸须条在牵伸罗拉细小的沟槽作用下,被劈成几根子须条独立初步加捻,形成较小的加捻三角区,每根子须条离开牵伸罗拉后又合股加捻形成纱线。索罗纱毛羽较少,有类似多股线的特殊结构。它与环锭纱一样,在不同径向位置的捻幅不同,但各个径向位置的捻幅均高于环锭纱,分布较为均匀。

(二)新型纺纱技术生产的新型纱线

1. 转杯纺纱 利用高速回转的转杯形成的负压凝聚纤维并加捻须条。纱线中纤维伸直度较差,绝大多数形成弯钩、折叠和打圈。纱线线密度较大,原料以棉及棉混纺纱为主。纱体比较蓬松,直径较大,条干均匀度比环锭纱好,并随纱线线密度降低而恶化。捻度较同等环锭纱高,纱芯处纤维平直,捻度很少,随着直径增加,捻幅逐渐增加,约在 3/4 直径处到表层(不包括表层缠绕纤维),又随着直径增加而减少。纱线毛羽比环锭纱少 50%,但离散性较大。

2. 喷气纺纱 利用旋转气流推动须条回转对纱条加捻成纱。纱线中纤维分层分布,纱芯主体纤维基本呈平行状态,主体外层纤维呈"z"向倾斜,外层为包缠纤维,呈头端包扎状态。纱线结构较蓬松,同线密度的喷气纱直径较环锭纱粗 4%~5%。纱线毛羽具有顺纱线前进的方向性。因此,筒子纱可直接用于纬纱,不宜多倒筒。3mm 以上的毛羽比环锭纱少 80% 左右,但0.2mm 左右的短毛羽比环锭纱多 40% 左右。纱线捻幅的径向分布与环锭纱类似。

3. 涡流纺纱 利用空气的旋转对纤维进行凝聚和加捻。纱线中纤维平行伸直度和定向性很差。捻度一般比环锭纱低,捻系数与强力关系不密切。纱线毛羽较多,形态多为圈状,毛羽头和尾均缠绕在纱芯上,特别有利于加工起绒织物。

4. 喷气涡流纺纱 利用涡流加捻器对须条加捻成纱。纱芯纤维基本平行,约占纱截面总数的 40%,其余 60% 纤维与环锭纱相似,呈螺旋线排列。纱条干较环锭纱稍差,毛羽较环锭纱明显减少,外观光洁,纱体蓬松。

5. 摩擦纺纱 借助摩擦回转滚筒对须条进行搓动加捻成纱。纱线有明显的组分和捻度分层结构,纤维组分从纱芯到外层逐层包覆;捻幅沿径向由里到外逐层减小,呈现内紧外松的分层结构。摩擦纺纱所用原料的品级差,形成品种的档次低,成纱线密度特粗且蓬松。

 任务实施

对规定产品进行毛羽形成与控制分析。

 思考练习

1. 毛羽是怎样产生的?
2. 影响毛羽的因素有哪些?
3. 怎样控制毛羽?

 **知识拓展**

新型纱线的结构与毛羽。

项目二　原料的选配与混合

学习目标

- 掌握配棉的目的、意义与基本原则。
- 原棉选配的依据,原棉选配的方法及配棉的注意事项。
- 化学纤维选配的依据和选配方法,纤维在混纺纱中的转移分布规律。
- 原料混合的方法与设计。

重点难点

- 原料混合的方法与设计。
- 能设计配棉方案。

学习要领

- 分析配棉原料的主要性质,如长度、细度、强力、成熟度等。
- 了解所纺纱线的特点及用途。
- 掌握配棉原则、配棉方法。
- 能设计配棉方案。

教学手段

多媒体教学法、混合式教学法、案例教学法、项目教学法、生产实例展示法。

任务一　原棉的选配

学习目标

1. 掌握配棉的目的、意义与基本原则。
2. 掌握原棉的主要性质同纺纱工艺和成纱质量的关系。
3. 原棉选配的依据、原棉选配的方法及配棉的注意事项。

任务描述

1. 合理选择多种原棉搭配使用,充分发挥不同原棉的优点,可达到提高产品质量、稳定生产、降低成本的目的。
2. 配棉目的、方法。
3. 配棉表中的项目主要有哪些,它们是怎样得来的,配棉设计的关键是什么。
4. 能完成配棉表设计。

 相关知识

纺织原料的来源广泛,种类繁多,但棉纺厂的主要原料是原棉和化学短纤维。

原棉品种主要有细绒棉和长绒棉。细绒棉手扯长度为 25 ~ 33mm,线密度为 1.54 ~ 2.22dtex(6500 ~ 4500 公支),一般适合纺 10tex 以上的棉纱,也可与棉型化学纤维混纺。细绒棉产量占世界棉花总产量的 90% 左右,我国主要种植细绒棉。长绒棉手扯长度为 33 ~ 45mm,细度为 1.18 ~ 1.43dtex(8500 ~ 7000 公支),适合纺 l0tex 以下的棉纱或特种工业用纱,也可与化学纤维混纺。长绒棉盛产于非洲,在我国主要产于新疆、云南等地。长绒棉产量仅占世界棉花总产量的 10% 左右。

在选择新纤维进行纺纱时,应注意纤维的可纺性。纤维原料的可纺性能是指纺织纤维能够实现设计成纱品质要求的纺纱难易的综合性能。这可通过上机试纺(小量试纺、单唛试纺、多种原料混合试纺等)进行全面评价。

一、配棉的目的

原棉的主要性质,如长度、细度、强力、成熟度、色泽以及含水、含杂等,都随棉花的品种、生长条件、产地、轧工等不同而有较大的差异。原棉的这些性质同纺纱工艺和成纱质量有密切关系,因此,合理选择多种原棉搭配使用,充分发挥不同原棉的优点,可达到提高产品质量、稳定生产、降低成本的目的。这种将多种原棉搭配使用的工作,称为配棉。

配棉的目的是合理使用原棉,保持生产和纱线质量的相对稳定,节约原棉和降低成本。配棉时,要根据不同产品的质量要求,选配合适的原料。如在不影响成纱质量的条件下,混用一定数量的低级棉、回花、再用棉,既可节约原棉,又可降低成本。

二、原棉选配的依据

原棉选配有以下 3 种依据:纱线的质量要求、产品用途、设备的装备水平与之相配套的工艺和运转管理水平。配棉原则如下:质量第一,统筹兼顾;全面安排,保证重点;瞻前顾后,细水长流;吃透两头,合理调配。

质量第一,统筹兼顾:就是要处理好质量与节约用棉的关系。

全面安排,保证重点:就是说生产品种虽多,但质量要求不同,在统一安排的基础上,尽量保证重点产品的用棉。

瞻前顾后,细水长流:就是要考虑到库存原棉、车间上机原棉、原棉供应预测三方面的情况来配棉。

吃透两头,合理调配:就是要及时摸清到棉趋势和原棉质量并随时掌握产品质量的信息反馈情况,机动灵活、精打细算地调配原棉。贯彻配棉原则时力求做到稳定、合理、正确。

三、配棉方法
(一)分类排队法

1. 原棉分类 分类就是根据原棉的性质和各种纱线的不同要求,把适纺某一类纱的原棉划为一类。在原棉分类时,先安排特细纱和细特纱,后中、粗特纱;先安排重点产品,后安排一般或低档产品。具体分类时,还应注意以下几个问题。

(1)原棉资源。为了使混合棉的性质在较长时间内保持稳定,在分类时要考虑棉季变动和到棉趋势,留有余地,并结合考虑各种原棉的库存量。如果库存量不多,但原棉将大量到货时,在选用时应尽量多用些;反之,库存量虽多,但到货量逐渐减少时,应控制少用。在可能的条件下,应适当保留一些性能好的原棉,做到瞻前顾后,留有余地。

(2)气候条件。气候的变化也会使成纱质量产生波动。如严冬季节气候干燥,易使成纱条干恶化;南方地区黄梅季节高温高湿,即使采用空调也不能控制成纱棉结、杂质粒数增多的趋势时,就需要在配棉中适当混用一些成熟度好、棉结和杂质较少的原棉,以便成纱质量稳定。

(3)加工机台的机械性能。设备型号、机件规格等不同时,即使使用相同的原棉,成纱质量也会有差异。如有的设备除杂效率高,有的牵伸装置牵伸性能好,有的梳棉机分梳元件配备好等,在配棉时都要掌握,以便充分发挥这些设备的特点。

(4)配棉中各成分的性质差异。为了保持混合棉质量的稳定,配棉时要掌握各种原棉性质的差异。一般来讲,接批原棉间的差异越小越好,而混合棉中各成分之间允许部分原棉的性质差异略大一些,对成纱质量并无影响。如所谓"短中加长"和"粗中加细"的经验,即在以较短纤维为主体的配棉成分中,适当搭配一些较长的纤维;或在以较粗纤维为主体的配棉成分中,适当混用一些较细纤维,这对改善条干和提高成纱强力都会有一定的好处,但混比不宜过大。当在较短纤维中混入一定量的较长纤维时,可提高纤维的平均长度,对条干无影响,而对强力有利。在较粗的纤维中混入一定量的较细纤维时,可增加纱线截面中纤维根数,从而改变成纱的质量。

2. 原棉的排队 排队就是在分类的基础上将同一类原棉分成几队,把地区或性质相近的原棉排在一个队内,当一批原棉用完,将同队内另一批原棉接替上去。原棉接批时,要确定各批原棉使用的百分率,并使接批后混合棉平均性质无明显差异。在排队时应注意以下问题。

(1)主体成分。由于同一产区原棉的可纺性比较一致,在配棉成分中选择某一产区的若干种可纺性较好的原棉作为主体成分。当来自不同产区的原棉的可纺性都较好时,可以根据成纱质量的特殊要求,以长度或细度作为确定主体成分的指标。主体成分在总成分中应占70%以上,它是决定成纱质量的关键。

(2)队数与混用比例。不同原棉混用比例的高低与队数多少有关。在一个配棉成分表中,队数多,则混用比例低,在原棉接批时造成成纱质量波动的风险就小;但队数过多,车间管理麻烦,一般选用5~6队,每队原棉最大混用比例应控制在25%以内。小型棉纺企业,所进原料品种少,量也不大,配棉时会出现队数过少和个别成分混用比例过高的现象,但如果货单量不大,在一个交货单内不进行原料接批,就避免了因原棉接批而使成纱质量波动大的现象,但原料成本会较高。

（3）勤调少调。勤是指调换成分的次数要多，少是指每次调成分的比例要小。勤调少调就是调换成分的次数多些，每次调换的成分少些。勤调虽然使管理工作麻烦些，但会使混合棉质量稳定。反之，如果减少调换次数，每次调换的成分多，会造成混合棉质量的突变。如果某一批混用比例较大，可以采用逐步抽减的办法。如某一批原棉混用 25%，接近用完前，先将后一批接替原棉用 15% 左右，当前一批原棉用完后，再将后一批原棉增到 25%，这样使部分成分提前接替使用，可避免混合棉质量的突变。

3. 原棉性质差异的控制 原棉性质差异的控制范围见表 1-2-1。

表 1-2-1 原棉性质差异控制范围

控制内容	混合棉中原棉性质间差异	接批原棉性质差异	混合棉平均性质差异
产地	—	相同或接近	地区变动不宜超过 25%（针织用纱不宜超过 15%）
品级	1~2 级	1 级	0.3 级
长度（mm）	2~4	2	0.2~0.3
含杂率	1%~2%	1% 以下	0.5% 以下
线密度（tex）	1.25~2.00	2.00~3.33	6.66~20
断裂长度（km）	1~2	接近	0.5

4. 常见产品配棉选择 常见产品的配棉参考指标见表 1-2-2。

表 1-2-2 常见产品的配棉参考指标

配棉类别	平均品级范围	最低品级	平均长度范围（mm）	长度差异（mm）	产品
特细特	长绒棉	—	35 以上	—	6tex 以下精梳棉纱线、高速缝纫线、商标布、丝光巾、揩镜头布、特种用纱等
特细特甲	长绒棉或 1.2~1.8 级细绒棉	2	长绒棉或 31.0~33.0 细绒棉	—	6~10tex 精梳纱、精梳全线府绸、精梳全线卡其、高档薄型织物、高档手帕、高档针织品、绣花线、羽绒布、巴里纱、缝纫线、特种工业用纱等
细特	1.5~2.0	3	29.0~31.0	2	11~20tex 精梳纱、精梳府绸、精梳横贡、高密织物、提花织物、高档汗衫、涤/棉混纺织物、刺绣底布
细特甲	2.1~2.6	4	28.2~30.5	2	府绸、半线府绸、半线直贡、羽绸、色织、波单、丝光平绒、割绒、汗衫、棉毛衫、薄型牛仔布、公布、绉纱布、烤花绒、麦尔纱、化纤混纺染色要求较高的产品等
细特乙	2.3~2.8	4	28.0~30.0	2	半线织物（平布、哗叽、华达呢、卡其）的经纱、平布、斜纹、直贡、麻纱、细帆布、纱罗、透孔纱、泡泡纱、印花布、漂白布等
中特甲	2.3~2.8	4	27 5~29.5	4	府绸、纱罗、织物起绒、灯芯绒结纱、牛仔布、制绒、汗衫、棉毛衫、薄形卫生衫、化纤混纺、深色布、轧光和染色要求高的产品等

续表

配棉类别	平均品级范围	最低品级	平均长度范围(mm)	长度差异(mm)	产品
中特乙	2.5~3.0	4	27.0~29.0	4	半线织物(哔叽、华达呢、卡其、直贡)的师纱、平布、斜纹、哔叽、华达呢、卡其、直员、色织被单、毛巾、鞋布、中帆布、原色布
中特丙	3.0~3.5	5	26.5~28.5	4	纱布、蚊帐布、夹里布、面粉袋布、篷盖布、稀密布、印花布、漂白布等
粗特甲	2.6~3.1	5	25.5~27.5	4	半线织物(府绸、哔达呢、卡其)的纬纱、高档粗平府绸、织物起绒、针织起绒牛仔布、被单、床罩、深色布等
粗特乙	3.0~3.8	5	25.0~27.0	4	平布、斜纹、哔叽、华达呢、卡其、直贡、服装帆布、纱布、疏松织物、印花布等
粗特丙	4.1~4.8	5	24.5~26.5	6	工作服、面粉袋布、粗帆布、底布、基布、垫布、劳动手套、贴墙布、食糖袋布等
细中(低)	3.5~4.8	5	27.0~29.0	6	家具布、窗帘布、装饰布、绒布、低档帆布、印花布
粗(低)	4.5~5.5	6	25.0~27.0	6	绒布、毛巾、低档粗布、漆布、箱布、色布等
副牌	5.0~7.0	7	23.0~27.0	6	副牌58tex纱、打包布、低档棉毯、日用绳索等

注 1. 经纱、纬纱分列时,经纱棉花长度宜长,纬纱棉花品级宜高。

2. 超细度、低成熟的棉花,甲类及以上配棉不宜混用,乙类配棉中应控制比例使用。

3. 产品有特殊要求的,安排专配专纺。

4. 配析类别应符合用户及质量考核要求。

原棉选配应按纱线线密度、成纱用途及加工特点进行。常见产品的配棉因纱线线密度不同、用途不同、加工工艺不同,而对配棉品级和长度的基本要求也不同。

(1)根据成纱线密度选配原棉。纱线线密度越小,选择原棉的平均品级越好,长度越长。

①特细特纱线。特细特纱线都用于极高档的精细产品,成纱质量要求很高,纱线截面中纤维根数很少,纤维根数差异对纱线强力和条干影响极显著,细小棉结、杂质、疵点极易暴露在纱线表面,影响断头和条干,因此,宜选配长绒棉。

②细特纱线。细特纱线都用于高档织物或股线,成纱质量要求较高。应选择色泽洁白、品级较高、成熟度适中、纤维线密度小和强力较高、纤维较长、整齐度较好和杂质疵点较少的原棉。

③中特纱线。中特纱线的质量一般低于细特纱。可选择色泽略次、品级稍低、成熟度和纤维线密度中等、纤维长度较短、杂质疵点较少的原棉。

④粗特纱线。粗特纱线的质量一般要求较低。因此,可选用一般质量的原棉,或适当搭配部分低级棉和再用棉。

转杯纺一般以纺制36tex以上的粗特纱为主,其成纱中纤维较环锭纱紊乱,纤维长度差异对成纱强力的影响没有环绽纱大。因此,选用原棉时,纤维长度可较相同特数的环锭纱短1~2mm,一般大量配用低级棉和精梳落棉、抄斩花、车肚花及统破籽等再用棉。

（2）根据纱线用途和加工工艺选配原棉。

①精梳棉纱。精梳棉纱多用于高档产品，要求纱线条干均匀，棉结杂质少。因此，应选择色泽洁白、品级高、纤维较长、棉结杂质较少的原棉。

②普梳棉纱。普梳棉纱一般用于中低档产品，纱线质量要求不如精梳棉纱高。因此，所选原棉的各项物理指标均可适当地低于精梳纱。

③机织用纱。经纱在准备和织造过程中，要经受反复摩擦和较大张力。因此，对其强力要求应高于纬纱，特别是细特纱、高经纬密的单纱织物或纬密较高的织物，对纱线强力要求更高。所以，应选配成熟度适中、纤维线密度小和强力较高、纤维长度较长的原棉。

经纱一般经过上浆工艺，成纱后需经过多道工序加工，清除疵点的机会较多，所以对原棉品级、色泽和含杂要求可略低些。

纬纱的加工流程较短，清除疵点机会少。因此，要求纬纱应具有较均匀的条干和棉结杂质较少。选配成熟度好、色泽洁白、品级较高、杂质疵点较少、纤维线密度大和长度较短的原棉。直接纬纱的原棉品级应比经纱要高。

④针织用纱。针织纱要求条干均匀、棉结杂质少、强力高、色泽好、手感柔软。应选配色泽洁白、成熟度适中、纤维线密度小且强力较高、整齐度较好、短绒较少的原棉。

⑤捻线用纱。股线由两根或两根以上的单纱并合加捻而成。因此，捻线的强力、弹性、条干均可得到相应改善，使外观疵点显现率降低。选配原棉的各项物理指标，可适当低于同线密度的单纱。

⑥色布用纱。一般浅色织物对条干、结杂等外观要求较高。可选用成熟度较好、品级较高、杂质疵点和短绒较少的原棉。

⑦印花及漂白布。在加工过程中可使一些布面疵点有所改善，故可混用一些品级稍低、杂质稍多的原棉。

⑧深色织物。因其色调较深，原棉的色泽要求低，但白星宜少，应选配成熟度好、僵棉死纤维少的原棉，以保证色泽均匀。

⑨特种用纱。特种用纱的质量一般有一些特殊要求，可根据其用途特点选配原棉。如轮胎线，要求纱线强力高、捻缩小，可选择成熟度适中、纤维线密度小和强力高、长度较长、整齐度好的长绒棉，而色泽可不予考虑。

⑩混纺织物用纱。棉与化纤混纺时，细特和高特精梳纱常采用长绒棉或细绒棉，中特纱混纺用原棉则以细绒棉为主。一般选用纤维线密度小、成熟度好、含杂较少、纤维强力较高、含短绒较少、轧在好的原棉，以减少棉结。

⑪牛仔布用纱。靛蓝色经纱与本色纬纱交织，要求纱的匀染性和渗透性要好，应配成熟度较好、含杂和僵棉少、纤维偏长而成熟度较好的原棉，以利于染色均匀。原纱条干要好，竹节、结杂和毛羽要少，棉纱要弹性好、强力高。

此外，还应注意以下几点。

一是经纱和纬纱选配原棉的差别在上述规定范围内调节。未包括的品种，按产品用途和质量要求，选择配棉类别；有特殊要求的产品，可专配专纺。

二是一个配棉方案中，各唛头间原棉的技术性能指标的差异，应控制在下列范围内。

品级：$1 \sim 2$ 级；长度：$2 \sim 4$mm；纤维线密度：$12.5 \sim 20$dtex（$800 \sim 500$ 公支）；含杂：$1\% \sim 2\%$；成熟度：0.15；含水：$1\% \sim 2\%$；包装规格：紧包配紧包，松包配松包，体积大小均等。

三是在保证质量的前提下，混合棉的平均品级和平均长度的下限不受限制。

四是主体成分应占 70% 左右。

五是每只唛头最大混用百分比≤25%，其大小应便于抓棉机的棉包台上排包。

（3）回花和再用棉的使用原则。为节约用棉，应合理用好回花和再用棉，其一般使用原则如下。

①棉卷头、破棉卷、棉条、棉网、粗纱头、胶辊花、断头吸棉等回花，性质基本上与混合棉相同，仅棉结稍多，短绒略增，棉卷、棉条、棉网等回花可直接本特回用，混用量不超过 5%，粗纱头、胶辊花、断头吸棉等回花，则需经处理后才能本特回用或降至较粗特纱中回用。

②再用棉包括开清棉机械的落棉（统破籽）、梳棉抄斩花和精梳落棉等。其特点是结杂和短绒多，一般需经预处理（经纤维杂质分离机或开清棉机，甚至梳棉机加工）后使用。

a. 抄斩花。精梳纱、高支纱不回用（要求低的产品可用少量），中特纱使用量可使用本特纱产生量的部分或全部（染色要求高的可不用），粗特纱尽量多用。

b. 精梳落棉和头号统破籽。因地制宜地使用，如作副 58.3tex 或质量要求低的粗特纱专纺时，与低级棉部分混用；精梳落棉在某些中特纱中可少量搭用。

c. 梳棉三吸花经处理后，在保证质量的前提下可用作副 58.3tex 或棉毯用纱的部分原料。

d. 58.3tex 以上的转杯纺纱可大量使用再用棉。

（二）计算机配棉

传统配棉由配棉工程师针对某一纱线品种从数百种原棉唛头中选择合适的原棉唛头，并确定混纺比，这项工作面广、量大且要有较丰富的实践经验。计算机配棉应用人工智能模拟配棉全过程。通过对成纱质量进行科学预测，及时指导配棉工作，并对库存原棉进行全面管理，准确地向配棉工作提供库存依据，保证了自动配棉的顺利完成；同时使得原料库存管理与成本核算方便、快捷。计算机配棉管理系统主控制模块包括三个子系统（分控制模块），即原棉库存管理子系统、自动配棉子系统和成纱质量分析子系统。主控制模块可根据操作者需要，将工作分别交给三个子系统处理。

纺纱原料中主体成分为固定某产区时，计算机辅助配棉技术可以作为人工配棉的参考。当纺纱原料中主体成分在几个原料产区波动时，计算机辅助配棉技术很难发挥作用，因各产区原棉对成纱质量影响程度是不相同的。

 任务实施

对给定产品进行配棉方案设计。

 思考练习

1. 原棉是如何分类的？

2. 什么是配棉？配棉的目的是什么？配棉的依据是什么？

3. 如何做到合理配棉？

4. 如何合理使用回花与再用棉？

知识拓展

1. 分析纤维性能与纱线质量的关系。
2. 混合棉平均性质差异的控制要求。
3. 混合棉平均长度、平均品级的计算。

任务二　化学纤维的选配

 学习目标

1. 掌握化纤选配的目的、意义。
2. 掌握化学纤维性能的选配与工艺质量关系。
3. 化学纤维选配应注意的问题,化学短纤维转移对选配的影响。
4. 会对化学纤维进行原料选配。

 任务描述

1. 化学纤维选配的依据和选配方法。
2. 纤维在混纺纱中的转移分布规律。
3. 能完成化纤原料选配设计。

 相关知识

随着我国化学纤维工业的飞速发展,化学纤维的品种和规格日益增多,化学纤维有许多独特的优点,如何使用好化学纤维原料,使企业增效、增益是棉纺厂的一项重要任务,其中原料的选配是关键。

化学纤维原料的选配包括单一化学纤维纯纺、化学纤维与化学纤维混纺、化学纤维与天然纤维混纺的选配。

一、纤维选配的目的

1. 充分利用化学纤维特点　各种纤维有其不同特点,例如,棉花吸湿性能好,但强力一般,弹性低;涤纶强力和弹性均好,但吸湿性能差,两者混纺可制成滑、挺、爽的涤/棉织物。又如黏胶纤维吸湿性能好,染色鲜艳,价格便宜,但牢度差,不耐磨;而锦纶强力好又耐磨,在黏胶纤维中混入少量锦纶,织物的耐磨性及强力可显著提高。

2. 增加花色品种　目前,差异化纤维、功能纤维和新的纤维素纤维在棉纺加工系统不断应用,同时各种不同规格的合成纤维、纤维素纤维和天然纤维等组合出现了二合一、三合一和五合一等多种产品。通过不同纤维纯纺或混纺,制成各种风格、用途的产品,满足社会的各种需要。

3. 改善纤维纺纱性能 大多数合成纤维的吸湿性差,比电阻高,在纺纱过程中静电现象严重,化学纤维纯纺比较困难,为了保持生产稳定,可在合成纤维中混用吸湿性较高的棉、黏胶纤维或其他纤维素纤维,增加混合原料的吸湿性和导电性,改善可纺性。

4. 提高织物服用性能 合成纤维一般吸湿性能很差,作为内衣原料,吸汗和透气性均不好。若混入适量棉或黏胶纤维,可使织物吸湿性能等服用性能得到改善。

5. 降低产品成本 化学纤维品种多,不仅性能差异大,价格差异也很大,在选配原料时,既要考虑提高质量和稳定生产,还要注意降低成本,以取得较好的综合经济效益。在保证服用要求的情况下,混用部分价格低廉的纤维,可降低生产成本。

二、化学短纤维的选配

1. 化学纤维纯纺与混纺 化学纤维纯纺是指单一品种化学纤维进行纺纱。单一品种化学纤维由于生产厂和批号等的不同,染色性和可纺性也会有较大差异,因此,也应注意合理搭配。

在国产化学纤维和进口化学纤维并用的情况下,宜采用混唛纺纱。混唛即不同化学纤维厂、不同批号的同品种化学纤维搭配使用,逐步抽调成分。混唛可做到取长补短,以保证混合原料的质量稳定,减少生产波动。但是混唛对混合的均匀性要求较高,混合不匀会造成纬向色档以及匀染性差的缺陷,严重时织物经向出现"雨状条花"疵点。因此,纺织厂在大面积投产前常将不同批号、不同国家的化学纤维在同一条件下进行染色对比,按色泽深浅程度排队,供混唛配料调换成分时参考。如果长年由某化学纤维厂对口供应原料时可采用单唛纯纺,这样不易产生染色差异。

除单一化学纤维纯纺外,还有不同品种化学纤维的混纺,在衣着方面主要有涤黏、涤腈等化学纤维混纺。

2. 化学纤维与棉混纺 化学纤维与棉混纺,产品不但具有化学纤维的特性,也有棉的性质,应用较广泛。如涤棉、腈棉、维棉、黏棉混纺。选用化学短纤维长度为 36 ~ 38mm。由于化学短纤维整齐度较好,单纤维强力较高,为确保成纱条干均匀,则要求选用的原棉长度长、整齐度好、品级高、成熟度好且细度适中。生产超细特化学纤维与棉的混纺纱,常用长绒棉;生产细特化学纤维与棉的混纺纱,可选用细绒棉。为了提高化学纤维与棉的混纺产品的质量,保证正确的混纺比,一般化学纤维与棉混合回花不在本特纱内回用。

三、化学纤维性能的选配与工艺质量关系

化学纤维选配主要包括纤维品种的选配、混纺比例的确定和纤维性能的选配等。其中,纤维品种的选配和混纺比例的确定主要在开发设计产品时考虑,纤维性能的选配原则是原料选配应关注的主要内容,对成纱质量有很大影响。

化学纤维性能与棉纤维性能差异很大,有棉纤维所不具备的特性,如卷曲度、含油率、比电阻、超倍长纤维等。下面就这些性能指标对工艺和成纱质量的影响进行分析。

1. 长度和线密度 与棉纤维一样,化学纤维长度越长,细度越细,单纤维强力越大,都对成纱强力有利。化学纤维的长度和线密度相互配合,构成棉型、中长型、毛型等不同规格。一般化学短纤维的长度 L(mm)和线密度 Tt(dtex)的比值一般为 23 左右。当该比值大于 23 时,织物强度高,手感柔软,可纺较细的纱,生产细薄织物;但过大时,开清棉工序易绕角钉。当该比值小于 23 时,织物挺括并具有毛型风格,可生产外衣织物;但过小时,成纱发毛,可纺性差。

2. 强度和伸长率 化学纤维的强度和伸长率影响成纱强力和织物风格。当混纺纱受拉伸时，断裂伸长率低的纤维先断裂，使成纱强力降低，所以，应选断裂伸长率相近的纤维进行混纺，对提高成纱强力有好处。同时，两种纤维的混比选择也应尽量避开临界混纺比。

3. 化学纤维的含油率、超长和倍长纤维、并丝等疵点以及热收缩性 含油太少，纤维粗糙发涩，易起静电；含油太多，纤维发黏易绕锡林。一般冬天宜含油率略高，夏天宜含油率稍低。超长、倍长纤维在纺纱过程中易绕刺辊、绕锡林，牵伸时出硬头，影响正常生产，产生橡皮纱。如在梳棉机上容易绕刺辊、绕锡林，在粗纱机和细纱机上容易出硬头，不易牵伸，有时会产生橡皮纱。一般要求纺超细特、细特纱时超长、倍长纤维的含量，100g 纤维中控制在 3mg 以内，中特纱控制在 6mg 以内。僵丝、并丝、粗丝、扭结丝和异状丝等纤维疵点，对牵伸不利，容易造成条干不良和程度不同的竹节纱，也会增加各工序的断头。多唛混用时，应使不同规格的纤维的热收缩性相接近，避免成纱在蒸纱定捻时或印染加工受热后，产生不同的收缩率，造成印染品出现布幅宽窄不一，形成条状皱痕。这些性能对纺织印染工艺有一定影响，需正确把握。

4. 色差 通过目测纺同一品种的熟条、粗纱和细纱出现明显的色泽差异以及在络纱筒子上发生不同色泽的层次的现象称色差。原纱的色差，会使印染加工染色不匀，产生色差疵布。在化学纤维配料时，对染色性能差异大的原料，应找出合适的混纺比，减少原料的白度差异，接批时要做到勤调少调和交叉抵补。一般选 1~2 种可纺性较好的纤维为主体成分，在原料供应充分的情况下，最好采用同一批号化学纤维多包混配。

5. 卷曲数 化学纤维达到一定的卷曲数和卷曲度，可以改善条干和提高强力，生产过程可纺性也较好。

四、化学短纤维转移对选配的影响

两种或两种以上的化学纤维进行混纺时，即使混纺比相同，但若混纺纱中两种纤维的性质差异较大，会使纤维在成纱中的分布情况不同，得到不同性质的混纺纱，使织物的手感、外观、耐磨等性质有明显差异；如果较多的细而柔软的纤维分布在纱的外层，则织物的手感柔软；如果较多的强度高、耐磨性能好的纤维分布在纱的外层，则织物耐磨。因此，研究纤维在混纺纱截面内的分布，使纤维转移到所需的位置，具有一定的实际意义。

1. 纤维长度对转移的影响 选用细度相同、长度不同的化学纤维进行混纺时，因长纤维容易被罗拉钳口握持，而另一端承受加捻，在纺纱张力存在的情况下，有向心压力，使纤维向中心转移；而短纤维离开钳口后，受张力控制较弱而被挤到纱的外层。

2. 纤维细度对转移的影响 两种纤维混纺，如长度相同，细度不同时，因细纤维抗弯强度小，加捻时容易向纱的中心转移，而粗纤维易向纱的外层转移。

3. 纤维截面形状对转移的影响 天然纤维有固定的截面形状，但化学纤维可制成任意的截面。目前，有圆形、三角形、五叶形、工字形、六边形等不同截面。当截面不同的纤维混纺时，抗弯强度小的纤维易向纱的中心转移，如用圆截面和三角形截面的纤维混纺，由于圆截面纤维抗弯强度比三角形小，故易处于纱的内层，而三角形截面的纤维易分布在纱的外层。

除上述性质外，纤维的初始模量、纤维的卷曲等也影响纤维的转移。纤维在纺纱过程中的转移除受纤维本身性状影响外，还与纺纱工艺、纺纱线密度、混纺比等因素有关，是一个较为复杂的问题。

在紧密纺纱时，纤维内外转移能力较小，分布较均匀。

五、化学纤维选配应注意的问题

化学纤维选配的目的是保证生产稳定、成纱质量达到用户要求。化学纤维品种质量差异小,主体成分突出,一般以 1~2 种可纺性好的纤维作为主体成分,含量占总量的 60% ~70% 。一般采用单唛,也可采用多唛原料,为达到降低成本的目的,也可混入适量回花。

1. 采用单唛原料

(1)单一原料必须质量稳定、可纺性好。

(2)单一原料需要有足够的储备量,且供应渠道通畅。

(3)更换原料时必须关机重上。

2. 采用多唛原料

(1)原料接替变动,混纺比不能太大,性能要一致,否则容易产生色差疵点。

(2)对原料的混合要求较高。

(3)有光、无光品种不能混用。

(4)原料变化大时,要做颜色比对试验。

3. 使用化学纤维回花 在混并前,一般按某种纯化学纤维处理,混并后按某种主体成分的纤维使用,或集中经处理后纺制专纺产品。

 **任务实施**

对给定品种的化学纤维进行原料选配。

 **思考练习**

1. 化学纤维选配的依据是什么?如何合理选配化学纤维?

2. 化学纤维性能的选配与工艺质量关系。

3. 化学纤维选配应注意的问题。

 **知识拓展**

1. 多种成分在传统环锭纺纱混纺时,各类纤维在纱截面上的转移规律。

2. 原棉与化纤选配的区别。

任务三　原料的混合

 **学习目标**

1. 掌握原料混合的方法与设计。

2. 掌握混料方法选择。

3. 掌握混纺比计算。

任务描述

1. 混纺纱的混料方法选择。
2. 各种混纺比实例计算。

 相关知识

化学纤维具有一些优良的物理性能和化学性质,例如,合成纤维一般具有强度高、弹性好、密度小、耐磨性强以及化学性质稳定等特点。但也有弱点,如吸湿性差,摩擦后易产生静电以及不易染色和可纺性差等。纺纱工艺设计时,应根据产品的不同用途和要求,结合原料资源和成本价格,采用不同化学纤维混纺或化学纤维与棉混纺。但是,由于化学纤维性状间差异大,故易产生混合不匀,不仅使产品物理性能下降,还会造成织物染色不匀。因此,化学纤维与棉以及不同化学纤维混纺时,对均匀混合有更高的要求。

一、混合方法

目前采用的混合方法有棉包散纤维混合、条子混合和称重混合等。

1. 棉包散纤维混合 在开清棉车间,将棉包或化学纤维包放在抓棉机的平台处,用抓棉机进行混合的方法称为棉包散纤维混合。不同品种、批号的化学纤维或原棉,在原料加工的开始阶段就进行混合,使这些原料经过开清棉各单机和以后各工序的机械加工,进行较充分的混合。但这种混合方法,混纺比例不易控制准确。因为在这种混合方法中,各种成分的混合比例是以包数多少体现的,而当包的松紧、规格不同时,影响抓取效果,尤其在开始抓包和结束抓包时,混合比例更难控制。

2. 条子混合 在并条机上将经过清棉、梳棉、精梳工序加工制成的不同纤维的条子进行混合的方法称为条子混合。棉型化学纤维与棉混纺时,由于原棉含有杂质和短绒,化学纤维只含有少量疵点而且长度整齐。为了排除原棉中的杂质和短绒,一般采用原棉与化学纤维分别经过清棉、梳棉、精梳工序单独处理后,再在并条机上按规定比例进行条子混合。这种混合方法的优点是混合比例容易掌握,不同原料不同处理,有利于节约原料,减少纤维损伤。但混合不易均匀,管理较麻烦。为了提高混合均匀程度,可采用增加并合道数的方法。

3. 称重混合 在开清棉车间,将几种纤维成分按混合比进行称重后混合的方法称为称重混合。例如,过去普遍使用的小量混合方法,将 4 ~ 6 种配棉成分,每一种成分按混棉比例要求分别称重。然后一层层铺放在混棉长帘子上,再喂入下台机器加工。采用这种混合方法,各成分的比例虽准确,但劳动强度大,现已很少使用。近几年制造了自动称量机,可以将纤维按不同混合比例自动称重后铺放在混棉长帘子上,以代替人工的抓取、称重和铺放工作,大大减轻了劳动强度。一般一套开清棉联合机配备三台自动称量机和一台回花给棉机,整套设备的占地面积较大。目前,此种混合方法主要用于中长化学纤维的混纺中。但对于有的成分其混合比例在 5% ~ 8% 时,只能将该成分与其中一个混合比例较小的成分采用称重混合方法,先混合后打包使用,这样可确保小比例混合成分在混合后能均匀分布在混用原料中。

二、混纺比的计算

混纺纱中各种纤维的混纺比是指干重的混纺比。由于各种化学纤维以及棉的回潮率不相同,纺纱量应按设计的干混纺比经过计算后进行投料生产。

1. 棉包散纤维混合或称重混合时的混纺比计算　设各种化学纤维混纺时,实际回潮率为 W_i,分别是 $W_1,W_2,\cdots,W_n$;干重混比 Y_i,分别为 $Y_1,Y_2,\cdots,Y_n$;各种纤维湿重的混比 X_i,分别为 $X_1,X_2,\cdots,X_n$。可按下式计算:

$$X_i = \frac{Y_i(1+W_i)}{\sum\limits_{i=1}^{n} Y_i(1+W_i)} \qquad (1-2-1)$$

例如,涤/黏纱设计干混比为65/35,若涤纶的实际回潮率为0.4%,黏胶纤维的回潮率为11%,求两种纤维的湿重混纺比。

解:根据已知数据代入式(1-2-1),得:

$$X_1 = \frac{65 \times (1+0.4\%)}{65 \times (1+0.4\%) + 35 \times (1+11\%)} = 62.68\%$$

$$X_2 = \frac{35 \times (1+11\%)}{65 \times (1+0.4\%) + 35 \times (1+11\%)} = 37.32\%$$

在投料时,涤纶应按62.68%、黏胶纤维按37.32%的比例混纺。

2. 条子混合时的混比计算　采用条子混合时,在初步确定条子的根数后,应计算各种混合纤维条子的干定量。

设各种纤维条子的干混比 Y_i,分别为 $Y_1,Y_2,\cdots,Y_n$;各种纤维条子的干定量 g_i,分别为 $g_1,g_2,\cdots,g_n$;各种纤维条子的根数 N_i,分别为 $N_1,N_2,\cdots,N_n$。各种纤维条子的干混比、干定量与根数之间的关系如下式:

$$Y_1:Y_2:\cdots:Y_n = g_1N_1:g_2N_2:\cdots g_nN_n \qquad (1-2-2)$$

可改写成:

$$\frac{Y_1}{N_1}:\frac{Y_2}{N_2}:\cdots:\frac{Y_n}{N_n} = g_1:g_2:\cdots:g_n \qquad (1-2-3)$$

例如,涤/棉纱设计混纺比为65/35,在并条机上混合,初步确定用四根涤纶条子和两根棉条喂入头道并条机,涤纶条子的干定量为18g/5m,求棉条的干定量是多少?

解:将已知数据代从(1-2-3)式,得:

$$\frac{65}{4}:\frac{35}{2} = 18:g_2$$

$$g_2 = 19.38(\text{g/5m})$$

即在涤棉混纺时,采用四根涤条和两根棉条混合,棉条干定量为19.38g/5m。

如果是三种纤维混合,也可采用式(1-2-3)进行计算。如果按所设根数计算出的干定量值过大或过小时,可修改预先所设的根数或定量,使之达到合适范围。

三、纤维包排列

纤维包排列是纤维包混合的基础,其排列的合理与否决定着纤维包散纤维混合的均匀性。

1. 圆盘式抓包机纤维包排列　圆盘式抓包机纤维包排列台是相对于抓包机转台的圆环。

圆盘式抓包机打手抓取置于内环的一包纤维时,同时可抓取外环多包纤维。即置于内环的一包纤维可以均匀地混合到外环的多包纤维中去。在排列纤维包时,少数包原料置于内环,而多数包原料置于外环,各种原料沿着其放置层圈圆周均匀分布。这样就确保了抓取纤维的打手在抓取混合时,各种纤维混合的充分性与均匀性。而被抓取的多种成分的纤维块进入输纤管道,在漩涡气流的作用,自然能得到充分均匀的混合。

2. 往复式抓包机纤维包排列 往复式抓包机抓取纤维时,在两纤维包排列头尾出现重复抓取的现象。打手的窄带直线式抓取,虽无需像圆盘式抓包机上纤维包排列那样麻烦,但必须考虑打手抓取的重复性。

按打手往复抓取的纤维顺序将纤维包绘制成一个圆圈,如果各种原料沿着圆周排列是均匀的,则可以认为,此种纤维包排列是合理的。实际操作时,先绘制一个圆圈,然后画一水平线平分圆周,接着将所需排列的各种纤维包放在上半圆周,后将上半周的各种纤维包对称于水平线画在下半圆周上,其整个圆周上的各种原料的纤维包,与打手往复抓取各种纤维原料一次的情况相同。因此,在整个圆周上各种成分的纤维包沿圆周排列是均匀分散的话,纤维包排列是极其合理的。

 任务实施

对给定品种能进行混合方法设计与混比计算。

 思考练习

1. 原料混合的方法有哪些?其适用范围如何?
2. 试选择涤棉、涤黏产品各自的混料方法,并简述理由。
3. 涤纶和黏胶混纺,设于重混比为65/35(涤/黏),求折算成公定回潮率时的混比。

 知识拓展

1. 比较混纺纱的混料特点。
2. 纤维包排列如何实现原料的混合均匀性。

项目三 纺纱工艺流程和主要设备的工艺参数确定

学习目标

- 掌握棉纺系统与工艺流程。
- 掌握各工序的主要任务,熟悉各工序主要设备类型及主要作用。
- 掌握纺纱各工序主要工艺原则及工艺参数选择。
- 学会制订纺纱工艺设计表。

重点难点

- 纺纱流程确定。
- 纺纱工艺参数选择。

学习要领

- 纺纱工艺流程的确定。
- 纺纱各工序主要设备与纺纱流程选择。
- 纺纱各工序主要工艺原则及工艺参数选择。

教学手段

多媒体教学法、混合式教学法、案例教学法、项目教学法、实物样品展示法。

任务一 纺纱工艺流程的确定

学习目标

1. 掌握纺纱的基本作用原理。
2. 掌握棉纺系统与工艺流程。
3. 能对规定品种设计合理的纺纱工艺流程。

任务描述

1. 纺纱原理和基本作用。

2. 棉纺系统与工艺流程。

 相关知识

一、纺纱基本作用

纺纱技术就是将纤维加工纺制成线具有一定线密度、捻度、均匀度和强度等特定指标要求，以满足用户需求，同时要尽可能降低加工成本。不管在各种纤维加工中所使用的机器是如何不同，纺纱加工过程的基本作用如下所述。

（1）开松、除杂、混和与梳理作用。

（2）均匀、并合与牵伸作用。

（3）加捻和卷绕作用。

二、棉纺系统与工艺流程

棉纺生产所用原料有棉纤维和棉型化纤，其产品有纯棉纱、纯化纤纱和各种混纺纱等。在棉纺纺纱系统中，又根据原料和成纱要求不同，分为普梳系统、精梳系统和混纺系统。

1. 普梳系统 普梳系统在棉纺中应用最广泛，一般用于纺制粗、中特纱，供织造普通织物。其流程为：配棉→开清棉→梳棉→头并→二并→粗纱→细纱→后加工。

2. 精梳系统 精梳系统在梳棉工序与并条工序之间，加入精梳前准备和精梳工序，利用这两个工序进一步去除短纤维和细微杂质，使纤维进一步伸直平行，从而使成纱结构更加均匀、光洁。精梳系统的工艺流程为：配棉→开清棉→梳棉→精梳准备→精梳→头并→二并→粗纱→细纱→后加工。

3. 棉与化纤混纺系统 化纤与棉纤维混纺时，因涤纶与棉纤维的性能及含杂不同，不能在清梳工序混合加工，需各自制成条子后，再在头道并条机（混并）上进行混合，为保证混匀，需采用三道并条。其普梳与精梳纺纱工艺流程如图 1 - 3 - 1 所示。

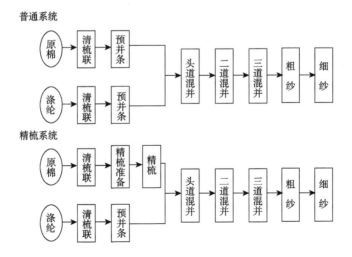

图 1 - 3 - 1 普梳与精梳纺纱工艺流程

4. 新型纺纱采用的工艺流程

(1)转杯纺纱工艺流程:开清棉→梳棉→并条(两道)→转杯纺纱。

(2)喷气纺纱工艺流程:开清棉→梳棉→并条(两道)→喷气纺纱。

(3)摩擦纺纱工艺流程:开清棉→梳棉→(精梳)→并条(两道)→摩擦纺纱。

(4)涡流纺纱工艺流程:开清棉→梳棉→并条(两道)→涡流纺纱。

圆周上各种成分的纤维包沿圆周排列是均匀分散的话,纤维包排列是极其合理的。

 任务实施

能对指定品种进行普梳或精梳纺纱工艺流程设计。

 思考练习

1. 普梳系统的纺纱流程是怎样的?

2. 精梳系统的纺纱流程是怎样的?

3. 涤纶和黏胶混纺,设于重混比为65/35(涤/黏),求折算成公定回潮率时的混比。

 知识拓展

1. 新型纺纱技术。

2. 后加工流程。

任务二　纺纱各工序主要设备与纺纱流程选择

 学习目标

1. 掌握纺纱各工序的主要作用。

2. 了解各工序主要设备特点。

3. 会设计纺纱流程。

 任务描述

纺纱各工序的作用与主要设备。

纺纱各类纱线的工艺流程。

 **相关知识**

一、纺纱各工序的作用与主要设备

(一)开清棉工序

1. 开清棉工序的主要任务

(1)开松。棉包中压紧的棉块开松成小棉束(30mg 左右)。

(2)除杂。去除原棉中 50% ~60% 的杂质(重量计)。除棉籽、不厚籽等大杂为主,棉卷含杂率一般在 1% 左右。

(3)混合。按配棉比例充分混合。

(4)均匀成卷。制成一定重量、一定长度且均匀的棉卷,为梳棉做准备。

2. 开清棉工序的设备类型及主要作用 在开清棉工序中,为完成开松、除杂、混合、均匀成卷四大作用,开清棉联合机由各种作用的单机组成,按机械的作用特点以及所处的前后位置可分为下列几种类型。

(1)抓棉机械。如自动抓棉机,可从许多棉包或化纤包中抓取棉块和化纤,喂给前面的机械。它具有扯松与混合的作用。主要有往复式和圆盘式两大类,往复式抓棉机的代表机型有 FA006、FA006C、FA009、ASFA008、ASFA008A、FA008、FA008A;圆盘式抓棉机的代表机型有 A002D 系列、FA002 系列、FA003 型。

(2)混棉机械。如自动混棉机,多仓混棉机等。这些机械都具有较大的棉箱和一定规格的角钉机件。输入的原料在箱内进行比较充分的混合,同时利用角钉把原料扯松并尽量去除较大的杂质。

自动混棉机有 A006 型系列自动混棉机、FA016 型和 FA017 型自动混棉机,适合加工棉、棉型化纤和中长化纤。

多仓混棉机有:利用"时差混合"原理的机型:FA022 型、FA028 型系列多仓混棉机,适合加工棉、棉型化纤和中长化纤;利用"路程差混合"原理的机型:FA025 型、FA029 型系列多仓混棉机,适合加工原棉、化纤及其混纺。

(3)开棉机械。如六滚筒开棉机、豪猪式开棉机、轴流式开棉机等。它们的主要作用是利用打手机件对原料进行打击、撕扯,使原料进一步松解并去除杂质。

豪猪式开棉机主要设备有 A036 型、FA106 型系列、FA107 型系列。

六辊筒开棉机主要设备有 A034 型、FA104 型系列。

轴流开棉机主要设备分为单轴流开棉机和双轴流开棉机。单轴流开棉机有 FA105A 型、FA113 型、FA102 型系列;双轴流开棉机有 FA103 型系列。

(4)给棉机。本系列机型主要采用振动棉箱代替传统 A092A 的 V 型帘棉箱,输出的纤维经振动后成为密度均匀的筵棉而喂入成卷机制成均匀的棉卷。给棉机主要设备有 A092AST 型双棉箱给棉机、FA046A 型振动式给棉机。

(5)清棉,成卷机械。如单打手成卷机。它的主要作用是以比较细致的打手机件,使输入原料获得进一步的开松和除杂,再利用均棉机构及成卷机构制成比较均匀的棉卷或化纤卷。采用清梳联合机时,则输出均匀的棉流,供梳棉机加工使用。

清棉机有 FA111 型、FA111A 型、FA116 型、FA108 型系列单打手清棉机,FA109 型系列三辊筒清棉机,FA112 型四辊筒清棉机。

成卷机有 A076 型系列成卷机,FA141 型、FA141A 型、FA142、FA146 型成卷机。

(6)辅助机械。以下各类机械通过凝棉器和配棉器连接,组合成开清棉联合机。

①重物分离器有 TF30 型、TF30A 型、FA124 型、TF39 型、HPS 型。

②凝棉器有 A045B 型、A045C 型、ZFA051A 型。

③配棉器有电器配棉器 A062 型、气动配棉器 FA133 型和 TF2212 型。

④纤维分离器有 FA053 型。

⑤除金属火星装置有:火星金属探除器 AMP – 2000 型、119MT – 2001 型;金属探除器 FA121 型、MT901A 型;火星探除器 1191A;TF27 型桥式吸铁探除金属、FU021 型平式除铁器、FU002 型 T 型除铁器。

⑥异纤清除器 SCFO。

⑦喂棉箱 FA179A。

3. 开清棉组合实例

(1)加工棉纤维的开清棉流程。

①加工纯棉的开清棉联合机工艺流程(青岛纺织机械股份有限公司)。

FA009 型往复式抓棉机→FT245F(B)型输棉风机→AMP – 2000 型火星金属探除器→FT213A 型三通摇板阀→FT215B 型微尘分流器→FT214A 型桥式磁铁→FA125 型重物分离器→FT240F 型输棉风机→FA105A1 型单轴流开棉机→FT222F 型输棉风机→FA029 型多仓混棉机→FT224 型弧型磁铁→FT240F 型输棉风机→FA179 – 165 型喂棉箱→FA116 – 165 型主除杂机→FT221B 型两路分配器→(FT201B 型输棉风机 + FA179C 型喂棉箱 + FA1141 型成卷机)×2

②加工纯棉的开清棉联合机工艺流程二(青岛纺织机械股份有限公司)。

FA1001 型圆盘抓棉机×2→FT245F 型输棉风机→AMP – 2000 型火星金属探除器→FT213A 型三通摇板阀→FT215B 型微尘分流器→FT214A 型桥式磁铁→FA125 型重物分离器→FT240F 型输棉风机→FA105A1 型单轴流开棉机→FT222F 型输棉风机→FA029 型多仓混棉机→FT22 型弧型磁铁→FT201B 型输棉风机→FA055 型立式纤维分离器→FA1112 型精开棉机→FT221B 型两路分配器→(FT201B 型输棉风机 + FA055 型立式纤维分离器 + FA1131 型振动给棉机 + FA1141 型成卷机)×2

③加工纯棉的开清棉联合机工艺流程三(郑州纺织机械股份有限公司)。

FA002A 型圆盘抓棉机×2→FA121 型除金属杂质装置→FA016A 型自动混棉机 + A045B – 5.5 型凝棉器→FA103 型双轴流开棉机→FA022 – 8 型多仓混棉机 + TF 吸铁装置→FA106 型豪猪式开棉机 + A045B – 5. 5 型凝棉器→FA106B 型锯片打手开棉机 + A045B 型凝棉器→FA133 型气动两路配棉器→(FA046A 型振动式棉箱给棉机 + A045B 型凝棉器)×2→FA141A 型单打手成卷机×2

机组中单机 FA1001 型圆盘式抓棉机为锯齿形刀片打手,抓棉细致,它采取两台并联同时运行抓棉的形式,达到"多包细抓、混和充分、成分正确"的要求;FA009 型往复式抓棉机配有两只抓棉打手,做到精细抓棉,且排放棉包数多,混和充分。

多仓混棉机仓数多,容量大,混和时延时长,故混和充分,效果显著。

开棉机采用角钉式辊筒、锯齿辊筒、圆盘矩形刀片、圆盘锯齿刀片、梳针辊筒、梳针打手、鼻形打手,以达到"梳打结合、以梳代打、开松精细、落杂充分、早落少碎"的目的。轴流开棉机属于自由打击,纤维损伤少,杂质不易被打碎。

成卷机的天平调节装置或 SYH301 型自调匀整装置具有良好的均匀作用,有利于控制棉层的纵、横向均匀度,使棉卷结构良好。

除金属杂质、桥式磁铁、硬物排除、火星排除等装置可有效地防火、防爆、安全生产。

(2)加工化纤的开清棉流程。

①加工化纤的开清棉联合机工艺流程(青岛纺织机械股份有限公司)。

FA1001 型圆盘抓棉机 ×2→FT245F 型输棉风机→AMP – 2000 型火星金属探除器→FT213A 型三通摇板阀→FT215B 型微尘分流器→FT214A 型桥式磁铁→FA125 型重物分离器→FT240F 型输棉风机→FA105A1 型单轴流开棉机→FT22F 型输棉风机→FA029 型多仓混棉机→FT224 型桥式磁铁→FT201B 型输棉风机→FA055 型立式纤维分离器→FA1112 型精开棉机→FT221B 型两路分配器→(FT201B 型输棉风机 + FA055 型立式纤维分离器 + FA1131 型振动给棉机 + FA1141 型成卷机) ×2

②加工化纤的开清棉联合机工艺流程二(郑州纺织机械股份有限公司)。

FA002 型圆盘式抓棉机 ×2→FA121 型金属杂质装置→FA016A 型自动混棉机 + A045B – 5.5 型凝棉器→FA022 –8 型多仓混棉机 + TF 吸铁装置→FA106A 型梳针辊筒开棉机 + A045B – 5.5 型凝棉器→FA133 型气动两路配棉器→(FA046A 型振动式给棉机 + A045B 型凝棉器→FA141 型单打手成卷机) ×2

4. 现代开清棉技术的特点

(1)精细抓棉。要求抓取的棉束尽量小而均匀,为其他机台的开松、除杂、混和以及均匀创造良好的条件。

(2)多仓混棉。采用多仓混棉机,增大储棉量,实现棉流长片段大范围之间的均匀混合。

(3)柔和开松。采用各种新型打手,辅之以弹性握持进行柔和开松。

(4)自调匀整。采用自调匀整装置,灵敏度高,匀整效果显著。

(5)机电一体化。将机械设备与电气控制技术、流体控制技术、传感器技术有机结合,实现了生产过程中的在线监测和自动控制。

(6)短流程。采用混开棉机、单道豪猪开棉机。

(二)梳棉工序

1. 梳棉工序的主要任务 梳棉工序的任务是由梳棉机来完成的,梳棉机上棉束被分离成单纤维的程度与成纱强力及条干密切相关;其除杂作用的效果在很大程度上决定了成纱的棉结杂质和条干;梳棉机在普梳系统各单机中的落棉率最多,且落棉中含有一定量的可纺纤维,所以梳棉机落棉的数量和质量直接与用棉量有关。

(1)分梳。在尽可能减少损伤纤维的前提下,对喂入棉层进行细致而彻底的分梳,使束纤维分离成单纤维状态。

(2)除杂。在纤维充分分离的基础上,彻底清除残留的杂质和疵点。

(3)均匀混合。使纤维在单纤维状态下充分混和并分布均匀。

(4)成条。制成一定规格和质量要求的匀均棉条并有规律地圈放在棉条筒中。

综上所述,梳棉机良好的工作状态,对改善纱条结构、提高成纱质量、节约用棉、降低成本至关重要。

2. 梳棉机的主要类型 国产梳棉机的发展经过了三个大的发展阶段。在 20 世纪 80 年代后期,吸收了国外的新技术,研制出新一代的 FA 系列梳棉机,并使机型趋向多样化。国内主要型号梳棉机有 A186D、A186E、A186F、A186G、FA203A、FA231、FA231A、FA232、FA221B、FA224、FA225、FA 206、FA218 等;国外梳棉机的主要型号有瑞士 C50、C51,德国 DK760、DK803、DK903,英国 MK5C、MK5D,意大利 C501 等。

(三)清梳联工序

清梳联(清钢联)实现了开清棉与梳棉两个工序的连接,是棉纺厂纺纱工序实现连续化、自动化、现代化的重要标志。清梳联的发展逐渐趋向短流程、宽幅化。随着单机性能的提高和自动控制技术的不断发展,清梳联纺棉流程按"一抓、一开、一混、一清"作为基本流程组合。纺化纤流程按"一抓、一混、一梳"配多台高产梳棉机的新型工艺原则来配置设备。一般采用一台主机,相互配合,作用互补,在力求减少纤维损伤和减少棉结形成的前提下,达到精细抓取、有效开松、均匀混和、高效除杂的目的。

清梳联的主要设备与工艺流程如下。

(1)加工棉纤维的清梳联流程。

①国产加工纯棉的清梳联工艺流程一(青岛纺织机械股份有限公司)。

FA009 型往复式抓棉机→FT245FB 型输棉风机→AMP－2000 型火星探除器→FT213A 型三通摇板阀→FT215B 型微尘分流器→FT214A 型桥式磁铁→FA125 型重物分离器→FT240F 型输棉风机→FA105A1 型单轴流开棉机→FT222F 型输棉风机→FA029 型多仓混棉机→FT224 型弧型磁铁→FT240F 型输棉风机→FA179 型喂棉箱→FA116 型主除杂机→FA156 型除微尘机→FA201B 型输棉风机→119AEⅡ型火星探除器→FT240F 型输棉风机→FA301B 型连续喂给控制器→(FT024A 型自调匀整器 + JWF1171 型喂棉箱 + FA203A 型梳棉机)×6

②国产加工纯棉的清梳联工艺流程二(郑州纺织机械股份有限公司)。

FA006 型往复式抓棉机→TF30 型重物分离器→FA103 型双轴流开棉机→FA028－160 型六仓混棉机(TF27 型桥式吸铁)→FA109－160 型三辊筒清棉机→FA151 型除微尘机(FT202 排压风机)→FT202B 型配棉风机→FA177A 型清梳联喂棉箱×10→FA221B 型梳棉机 + FT025 型自调匀整器×10

③德国特吕茨勒清梳联工艺流程。

BDT019 型全自动往复抓棉机→MFC 型双轴流开棉机→SCB 型金属火花探测器→MCM6 型六仓混棉机×2→CXL4 型精清棉机×2→SCFO 型异纤分离器×2→DK903 型梳棉机×10

④Crosrol 清梳联(2 万 ~ 5 万锭棉纺单品种)工艺流程。

自动抓包机→抓包机风机→桥式吸铁装置→金属探除及灭火器→多仓混棉机→三罗拉开清棉机→桥式吸铁装置→重杂分离器→精细开清棉机→除尘塔→输棉风机→清梳联喂棉箱→高产梳棉机

(2)加工化纤的清梳联流程。

①青岛纺织机械股份有限公司(简称青岛纺机)清梳联工艺流程。

FA009 型往复式抓棉机→FT245FB 型输棉风机→AM2000 型金属火星二合一探除器→FT213A 型三通摇板阀→FT214A4 型桥式磁铁→FA125 型重物分离器→FT222F 型输棉风机→FA029 型多仓混棉机→FT224 型弧型磁铁→FT240F 型输棉风机→FA053 型无动力凝棉器 + FA032A 型纤维开松机→FT201B 型输棉风机→119AⅡ型火星探除器→FT301B 型连续喂棉装置→(JWF1171 型喂棉箱 + FA203A 型梳棉机 + FT024A 型自调匀整器)×6

②郑州纺织机械股份有限公司(简称郑州纺机)清梳联工艺流程。

FA006 型往复抓棉机→TF30 型重物分离器 + ZFA053 型气纤分离器→FA028 型六仓混棉机→FA111A 型粗针滚筒清棉机→TV425 型输棉风机→FA177A 型清梳联喂棉箱 + FA221B 型高产梳棉机 ×8

③Crosrol 清梳联工艺流程。

自动抓包机(ABOW 型/MB 型,多品种)→多仓混棉机(4CB 型)→针刺式精细开清棉机(POC 型)→喂棉风机→(CF 型清梳联喂棉箱 + MK6 型高产梳棉机) ×8

④Rieter 清梳联工艺流程如下。

A11 型往复抓棉机→[B7/3 型六仓混棉机→A77 型存储除尘喂给机→C50 型化纤梳棉机 ×6] ×2

⑤Trutzschler 清梳联工艺流程如下。

BDT018 型自动抓棉机→DM2 型三仓混棉机→VF01200 型清棉机→FBK529 型棉箱→DK715 型梳棉机

(四)精梳准备

1. 精梳准备的任务 梳棉棉条中,纤维排列混乱、伸直度差,大部分纤维呈弯钩状态,如直接用这种棉条在精梳机上加工梳理,梳理过程中就可能形成大量的落棉,并造成大量的纤维损伤。同时,锡林梳针的梳理阻力大,易损伤梳针,还会产生新的棉结。为了适应精梳机工作的要求,提高精梳机的产量、质量和节约用棉,梳棉棉条在喂入精梳机前应经过准备工序,预先制成适应于精梳机加工的、质量优良的小卷。因此,准备工序的任务应为如下所述。

(1)制成小卷,便于精梳机加工。

(2)提高小卷中纤维的伸直度、平行度与分离度,以减少精梳时纤维损伤和梳针折断,减少落棉中长纤维的含量,有利于节约用棉。

2. 精梳准备的工艺流程 正确选择精梳准备的工艺流程和机台,对提高精梳机的产量、质量和节约用棉关系很大,选用的机台和工艺流程不仅机械和工艺性能要好,而且总牵伸倍数和并合数的配置也要恰当。并合数大,可改善小卷的均匀度,但并合数大必然引起总牵伸倍数增大;总牵伸倍数大,可改善纤维的伸直度,但过多的牵伸将使纤维烂熟,反而对以后的加工不利。

精梳准备的工艺流程一般有三种。

(1)并条→条卷(条卷工艺)。

(2)条卷→并卷(并卷工艺)。

(3)并条→条并卷联合(条并卷工艺)。

精梳准备工艺流程的偶数准则:精梳准备工艺道数应遵循偶数配置。

3. 精梳准备的主要类型

(1)条卷机主要有 A191B 型、FA331 型、FA335B 型、FA334 型、E5/2 型条卷机。

(2)并卷机主要有 FA344 型、E5/4 型并卷机。

(3)条并卷机主要有 CGFA352 型、FA355C 型、SR80E 型、SR80J 型、FA356A 型、E5/3、E32 型。

(五)精梳工序

1. 精梳工序的任务

(1)排除短纤维,以提高纤维的平均长度及整齐度。生条中的短绒含量占12%~14%,精梳工序的落棉率为13%~16%,可排除生条短绒40%~50%,从而提高纤维的长度整齐度,改善成纱条干,减少纱线毛羽,提高成纱质量。

(2)排除条子中的杂质和棉结以提高成纱的外观质量。精梳工序可排除生条中50%~60%的杂质,10%~20%的棉结。

(3)使条子中纤维伸直、平行和分离。梳棉生条中的纤维伸直度仅为50%左右,精梳工序可把纤维伸直度提高到85%~95%。有利于提高纱线的条干、强力和光泽。

(4)并合均匀、混合与成条。例如,梳棉生条中的重量不匀率为2%~4%(生条5m的重量不匀率),而精梳制成的棉条重量不匀率为0.5%~2%。

2. 精梳机的主要类型

(1)国产精梳机。包括FA251系列(FA251A、FA251B)→FA254、FA252、FA261、CGFA255、HXFA299、JSFA500、BHFA299、HHFA88、JSFA288等。

(2)国外产精梳机。瑞士立达公司:E7/5,E7/6,E70R;德国青泽公司:VC-300;日本丰田公司:CM100;意大利马左利公司:PX2 意大利沃克公司:CM400。

(六)并条工序

1. 并条工序的任务 梳棉机生产的生条,纤维经过初步定向、伸直,具备纱条的初步形态。但是梳棉生条不匀率很大,且生条内纤维排列紊乱,大部分纤维成弯钩状态,如果直接把这种生条纺成细纱,细纱质量差。因此,在进一步纺纱之前需将梳棉生条并合,改善条干均匀度及纤维状态。并条工序的主要任务如下所述。

(1)并合。将6~8根棉条并合喂入并条机,制成一根棉条,由于各根棉条的粗段、细段有机会相互重合,改善条子长片段不匀率。生条的重量不匀率约为4.0%,经过并合后熟条的重量不匀率应降到1%以下。

(2)牵伸。将条子抽长拉细到原来的程度,同时经过牵伸改善纤维的状态,使弯钩及卷曲纤维得以进一步伸直平行,使小棉束进一步分离为单纤维。通过改变牵伸倍数,有效地控制熟条的定量,以保证纺出细纱的重量偏差和重量不匀率符合国家标准。

(3)混合。用反复并合的方法进一步实现单纤维的混合,保证条子的混棉成分均匀,稳定成纱质量。由于各种纤维的染色性能不同,采用不同纤维制成的条子,在并条机上并合,可以使各种纤维充分混合,这是保证成纱横截面上纤维数量获得较均匀混合,防止染色后产生色差的有效手段,尤其是在化纤与棉混纺时尤为重要。

(4)成条。将并条机制成的棉条有规则地圈放在棉条筒内,以便搬运存放,供下道工序使用。

2. 并条机的主要类型 改革开放以来,在消化吸收国外先进技术的基础上,我国又研制生产了一批具有高速度、高效率、高质高产、自动化程度较高的并条机。

FA系列并条机有FA302型、FA303型、FA305型、FA306型、FA311型、FA322型、FA326型、FA327型、FA315型、FA317型、FA319型。

国产新型单眼并条机有JWF1301型、FA381型、FA382型、FA398型、CB100(Z)型。

国外并条机有瑞士的RSB-D30型、RSB-D35型、RSB-D30C型、RSB-D35C型,德国的

HSR1000、TD03 型,意大利的 UNIMAXR 型、UNIMAX 型,DUOMAXR 型、DUOMAX 型。

(七)粗纱工序

1. 粗纱工序的任务

(1)牵伸。将棉条抽长拉细 5～12 倍,并使纤维进一步伸直平行,改善纤维的伸直平行度与分离度。

(2)加捻。由于粗纱机牵伸后的须条截面纤维根数少,伸直平行度好,故强力较低,所以需加上一定的捻度来提高粗纱强力,以避免卷绕和退绕时的意外伸长,并为细纱牵伸做准备。

(3)卷绕成形。将加捻后的粗纱卷绕在筒管上,制成一定形状和大小的卷装,便于储存和搬运,适应细纱机的喂入。

2. 粗纱机的主要类型 我国粗纱机的发展是一个由机械化逐渐向机电一体化、智能化演变的过程,设备的自动化程度日益提高,为粗纱机的高产、优质、大卷装创造了条件。进入 21 世纪,变频技术、微电子技术、数控技术的应用,使纺织设备进入了智能化发展阶段,使粗纱机有了质的飞跃,逐步取消了机械传动机构、机械操作机构及执行机构,使整机结构简单,维修方便,运行可靠,噪声低。由多台电动机传动各主要机件,采用可编程序(PLC)及工业计算机,通过闭环系统实现各机件的同步匹配,并逐步取消了除牵伸变换齿轮以外的其他变换齿轮,采用触摸屏完成参数设置、运行监控、故障处理等。

FA 系列粗纱机代表机型有 FA481 型,FA491 型,FA415A 型,FA425 型,FA426 型,FA423 型,FA423A 型,TJ FA458A 型。

国产其他粗纱机有 JWF1418 型,HY493 型,FA467 型,FA468 型,FA494 型,FA496 型,FA419 型,FA420 型,EJK211 型。

国外粗纱机有德国 Zinser – 670 型,意大利 Marzol – FT1(FT1 – D)型,日本丰田 Toyota – FL100 型/FL16 型,瑞士 Rieter – F11 型、F33 型。

(八)细纱工序

1. 细纱工序的任务 细纱工序是将粗纱纺制成具有一定线密度、符合国家(或用户)质量标准的细纱,以供下道工序(如捻线、机织、针织等)使用。作为纺纱生产的最后一道工序,细纱加工的主要任务如下。

(1)牵伸。将喂入的粗纱均匀地抽长拉细到所纺细纱规定的线密度。

(2)加捻。给牵伸后的须条加上适当的捻度,使细纱具有一定的强力、弹性、光泽和手感等物理力学性能。

(3)卷绕成形。把纺成的细纱按照一定的成形要求卷绕在筒管上,以便于运输、储存和后道工序的继续加工。

棉纺厂生产规模的大小,是以细纱机总锭数表示的;细纱的产量是决定纺厂各道工序机台数量的依据;细纱的产量和质量水平、生产消耗(原料、机物料、用电量等)的多少、劳动生产率、设备完好率等指标,又全面反映出纺纱厂生产技术和设备管理的水平。因此,细纱工序在棉纺厂中占有非常重要的地位。

2. 细纱机的主要类型 1990 年以后,细纱机在高锭速、大牵伸、变频调速、多电动机、同步齿形带传动、计算机控制等方面取得了突破,如目前国内有代表性的 FA1508 型、F1520 型、F1520SK 型、EJM128K 型、EJM128JL 型、EJM138JL 型、EJM138JLA 型、TDM129 型、TDM139 型、

TDM159 型等新机,整机锭数也得到了提高。目前,国产细纱机最大锭数达 1008 锭。包括可自动络筒机、钢领板可适位停机复位开机、集体落纱、可编程控制运转过程、张力恒定、变频调速、节能、自动润滑等。细纱机的最大牵伸倍数达 50 ~ 70 倍,最高锭速达 22000 ~ 25000r/min。同时研制开发了紧密纺纱、赛络纺纱、紧密赛络纺结合的纺纱技术,使传统环锭细纱技术实现了真正的飞跃。

国外细纱机有德国 Zinser – 350 型、意大利 Marzol – RST – 1 型、日本丰田 Toyota – RX240 型、瑞士 Rieter – G33 型。

紧密纺环锭细纱机有 K44 型、E1 型、700 型、RX240 – N 型、RST – 1 型等几种。

(九)后加工工序

1. 后加工的任务 各种纺织纤维纺成细纱(管纱)后,并不意味着纺纱工程的结束,纺纱生产的品种、规格和卷装形式一般都不能满足后续加工的需要。因此,必须将细纱管纱进一步加工成筒子纱、绞纱、股线、花式纱等,以供应各纺织厂使用。这些细纱工序以后的加工统称为后加工。

2. 后加工的工艺流程 后加工工序一般有络纱、并纱、捻线、成包等。根据不同产品的加工要求,选用不同的工艺流程。

(1)单纱工艺流程。管纱→络纱→筒子成包。

(2)股线的工艺流程。

①传统股线工艺流程(采用环锭捻线机):管纱→络纱→并捻联合→ 络线→筒子成包。

②现代股线工艺流程:管纱→络纱→并线→倍捻→筒子。
$$\llcorner \text{双股并捻联合}———\urcorner$$

3. 后加工的设备类型

(1)络筒机。

①普通络筒机主要有 GA013 型,GA014PD/MD 型、GA015 型、GA012 型、GA036 型、GS669 型;自动络筒机主要有 EJP438 型。

②国外自动络筒机主要有德国奥托康纳 Autoconner338 型、意大利的奥立安(OrionM/L)型及日本村田公司生产的 No. 21C Process Coner 型自动络筒机。

(2)并纱机。并纱机国内主要设备有 FA706 型、FA712 型、FA703 型、FA716 型、RF231B 型、YFA708 型;国外主要设备有 DP1 – D 型、PS6 – D 型、CW1 – D 型、NO. 28 型。

(3)捻线机。

①环锭捻线机主要设备有 FA721 –75A 型、FA721 –100A 型、A631E – Ⅱ型。

②国产倍捻机主要设备有 FA702A 型、RF321B 型、EJP834 –165 型、YF170A 型。

③国外倍捻机主要设备有 CompactVTS –09 型、No. 363 – Ⅱ型、TDS190 型。

(4)成包机。成包机主要设备有 FA911 –75 型、A752 型、A761A 型。

二、纺纱各类纱线的工艺流程

（一）纺纱各类纱线的工艺流程举例

纺纱各类纱线的工艺流程举例见表 1 - 3 - 1。

表 1 - 3 - 1　纺纱各类纱线的工艺流程举例

工序	设备名称	纯棉 普精	纯棉 精梳	涤棉普精 涤	涤棉普精 棉	涤棉精梳 涤	涤棉精梳 棉	中长纤维 纤维包混	纤维条混 涤	纤维条混 黏和腈	转杯纺棉纱
开清棉	FA141A 型、FA142 型单打手成卷机	△	△	△	△	△	△	△	△	△	△
清梳联	FA177A 型、FA178 型喂棉箱，FT202B 型、FT201B 型风机	△	△	△	△	△	△	△			△
梳棉	FA201B 型、FA203 型、FA231 型、FA225 型、FA225A 型、FA221B 型 FA221C 型、FA223 型 FA224 型梳棉机	△	△	△	△	△	△	△	△	△	△
预并条	FA313 型 FA316 型 FA317 型、FA327 型并条机		△	△		△	△				
条并卷	FA355B 型、FA356 型 CL12 型条并卷机		△				△				
精梳	FA261A 型、FA269 型、CJ25 型、CJ40 型、F1268A 型精梳机		△				△				
头并条	FA313 型、FA322 型、FA316 型、FA316BZ 型、FA317 型、FA319 型、FA326A 型、FA327 型并条机	△	△	△		△		△	△		△
二并条	FA313 型、FA322 型、FA316 型、FA316BZ 型、FA317 型、FA319 型、FA326A 型、FA327 型并条机	△		△		△		△	△		△
三并条	FA313 型、FA322 型、FA316 型、FA316BZ 型、FA317 型、FA319 型、FA326A 型、FA327 型			△		△					
粗纱	FA425 型、FA458A 型、FA481 型、HY491 型、EJK211 型粗纱机	△	△	△		△		△	△		
细纱	FA506 型、FA507A 型、FA514 型、F1518 型、EJM128 型、EJM128JL 型细纱机	△	△	△		△		△	△		
细纱	FA611A 型、FA601A 型、F1603 型、SN 型转杯纺纱机										△

注　表中"△"是工艺流程需要时，可供选择的机器。

(二)后加工工序各类纱线的工艺流程

后加工工序各类纱线的工艺流程见表1-3-2。

表1-3-2　后加工工序各类纱线的工艺流程

工序	设备名称	环锭纱		环锭纺股线						转杯纺	
		筒子纱	绞纱	筒并捻	并捻联	管并捻	筒并捻	并捻联	管并捻	筒子纱	绞纱
				筒子线			绞线				
络筒	GA015型 AUTOCONER338型、ESPERO型络筒机	△	△	△	△		△	△			
热定型	FVC2型、GA571型									△	△
并纱	FA705A型、FA706型、FA708型、EJP412型			△		△	△		△		
捻线	FA761型、FA762型、YF1701A型、EJP834型倍捻机			△	△	△	△	△	△		
络筒	GA015型 AUTOCONER338型、ESPERO型络筒机			△	△	△	△	△	△		
摇纱	FA801型、FA801A型摇纱机		△				△	△	△		△
小包	FA901型、FA901B型		△				△	△	△		△
中包	A752型、FA911-75型中包机		△				△	△	△		△

注　表中"△"是工艺流程需要时,可供选择的机器。

三、纺纱设备的选择原则

纺纱设备性能与产品质量有着密切的关系,且对生产成本及日常管理有直接影响。设备选择应根据产品特性、原料特点和产品质量要求,结合工艺流程选择设备型号。同时应注意以下几点。

(1)必须按照"技术先进、成熟可靠、经济合理"的原则,充分了解设备的性能、特征及供应情况,选购经过鉴定、符合生产需求的设备。

(2)设备应能适应产品加工的技术要求,并有一定的灵活性。设备选择要注意标准化、通用化、系列化。

(3)设备占地面积小,以节约厂房占地面积和基建投资。

(4)目前国产成套设备已经基本能满足不同层次产品的加工要求,也可引进国际上先进的设备,以提高产品在国际上的竞争力。

(5)智能制造成为纺织产业发展的重点方向,目前,智能生产线、智能车间、个性化定制生产方式已经形成了若干试点,生产效率与质量提升,相对成本下降,生产周期缩短等成效明显,为传统产业改造提升提供了支撑和路径。

 **任务实施**

1. 对规定产品进行纺纱的工艺流程设计。
2. 能合理选择各工序主要设备型号。

思考练习

1. 纺纱各工序的主要设备类型及特点有哪些?
2. 纺棉、纺化纤时的清梳联主要流程有哪些?
3. 纺纱设备选择的原则及注意事项有哪些?

知识拓展

新型纺主要设备类型及特点。

任务三 纺纱各工序主要工艺原则及工艺设计

学习目标

1. 掌握纺纱各工序主要工艺原则。
2. 掌握纺纱各工序主要工艺参数配置。
3. 能对给定产品进行纺纱工艺设计。

任务描述

开清棉工艺;梳棉工艺;清梳联工艺;精梳准备工艺;精梳工艺;并条工艺;
粗纱工艺;细纱工艺;后加工工艺。

 **相关知识**

一、开清棉工艺设计

(一)开清棉的工艺原则

开清棉是纺纱的第一道工序,通过各单机的作用逐步实现对原棉的开松、除杂、混和、均匀的加工要求。各单机的作用各有侧重,开清棉工艺主要是对抓棉机、混棉机、开棉机、给棉机、清棉机等主要设备工艺参数进行合理配置,其工艺应遵循"多包取用、精细抓棉、混和充分、渐进开松、早落少碎、以梳代打、少伤纤维"的原则。

1. 开清棉工艺流程选择要求 选择开清棉流程,必须根据单机的性能和特点、纺纱品种和质量要求,并结合使用原棉的含杂内容和数量,纤维长度、线密度、成熟系数和包装密度等因素综合考虑。使用化纤时,要根据纤维的性能和特点,如纤维长度、线密度、弹性、疵点多少、包装松紧、混棉均匀等因素考虑。选定的开清棉流程要有灵活性,且适应性要广,要能够加工不同品质的原棉或化纤,做到一机多用,应变性强。

2. 开清点的选择 开清点是指对原料进行开松、除杂作用的主要打击部件。开清棉流程应配置适当个数的开清点,主要打手为轴流、豪猪、锯片、综合、梳针、锯齿等,每只打手作为一个开清点;每台多辊筒开棉机、混开棉机及多刺辊开棉机也作为一个开清点。当原棉含杂高低和包装密度不同时,应考虑开清点的合理配置,根据原棉含杂情况不同,配置的开清点数可参见表1-3-3。

表1-3-3 原料与开清点关系

原棉含杂率(%)	2.0以下	2.5~3.5	3.5~5.5	5.0以上
开清点数	1~2	2~3	3~4	5或经预处理后混用

根据纺纱线密度的不同,开清点数一般高线密度纱选择3~4个开清点,中线密度纱选择2~3个开清点,低线密度纱选择1~2个开清点,当配置开清点时,应考虑间道装置,以适应不同原料的加工要求。

要合理选用混棉机械,配置适当棉箱只数,保证棉箱内存棉密度稳定。为使混和充分均匀,可选用多仓混棉机。

在传统成卷开清棉流程中,还要合理调整摇板、摇栅、光电检测装置,保证供应稳定、运转率高、给棉均匀、充分发挥天平调节机构或自调匀整装置作用,使棉卷重量不匀率达到质量指标要求。

(二)开清棉主要设备工艺参数选择

1. 抓棉机 自动抓棉机的工艺原则是在保证供应的前提下,尽可能"少抓勤抓",以利于混和与除杂,抓棉机的运转率争取达到90%以上。

(1)影响抓棉机开松作用的主要工艺参数。

①打手刀片伸出肋条的距离。此距离大时,抓取的棉块大,开松作用降低,刀片易损坏。为提高开松作用,打手刀片伸出肋条的距离不宜过大,控制在1~6 mm较好(偏小掌握)。

②抓棉打手间歇下降的距离。下降距离大时,抓棉机产量高,但开松作用降低、动力消耗增加。一般为2~4mm/次(偏小掌握)。

③打手转速。转速高时,刀片抓取的棉块小,开松作用好。但打手转速过高,抓棉小车振动过大,易损伤纤维和刀片,一般FA002型打手转速为700~900r/min;FA006型打手转速为1000~1200r/min。

④抓棉小车运行速度。适当提高小车运行速度,单位时间内抓取的原料成分增多,有利于混合,同时产量提高。一般为1.7~2.3r/min。

(2)影响抓棉机混和作用的主要工艺因素。抓棉小车运行一周按比例顺序抓取不同成分的原棉,实现原料的初步混和。影响抓棉机混合效果的工艺因素如下。

①合理编制排包图和上包操作。编制排包图时,对相同成分的棉包要做到"横向分散、纵向错开",保持打手轴向并列棉包的质量相对均匀,此外,对于圆盘抓棉机,小比例成分的纤维

包原料置于内环,而大比例成分的纤维包原料置于外环,一般排 24 包。当棉包高低、长短、宽窄差异较大时,要合理搭配排列。

上包时应根据排包图上包,如棉包高低不平时,要做到"削高嵌缝、低包松高、平面看齐"。混用回花和再用棉时,也要纵向分散,由棉包夹紧或打包后使用。

②提高小车的运转率。为了达到混棉均匀的目的,抓棉机抓取的棉块要小,所以,在工艺配置上应做到"勤抓少抓",以提高抓棉机的运转率。

提高小车运行速度、减少抓棉打手下降动程以及打手刀片伸出肋条的距离,是提高运转率行之有效的措施。提高抓棉机的运转率,对以后工序的开松、除杂和棉卷均匀度都有益。抓棉机的运转率一般要求达到 90% 以上。

2. 混棉机　混棉机械的主要作用是混和原料,其位置靠近抓棉机械。混棉机械的共同特点是都具有较大的棉箱和角钉机件。利用棉箱可对原料进行混和,利用角钉机件可对原料进行扯松,去除杂质和疵点。国产棉箱机械主要有以下几种型号。

(1)FA022 型多仓混棉机。FA022 型多仓混棉机适于各种原棉、棉型化纤和中长化纤的混和,该机有 6 仓、8 仓和 10 仓之分。FA022 型多仓混棉机的混和特点如下所述。

①时间差混合。FA022 型多仓混棉机的混和作用主要是依靠各仓进棉时间差来达到混和的目的。其工作原理概括为"逐仓喂入、阶梯储棉、不同时输入、同步输出、多仓混和",即不同时间先后喂入本机各仓的原料,在同一时刻输出,以达到各种纤维混和的目的。

②大容量混和。FA022 型多仓混棉机的容量为 440 ~ 600kg,约为 A006BS 型自动混棉机容量的 15 倍,所以混合片段较长,是高效能的混合机械。为了增大多仓混棉机的容量,除了增加仓位数外,FA022 型多仓混棉机还采用了正压气流配棉,气流在仓内形成正压,使仓内储棉密度提高,储棉量增大。

(2)FA025 型多仓混棉机。FA025 型多仓混棉机的混合特点有以下两点。

①时差混和。同时输入、多层并合、不同时输出,依靠路程差产生的时间差,从而实现时差混和。

②三重混和。在水平输棉帘、角钉帘及小棉箱三处产生三重混和作用,因而能实现均匀细致的混和效果。

(3)FA016A 型自动混棉机。自动混棉机的混和原理是"横铺直取,多层混和",混和效果由棉层的铺层数决定。

影响混和作用的主要因素有摆斗的摆动速度和输棉帘的输送速度。

加快摆斗的摆动速度和减慢输棉帘速度,均可增加铺放的层数,混和效果好。当输棉帘的速度加快时,混棉比斜板的倾斜角也增大。倾斜角一般在 22.5° ~ 40.0°调整,倾斜角过大,则影响棉箱中的存棉量。另外,棉箱内存棉量的波动要小,以保证均匀出棉。

影响 A006B 型自动混棉机开松作用主要工艺参数有以下几点。

①两角钉机件间的隔距。主要是均棉罗拉与角钉帘间的隔距和压棉帘与角钉帘间的隔距。它们之间的隔距小,开松作用好。减小隔距还可以使出棉稳定,有利于均匀给棉。在保证前方供应的情况下,取隔距较小为宜。但隔距减小后,通过的棉量少,机台产量低,所以,在减小隔距的同时需增加角钉帘的速度。角钉帘与压棉帘的隔距一般为 40 ~ 80mm;角钉帘子与均棉罗拉的隔距一般为 20 ~ 60mm。

②角钉帘和均棉罗拉的速度。提高角钉帘的速度,产量增加。但单位长度上受均棉罗拉的

打击次数减少,开松作用有所减弱。一般通过变换角钉帘的运行速度来调节自动混棉机的产量。均棉罗拉加速后,棉块受打击的机会增多,同时打击力增加,开松效率提高。角钉帘与均棉罗拉间的速比,称均棉比,应使均棉比保持适当的关系。

③角钉倾斜角与角钉密度。减小角钉帘的倾角,角钉对棉块的抓取力增大,有利于角钉帘的抓取,棉块也不易被均棉罗拉击落。但角度过小,影响抓取量。角钉密度是指单位面积上的角钉数,常用角钉的"纵向齿距×横向齿距"表示。植钉密度过小,开松次数减少,棉块易嵌入钉隙之间;但密度过大,棉块易浮于钉尖表面而被均棉罗拉打落,影响开松与产量。

综上所述,在保证产量的前提下,为加强开松作用,需加快均棉罗拉的转速、适当加快角钉帘的速度、缩小均棉罗拉与角钉帘的距离。因角钉帘与压棉帘的扯松作用发生在均棉罗拉之前,所以,其隔距应比角钉帘与均棉罗拉的隔距大些。为了保证棉箱内原棉的均匀输送,输棉帘与压棉帘的速度应相同。角钉帘的速度因决定机台产量,故应首先选定。

(4)自动混棉机除杂作用及主要工艺影响因素。自动混棉机除杂作用主要发生在角钉帘下方的尘格和剥棉打手下的尘格两个位置。影响自动混棉机除杂作用的因素主要有以下几点。

①尘棒间的隔距。为了充分排除棉籽等大杂,尘棒间的隔距应大于棉籽的长直径,一般为$10 \sim 12mm$。适当增大此隔距,对提高落棉率和除杂效率有利。

②剥棉打手和尘棒间的隔距。此处隔距的大小对开松、除杂作用均有影响,一般采用进口小、出口大的配置原则。进口小可增强棉块在进口处的开松作用;随着棉块逐渐松解,体积逐步增大,一般进口隔距为$8 \sim 15mm$,出口隔距为$10 \sim 20mm$,可随加工需要进行调整。

③剥棉打手的转速。打手转速的高低,直接影响棉块的剥取和棉块对尘格的撞击作用,对开松和除杂均有影响。转速过高,会出现返花,且因棉块在打手处受重复打击和过度打击,易形成索丝和棉团。剥棉打手的转速一般采用$400 \sim 500r/min$。

④尘格包围角与出棉形式。当采用上出棉时,尘棒包围角较大,由于棉流经剥棉打手输出形成急转弯,可利用惯性除去部分较大、较重的杂质,但同时需要增加出棉风力。当采用下出棉(即与六辊筒开棉机联接)时,尘格包围角较小,除杂作用略有影响。

3. 开棉机

(1)FA106型豪猪式开棉机的开松除杂作用及主要工艺影响因素。FA106型豪猪式开棉机具有较好的开松、除杂性能,落棉中含不孕籽、破籽、籽棉、棉籽等杂质的比例较大。在加工含杂率为3%左右的原棉时,一般落棉率为$0.6\% \sim 0.7\%$,落棉含杂率为$60\% \sim 75\%$,落杂率为$0.3\% \sim 0.5\%$,除杂效率为$10\% \sim 16\%$。目前,在开清棉联合机的组成中,一般都配两台豪猪式开棉机,并设有间道装置,可根据使用原棉情况选用一台或两台。主要工艺有以下几点。

①打手速度。当给棉量一定时,打手转速高,开松、除杂作用好。但速度过高,杂质易碎裂,而且易落白花或出紧棉束,落棉含杂反而降低。打手转速一般采用$500 \sim 700r/min$。在加工纤维长度长、含杂少或成熟度较差的原棉时,通常采用较低的打手转速。

②给棉罗拉转速。给棉罗拉的转速是决定本机产量的主要因素,给棉罗拉转速高、产量高,但开松作用差,落棉率低;反之,则产量低,开松作用强,落棉率增加。这是因为产量降低以后,打手室内棉层薄,对开松除杂有利。本机的最大产量可达$800kg/h$,但一般以$500 \sim 600kg/h$为宜。

③打手与给棉罗拉间的隔距。此处隔距较小时,开松作用较大,纤维易损伤,此隔距不经常变动,应根据纤维长度和棉层厚度而定。当加工较长纤维、喂入棉层较厚时,此隔距应放大,一

般加工化学短纤维时用 11mm，加工棉纤维时用 6mm。

④打手与尘棒隔距。此处隔距应按由小到大的规律配置，以适应棉块逐渐开松、体积膨胀的要求。打手至尘棒间的隔距越小，棉块受尘棒阻击的机会增多，在打手室内停留的时间越长，故开松作用大，落棉增加；反之，此处隔距大时，开松作用差，落棉减少。一般纺中线密度纱，进口隔距采用 10~18.5mm，出口隔距采用 16~20mm。由于此处隔距不易调节，在原棉性质变化不大时一般不予调整。

⑤打手与剥棉刀之间的隔距。此处隔距以小为宜，一般采用 1.5~2mm，过大时，打手易返花而造成束丝。

⑥尘棒间隔距。尘棒间隔距应根据原棉含杂多少、杂质性质和加工要求配置。一般情况下，尘棒间隔距的配置规律是从入口到出口，由大到小，这样有利于开松除杂，减少可纺纤维的损失。进口一组尘棒间隔距为 11~15mm，中间两组为 6~10mm，出口一组为 4~7mm。根据工艺要求，尘棒间的隔距可通过尘棒安装角在机外整组进行调节。

⑦气流和落棉控制。一般将豪猪开棉机落杂区分为死箱与活箱两个落杂区，与外界隔绝的落棉箱称为"死箱"，而与外界连通的落棉箱称为"活箱"，并开设前后进风和侧进风。死箱以落杂为主，活箱以回收为主。

a. 加工普通含杂的原棉。含杂少时增加侧进风，减少前、后进风；反之，应减少侧进风，增加前、后进风，以使车肚落杂区扩展，适当增加落棉，减少纤维回收。

b. 加工高含杂原棉。考虑到不回收，加大前后进风量，放大入口附近的尘棒间隔距，并将前后箱全部封闭成死箱。

c. 加工化纤。加强纤维的回收，可采用前、后全"活箱"，减少纤维下落。采用尘棒全封闭时，应考虑空气补给。

⑧尘笼和打手速度配比。尘笼与打手通道的横向气流分布与打手的形式和速度、风机速度和吸风方式有关。为保证尘笼表面棉层分布均匀，棉流输送均匀，风机的速度应大于打手速度 10%~25%。风扇转速增大，从尘棒间补入的气流增强，落棉减少，打手转速增大，从尘棒间流出的气流增多，落棉增加，其中可纺纤维的含量也增加，使落棉含杂率降低。因此，增加打手转速，不利于豪猪式开棉机的气流控制。

（2）轴流开棉机开松除杂作用及主要工艺影响因素。该系列机型为高效的预开棉设备。进入本机的原料，沿导棉板呈螺旋状运动，在自由状态下经受多次均匀、柔和的弹打，使之得到充分开松、除杂。

该机的主要特点是：无握持开松，对纤维损伤少；V 形角钉富有弹性，开松柔和、充分，除杂效率高，实现了大杂"早落少碎"；角钉打手转速为 480~800r/min，由变频电动机传动，无级调速；尘棒隔距可手动或自动调节，满足不同的工艺要求；可供选择的间歇或连续式吸落棉装置；特殊设计的结构，加强了对微尘和短绒的排除。

作为预开棉机，本机一般安装在抓棉机与混棉机之间。FA105 型适用于各种等级的棉花加工，FA113 型适用于加工棉、化纤和混合原料。

（3）FA104 型六滚筒开棉机的开松除杂作用及主要工艺影响因素。

①滚筒速度。六只滚筒转速的配置采用递增的方法，有利于逐步加强开松和除杂，也有利于棉块的输送。相邻滚筒速比一般为 1:(1.1~1.3)，适当提高第一滚筒转速和相邻滚筒速比，可提高落棉率和除杂效率。但转速过高易造成滚筒返花或落白花，而使落棉含杂率降低。

滚筒的转速应根据原棉品级来决定,一般为 450~750r/min。

②滚筒与尘棒之间的隔距。每个滚筒与尘棒间的隔距设置是进口大、中间小、出口大,在工艺上以中间最小处隔距为准,减小此处隔距可增强开松除杂作用。从第一至第六滚筒的隔距变化是,滚筒与尘棒之间的隔距逐渐放大,以适应原棉因开松而体积变大的要求。一般第一~第三滚筒与尘棒之间的隔距为 8mm,第四、第五滚筒与尘棒之间的隔距为 12mm,第六滚筒与弧形托板之间的隔距为 18mm。增大或减小滚筒与尘棒间的隔距可通过升降滚筒两端轴承进行调节。同时必须注意,每次升降滚筒轴承后,必须校核滚筒到剥棉刀的隔距,不得使滚筒角钉与剥棉刀相碰。

③尘棒与尘棒之间的隔距。尘棒与尘棒间的隔距配置是由大到小,一般第一~第三滚筒的尘棒间隔距采用 10mm,第四、第五滚筒的尘棒隔距采用 8mm。这样配置的目的,是为了实现先落大杂、后落小杂,提高落棉含杂率的工艺要求。调节尘棒间的隔距可通过改变尘棒安装角来获得。

(4)A035DS 型混开棉机。A035DS 型混开棉机是综合了混棉机和开棉机的作用特点而制成的棉箱机械,具有以下工艺特点。

①在原棉含杂为 1.8%~3.5% 时,全机总除杂效率达 30%~35%,与 A006BS 型自动混棉机、FA104A 型六滚筒开棉机、FA106 型豪猪式开棉机三台机器的除杂效率总和相比,差异较小。因此,基本上可替代上述三台机器,为缩短清棉工序流程创造条件。

②由于豪猪打手的刀片加密,加强了对纤维的开松作用,且棉层在无握持状态下受到打击,故对纤维损伤较小。

(5)给棉机的均匀作用及主要工艺影响因素。为达到开松效果良好和出棉均匀的要求,双棉箱给棉机通过三个棉箱逐步控制储棉量的稳定,从而实现出棉均匀的目的。均匀作用主要通过以下途径实现。

①在进棉箱和振动棉箱内均装有光电管,用以控制进棉箱和振动棉箱内存棉量的相对稳定,使单位时间内的输出棉量一致。

②中棉箱的棉量由摇板—拉耙机构控制。

③角钉帘与均棉罗拉隔距控制出棉均匀。当两者隔距小时,除开松作用增强外,还能使输出棉束减小和均匀,但隔距小时产量低(此时,应适当增加角钉帘的线速度)。

④振动棉箱控制输出棉层的均匀,采用了振动棉箱使箱内的原料密度更为均匀,因而可使均匀作用大为改善。

(6)清棉机开松除杂作用及主要工艺影响因素。清棉机械的作用是:继续开松、均匀、混和原料,控制和提高棉层纵、横向的均匀度,制成一定规格的棉卷或棉层。

①综合打手速度。在一定范围内增加打手转速,可增加打击数,提高开松除杂效果。但打手转速太高,易打碎杂质、损伤纤维和落白花。一般打手转速为 900~1000r/min。加工的纤维长度长或成熟度较差时,宜采用较低转速。

②打手与天平罗拉之间的隔距。一般在喂入棉层薄、加工纤维短而成熟度好时,此隔距应小;反之,则应适当放大。一般为 8.5~10.5mm,由加工纤维的长度和棉层厚度决定。

③打手与尘棒之间的隔距。随着棉块逐渐开松、体积增大,此隔距从进口至出口逐渐增大,一般进口隔距为 8~10mm,出口隔距为 16~18mm。

④尘棒与尘棒之间的隔距。此隔距主要根据喂入原棉的含杂内容和含杂量而定,一般为

5~8mm。适当放大此隔距,可提高单打手成卷机的落棉率和除杂效率,但应避免落白花。

二、梳棉工艺

(一)梳棉工艺设计原则

梳棉工艺设计的原则是"紧隔距、强分梳","五锋"(锡林、道夫、盖板、刺辊和附加分梳件的针齿锋利)、"一准"(隔距准确一致)。高速度、好转移、重定量。

采用较紧隔距,保证分梳和转移。在针面状态良好的前提下,锡林和刺辊间采用较小隔距,能增加刺辊齿面纤维丛与锡林针齿接触的机会,有利于纤维由刺辊向锡林转移,可减少纤维返花和棉结的产生。在针面状态良好的前提下,锡林与活动盖板、锡林与固定盖板间采用较紧的隔距,可提高分梳效能。减小锡林与道夫的隔距,可使道夫转移率高,锡林针面负荷小,有利于纤维的转移和梳理。

保证分梳和转移,要保证良好分梳度的前提下提高产量,则必须锡林高速。提高分梳效果,减轻各梳理区的表面负荷,是梳棉机高产优质方面取得突破性发展的主要措施之一。

(二)梳棉机主要工艺参数选择

1. 梳棉机主要机件的速度设计

(1)刺辊的转速。刺辊转速影响刺辊对棉层的握持分梳程度及刺辊下方后车肚的气流和落棉情况。刺辊转速较低时,在一定范围内增加刺辊转速,单位纤维的作用齿数增加,分梳作用加强,生条中棉束百分率下降,有利于清除杂质。但刺辊转速增加太高时,不仅不能明显地提高分梳效果,还会加大纤维的损伤,使生条中短绒率增大。因此,刺辊转速不宜过高,一般纺棉时约为900r/min。对细度细、成熟度差的原棉,应偏低掌握;对成熟度和强力较好的原棉,转速可高些。纺化纤时,转速比纺棉时低,一般棉型化纤约为800r/min,纺中长化纤时约为600r/min。

在刺辊速度改变的同时,分梳板、除尘刀和小漏底的工艺必须进行相应的调整,有利于对短绒及杂质的排除。

(2)锡林速度。锡林转速提高,增加了单位时间内作用于纤维上的针齿数,从而提高了分梳能力,为梳棉机高产提供了条件,也为提高刺辊转速和保证良好的转移状态提供条件。同时,锡林转速提高,纤维和杂质所受的离心力相应增大,有助于清除杂质。另外,锡林转速提高,能增强纤维向道夫转移的能力,针面负荷显著减少,针齿对纤维握持作用良好,有利于提高分梳质量,而且纤维不易在针布间搓转,减少了棉结的形成,因而在一定范围内,提高锡林转速是梳棉机优质高产的一项有效措施。但转速的提高受机械状态的限制,若机械状态不适应,会造成严重的机械磨损和产生碰针以及盖板倒针等现象,速度过高也易损伤纤维。

锡林转速的选用,应根据加工原料的性能不同有所区别。如纤维长或与针齿摩擦因数大,则纤维易被两针齿抓取,若锡林速度较快,则会增加梳理过程中的纤维损伤,特别是纤维强力较低时,锡林速度应偏低掌握。国内不同型号梳棉机的锡林转速见表1-3-4。

表1-3-4 国内不同型号梳棉机的锡林转速

型号	FA201型	FA203A型	FA232型	FA224型	FA225型	FA218型
锡林转速 (r/min)	360	412,467,508	400~600	288,345,406, 458,498,550	330	323~400

（3）锡林与刺辊的速比。锡林与刺辊的速比与转移区的长度及纤维长度有关。依靠刺辊离心力和进入转移区气流的作用，纤维在速比较小时也能被锡林剥下，但由于纤维在转移过程中的伸直作用差，从而影响锡林针面纤维层的结构。关车时，因离心力较小而造成刺辊返花较多而产生棉结。因此，锡林与刺辊的速比应根据不同的原料和工艺要求来确定。一般纺棉时的速比为1.5～1.8；纺棉型化纤时为1.9～2.2；纺中长化纤时为2.2～2.5。

（4）道夫速度。道夫速度直接关系梳棉机的生产率，要提高梳棉机产量，可采取提高道夫速度和增加生条定量两个措施。当生条定量加重时，纺纱总牵伸要随之增加，牵伸造成的不匀率会增大，因此，生条定量不能过重。但生条定量过轻，棉网抱合力差，不利于棉网形成，不能适应棉条的高速输出。

当梳棉机产量一定时，无论道夫速度快慢，单位时间内锡林向道夫转移的纤维量是一定的。道夫速度增加时，同样的纤维凝聚在较大的道夫清洁针面上，使道夫针齿抓取纤维的能力增加，道夫的转移率要高一些，锡林针面负荷要小些。

高产梳棉机也相应地加快了出条速度；纺一般棉型化纤道夫的速度可以高于纺纯棉，但对可纺性较差的化纤和中长纤维，道夫的速度宜较低。

（5）盖板速度。盖板速度是指每分钟盖板走出工作区的毫米数。盖板速度对梳理质量和盖板花量都有影响。盖板速度加快，会使盖板负荷减小，有利于盖板针齿梳理。当盖板负荷较重时，提高盖板速度，可改善梳理质量。另外，盖板速度增加，盖板在工作区停留的时间较短，其针面负荷也略有减小，每块盖板的盖板花量略有减少，盖板花的含杂率也略有降低。但在单位时间内走出工作区的盖板根数增加，因而，总的盖板花量和除杂效率有所增加。

当需要大幅度、大面积调节盖板花数量时，采用调节盖板速度的方法。调节盖板速度，要根据梳理和除杂要求综合考虑。原棉除杂要求比化纤高，应采用较高的盖板速度。一般为100～200mm/min；纺化纤时，一般采用50～100mm/min。纺粗特纱时，由于盖板负荷较大，应选用速度的上限；纺细特纱，盖板负荷小，宜选用速度的下限（表1－3－5）。

表1－3－5 盖板线速度常用范围 单位:mm/min

纱线线密度(tex)		32 以上	20～32	20 以下
纺纱原料	棉	160～270	180～260	80～130
	化学纤维	一般用最低档速度		

2. 梳棉机件的主要隔距设计

（1）给棉刺辊部分的主要隔距。

①给棉罗拉—给棉板的隔距。为使刺辊分梳时，棉束尾端不至于过早滑脱，要求最强握持点在给棉板鼻端处，给棉罗拉与给棉板间的隔距自入口到出口应逐渐缩小，使棉层在圆弧段逐渐被压缩，握持逐渐增强。入口隔距为0.12mm（0.005英寸）；出口隔距为0.30mm（0.012英寸）。

②刺辊—给棉罗拉（或给棉板）隔距。刺辊与给棉板或给棉罗拉间的隔距偏大时，棉须底层不受锯齿直接分梳的纤维增多，棉须各层纤维的平均分梳长度比较短，因而分梳效果差。在机械状态良好的条件下，此隔距以偏小掌握为宜，一般采用0.2～0.25mm（0.008～0.01英寸）。在喂入棉层偏厚、加工纤维的强力偏低等情况下为了减少短绒，可适当放宽此隔距。

③除尘刀、小漏底入口与刺辊间的隔距。除尘刀、小漏底入口与刺辊的隔距缩小,切割的附面层厚度加厚,有利于除杂,但由于在附面层内层所含的纤维量较多而杂质较少,因此,隔距在一定范围内再缩小,将使落棉中可纺纤维含量增加,而杂质落下量不显著。除尘刀、小漏底入口与刺辊间的隔距一般在 0.3~0.5mm 选择,除尘刀处偏小掌握,小漏底处偏大掌握。刺辊—除尘刀的隔距为 0.25~0.30mm(0.010~0.012 英寸);刺辊—小漏底的入口隔距为 4.76~9.5mm(3/16~3/8 英寸),第四点隔距:0.8~2.4mm(1/32~3/32 英寸)

④刺辊—分梳板隔距。分梳板:0.4~0.5mm(0.016~0.020 英寸);短漏底:1~1.5mm(0.04~0.06 英寸)

⑤刺辊—锡林隔距。此隔距宜小不宜大。隔距过大时,刺辊返花会造成棉结;隔距减小,纤维转移越完全。由于隔距小,锡林针尖抓取纤维的机会多,时间早,纤维(束)与锡林针面的接触齿数多,锡林对纤维的握持力增加,有利于转移。

在机械状态正常情况下,以偏小掌握为宜,一般 0.12~0.20mm(0.005~0.008 英寸)。

(2)锡林盖板部分机件的主要隔距。

①锡林—盖板隔距。隔距减小后,针齿刺入纤维层深,与之接触的纤维多;纤维被针齿分梳或握持的长度长,梳理力大;锡林、盖板针面间转移的纤维数量多;浮于锡林、盖板针面间的纤维数量少,被搓成"棉结"的可能性小。因此,小隔距能增强分梳作用,减少生条和成纱的棉结粒数。但是,缩小隔距的前提是锡林、道夫、刺辊有较高的圆整度、较好的动平衡,盖板平直度好。锡林与盖板间的隔距自进口至出口分五点校正,其大小是自进口至出口由大到小再放大。锡林与盖板间的隔距在机械状态良好、针布包卷平整的情况下,主要是根据加工原料的性质进行调整。进口隔距:0.19~0.27mm(0.007~0.011 英寸),0.15~0.2mm(0.006~0.009 英寸),0.15~0.22mm(0.006~0.009 英寸),0.15~0.22mm(0.006~0.009 英寸);出口隔距:0.20~0.25mm(0.008~0.01 英寸)。

②锡林—罩板隔距。调节后,罩板与锡林间入口隔距的大小,可以调节小漏底出口处气流静压的高低,从而影响后车肚的气流和落棉。前上罩板的上缘位于盖板工作区的出口处,它的高低位置及其与锡林间的隔距大小,直接影响纤维由盖板向锡林转移,从而可以控制盖板花的多少。

a. 锡林—后罩板隔距:上口隔距为 0.43~0.81mm(0.017~0.033 英寸);下口隔距为 0.50~0.78mm(0.020~0.031 英寸)。

b. 锡林—前上罩板隔距:上口隔距为 0.48~0.56mm(0.019~0.022 英寸);下口隔距为 0.79~1.08mm(0.031~0.043 英寸)。

c. 锡林—前下罩板隔距:上口隔距为 0.79~1.09mm(0.031~0.043 英寸);下口隔距为 0.43~0.66mm(0.017~0.026 英寸)。

③锡林—固定盖板隔距。该隔距小,有利于分梳,减少棉结,但过小易损伤纤维。应遵循由大到小、逐渐增强分梳的原则。锡林与后固定盖板隔距应稍大于盖板入口的隔距,与前固定盖板的隔距应小于锡林—盖板最小隔距。

锡林—后固定盖板下隔距为 0.45~0.55mm(0.018~0.022 英寸);中隔距为 0.40~0.45mm(0.016~0.018 英寸);上隔距为 0.30~0.45mm(0.012~0.024 英寸)。

锡林—前固定盖板隔距为 0.20~0.25mm(0.008~0.01 英寸)。

④锡林—大漏底隔距。入口隔距为 6.4mm(1/4 英寸);中隔距为 1.58mm(1/16 英寸);出

口隔距为 0.78mm(1/32 英寸)。

⑤锡林—道夫隔距。锡林—道夫隔距采用较小隔距,为 0.1 ~ 0.15mm(0.004 ~ 0.006 英寸),可增加道夫针齿和纤维的接触机会,使锡林盖板针面自由纤维量 Q_0 减小,从而提高道夫转移率。当隔距偏大或左右不一致,会影响纤维顺利转移,棉网中出现云斑,较多的纤维仍留在锡林表面,这样会使纤维梳理不善或过多地被梳理,棉网中棉结数增多,对产品质量和节约用棉不利。

(3)剥取部分机件的主要隔距。

盖板—斩刀隔距:0.48 ~ 1.08mm(0.019 ~ 0.043 英寸);

道夫—剥棉罗拉隔距:0.2 ~ 0.5mm(0.008 ~ 0.02 英寸);

剥棉罗拉—上轧辊隔距:0.5 ~ 1.0mm(0.02 ~ 0.04 英寸);

上轧辊—下轧辊隔距:0.05 ~ 0.25mm(0.002 ~ 0.01 英寸)。

3. 给棉刺辊部分的其他工艺

(1)给棉罗拉的加压。给棉罗拉的加压量应根据棉层的定量和结构、纤维种类、罗拉形式、刺辊转速等因素综合考虑。当转速高、定量大、纤维与罗拉的摩擦系数小时,应增加加压量。纺化纤时,加压量要大,一般比纺棉时增加 20% 左右。采用逆向喂给式,压力大小应与给棉 R 直径相适应;采用顺向喂给式,能增强握持的有效性。当机型一定时,给棉钳口加压量应随刺辊转速、喂入棉层定量、纤维品种的变化而调整,当转速高、定量大、纤维与罗拉的摩擦系数小时,应增加加压量。

给棉罗拉与给棉板相对位置的变化,构成了不同的握持喂给方式。顺向喂给,即棉层喂给方向与刺辊分梳方向相同。若配以锯齿罗拉弹性握持,则刺辊分梳时,锯齿握持的较长纤维尾端可从握持钳口中顺利抽出以避免损伤。逆向喂给,即棉层喂给方向与刺辊分梳方向相反,刺辊分梳时,锯齿所带纤维尾端受到的阻力大,纤维易被拉断。

(2)给棉板分梳工艺长度。在纺棉时,给棉板分梳工艺长度可按纤维主体长度选用。当加工不同长度的纤维时,为保证一定的分梳工艺长度,应采用不同工作面长度的给棉板,也可采用垫高或刨低的方法来抬高或降低给棉板。可根据加工不同纤维长度分别选用。

为了在纤维长度改变时,可在一定范围内调整分梳工艺长度,提高给棉板的工艺适应性。在逆向喂给的梳棉机上,为了与加工的纤维长度相适应,给棉板有五种规格、三种类型(直线面、双直线面和圆弧面)可供选择,见表 1 - 3 - 6。

表 1 - 3 - 6　给棉板规格的选用

给棉板工作面长度 (mm)	给棉板分梳工艺长度 (mm)	适纺纤维长度(棉纤维主体长度) (mm)
28	27 ~ 28	29 以下
30	29 ~ 30	29 ~ 31
32	31 ~ 32	原棉:33 以上,化纤:38
46(双直线)	45 ~ 46	中长化纤:51 ~ 60
60(双直线)	59 ~ 60	中长化纤:60 ~ 75

（3）落杂区分配。当喂入棉卷含杂量和含杂内容改变时，可通过调整除尘刀、导棉板位置或除尘刀、导棉板规格来调整前后落杂区的长度分配。加大第一落杂区长度可以保证杂质抛出的必要时间，使该区内附面层的厚度增加，附面层中悬浮的杂质总量较多，有利于除尘刀分割较厚的附面层气流以排除较多的杂质。所以，当棉卷含杂量较高时，应适当放大第一落杂区长度。同理，放大第二落杂区长度，同样有利于排除杂质，但落下杂质总量较第一落杂区少。若梳棉机有第三落杂区时，一般落杂区长度不做改变。

（4）高产梳棉机增加有效分梳元件。刺辊和锡林都是主要的分梳元件，但刺辊的分梳属握持分梳，若刺辊高速则对纤维的损伤较大，锡林和盖板之间的分梳是自由分梳，作用缓和，对纤维损伤小。故要保证良好分梳度的前提下提高产量则必须使锡林高速。高产梳棉增加了刺辊下双分梳板、前后固定盖板、多刺辊梳理机构，以改善分梳度。且附加分梳元件上常常加装多吸口除尘系统加强排杂。

4. 生条定量 生条定量见表1-3-7。

表1-3-7 生条定量常用范围

纺纱线密度（tex）	32 以上	20~30	12~19	11 以下
生条定量（g/5m）	22~28	19~26	18~24	16~22

5. 针布选用

（1）选配原则。针布的选用需从所纺原料、单产车速等要素来考虑，并以锡林针布为核心，当选定锡林针布的型号后，盖板道夫、刺辊等就可相应选配。

针布的配套，以锡林、道夫、盖板、刺辊四配套为主体，近期发展的高产梳棉机则有七配套的，即再加上前、后固定盖板及刺辊下的分梳板，七配套中仍以锡林针布为主体。

（2）各主要机件针布的选用。

①刺辊针布。刺辊的主要任务是对纤维和棉束进行握持分梳并清除其中的杂质，然后把分梳过的纤维完善地转移给锡林。在此握持分梳过程中，应尽可能少损伤纤维。为此，新型齿条应适当减小齿条的前角：新型齿条的前角在纺棉时应减小到10°~15°，棉型化学纤维、中长化学纤维减小到0~5°。适当加大锯齿的工作角：新型锯条的锯齿工作角在纺棉时应增加到80°~86°，纺棉型化学纤维增加到85°~90°，而纺中长化学纤维增加到90°~95°。适当增加齿密，提高齿尖的锋利度，有利于对纤维的分梳作用。但齿密的增加，有可能要影响后车肚落杂作用，因而，必须要与适当减小齿条前角、增大锯条的工作角相结合，以便既增加分梳，又提高后车肚除杂效率。化学纤维由于没有除杂，而且纤维长度大，因而可以加大齿距。

对于高产梳棉机和清梳联，刺辊等已逐渐采用自锁式齿条，避免损伤时影响锡林针布等；耐磨齿条也被重视而采用。

②锡林针布。为充分发挥梳理效能，锡林针布选型均以"矮（h1）、浅（h6）、小（δ）、尖（lXb3）、薄（b1）、密（N）"为六个基本要求，齿形均为直齿形，并尽量选用耐磨材质。

③道夫针布。道夫针布以凝聚转移为主，为了高产高速时有良好的梳理转移作用，近几年，齿形上有较大改进，如齿尖采用鹰嘴式、圆弧背，齿侧采用阶梯形、沟槽形均有较好的效果。由于现代梳棉机的道夫防轧装置较可靠，故道夫针布高度由4mm又重新趋向4.5~5mm，以加强其凝聚转移功能。

④盖板针布。盖板针布在纺不同原料时有较大区别,纺棉时采用弯脚植针式针布,各种植针式可挑选,现一般多采用横密,纵向有稀、中、密三个针尖密度,形成纵向针尖为渐增式曲线排列的花纹形植针式盖板针布。在相同的密度时,可优选花纹形,对提高梳理效能有利,也有助于产品提高。盖板针布的密度也是重要参数,一般在 360～500 针/$(25.4mm)^2$,植针的工作角一般为 75°,现随着锡林针布工作角的减小也趋向减小,72°亦广为采用。异型钢丝改为椭圆及双凸形的居多,经压磨、侧磨,将针尖磨成刀口形,对穿刺梳理甚为有利。纺化纤时则采用直脚截切式的半硬性盖板针布较多,也称钻石形,齿尖呈现尖劈形,加大扁平钢丝截面,增强梳理化纤的抗弯强度;密度较稀,一般为 180～340 针/$(25.4mm)^2$;180 针采用了双列式,中间约 1/3 不植针,形成双踵趾面,形式独特,使用广泛。用截切形针布也可纺低级棉与粗特纱。

⑤分梳板针布的选用和配套。

a. 附加分梳元件针布的选用配套因素与刺辊、锡林、道夫、盖板针布一样,应考虑以下因素。加工纤维的性质(如种类、长度等);梳棉机的工艺(如产量、速度等);纺纱要求(如纱的线密度等);刺辊、锡林、道夫、盖板针布间的相互配套及规格参数间的相互影响;

除此之后,尚须考虑下列两个因素:梳理作用应依次循序增加,如设 N_T、N_F、N_C 分别为刺辊、盖板、锡林的针齿密度,N_1、N_2、N_3 分别为分梳板、后固定盖板、前固定盖板的针布齿密,则有 $N_T \leqslant N_1 \leqslant N_2 \leqslant N_F \leqslant N_3 \leqslant N_C$;分梳板、前后固定盖板针布应具有自洁能力,即不充塞纤维和杂质,始终保持清洁针面,但又应具有握持分梳纤维的能力。

b. 刺辊分梳板针布的选用和配套。齿密 N_1 略大于 $N_T(N_0 > N_T)$,工作角应接近和略大于刺辊针齿的工作角。加工化学纤维时,刺辊的工作角一般为 85°～95°,分梳板宜采用 90°或略大(如中长纤维)。分梳板锯片一般采用平行倾斜排列(倾斜角为 7°～7.5°),这样可减少纵向重复梳理,增加横向梳理,利于加强对纤维束的分梳;同时使部分纤维与锯齿背面棱边接触,增加纤维上升分力,利于防止分梳板锯齿充塞纤维,增加锯齿自洁能力。齿距一般在 4～5mm,其纵向齿密接近和略大于刺辊锯齿。

c. 后固定盖板针布的选用和配套。齿密 N_2:棉束纤维经分梳板分梳后进入后固定盖板梳理区,纤维受梳理度已增加,棉束进一步减小,齿密 N_2 应略大于分梳板齿密,但应小于盖板针密 N_F。同时,后固定盖板锯齿仍较粗大,齿深较大,应保持针齿自洁能力。工作角:后固定盖板针齿同样应具有握持分梳能力和自洁能力,后固定盖板针齿工作角为 80°～90°,棉纤维以 85°左右为宜,化学纤维以 90°为宜。后固定盖板齿条也应采用平行倾斜排列,以加强分梳作用和自洁能力。

d. 前固定盖板针布的选用和配套。齿密:前固定盖板针齿小,齿浅,较锡林针布密,工作角小,握持、抓取力大,因而,前固定盖板针齿自洁能力强,降低生条成纱棉结。此外,纤维经锡林盖板细致梳理后,再进入前固定盖板区梳理,其齿密 N,应大于盖板针密 N_F,否则就不能充分发挥前固定盖板分梳效能。

三、清梳联工艺

（一）清梳联工艺原则

坚持"清梳除杂合理分工",仍然要求大杂、硬杂、不孕籽在开清工序排除,细小杂质应由梳棉负担。清梳除杂合理负担,在一般情况下,筵棉含杂率以 1.0%～1.1% 为宜,可根据原棉含杂高低和含杂类别而考虑开清棉除杂和筵棉含杂率的多少。

应全面考虑在保证成纱质量和满足下工序要求的前提下,做到开松除杂与短绒棉结兼顾。在一般情况下,筵棉比原棉的棉结增长率控制在100%以下,短绒率增长率不超过1%,力求不增长或负增长。

(二)各主要机件的速度

1. 抓棉机 抓棉机的抓棉打手速度一般在1200r/min左右。适当降低打手速度,短绒率下降明显。

2. 开棉机 单轴流开棉机打手速度一般在480~600r/min,双轴流开棉机打手速度在400~500r/min,不宜过高。同时应注意棉流沿打手回转圈数多少和停留时间长短对纤维的开松除杂和产生束丝棉结等的影响。

3. 清棉机 清棉机锯齿辊筒速度应根据原棉品质来调节,若原棉成熟差,打击力度不能过大,辊筒速度就要降低。FA116型主除杂辊筒速度一般在500~700r/min,FA109型第三辊筒速度在1600~1800r/min。若两台单辊筒清棉机串联,第一台速度为400~450r/min,第二台速度不大于600r/min。

4. 喂棉箱 FA178A型喂棉箱在正常加工细绒棉、纺制CJ14.6tex时,开松辊速度约在900r/min,如筵棉比原棉的短绒和棉结对比都有显著增长时,必须降速。FA177型、FA179型清梳联喂棉箱开松辊转速在600r/min左右,不宜过高,同时应注意返花、挂花以及给棉罗拉绕花等情况

5. 梳棉机 梳棉机在纺制中粗特纱时,台时产量为40~50kg。在做好针布合理选型配套和具有良好设备与装配质量的情况下,锡林速度在360~400r/min;为使纤维良好转移、减少棉结和短绒,刺辊速度宜低,锡林与刺辊线速比在2.5倍左右;为有利去除棉结、杂质,排除短绒,盖板速度可偏高掌握,一般在100~300mm/min。

四、精梳准备工艺

(一)精梳准备工艺流程

正确选择精梳准备工艺流程和机台,对提高精梳机的产量、质量和节约用棉关系很大,选用的机台和工艺流程不仅机械和工艺性能要好,而且总牵伸倍数和并合数的配置也要恰当。并合数大,可改善小卷的均匀度,但并合数大必然引起总牵伸倍数增大;总牵伸倍数大,可改善纤维的伸直度,但过多的牵伸将使纤维烂熟,反而对以后的加工不利。

1. 精梳准备的工艺流程种类 一般有三种。

(1)并条→条卷(条卷工艺)。

(2)条卷→并卷(并卷工艺)。

(3)并条→条并卷联合(条并卷工艺)。

2. 精梳准备工艺流程的偶数准则 精梳准备工艺道数应遵循偶数配置。精梳机的梳理特点是上、下钳板握持棉丛的尾端,锡林梳理前端,因此,当喂入精梳机的棉层内的纤维呈前弯钩状态时,易于被锡林梳直;而纤维呈后弯钩状态时,无法被锡林梳直,在被顶梳梳理时会因前端不能到达分离钳口而被顶梳阻滞而进入落棉,因此,喂入精梳机的棉层内的纤维呈前弯钩状态时可减少可纺纤维的损失。梳棉生条中后弯钩纤维所占比例最大,占50%以上,而前弯钩纤维仅占5%左右。由于每经过一道工序,纤维弯钩方向改变一次,因此,在梳棉与精梳之间准备工

序按偶数配置,可使喂入精梳机的多数纤维呈前弯钩状,以便于锡林梳直。

(二)几种精梳准备工艺流程的对比

根据精梳准备工艺道数配置的偶数准则可知,从梳棉到精梳间的工序道数应为两道为好。目前,按此准则配置的精梳前准备工艺流程有以下三种。

1. 预并条机→条卷机 这种流程的特点是机器少,占地面积少,结构简单,便于管理和维修;由于牵伸倍数较小,小卷中纤维的伸直平行不够,且由于采用棉条并合方式成卷,制成的小卷有条痕,横向均匀度差,精梳落棉多。

2. 条卷→并卷 小卷成形良好,层次清晰,且横向均匀度好,有利于梳理时钳板的握持,落棉均匀,适于纺特细特纱。

3. 预并条→条并卷联合机 这种工艺的特点是小卷并合次数多,成卷质量好,小卷的重量不匀率小,有利于提高精梳机的产量和节约用棉。但在纺制长绒棉时,因牵伸倍数过大易发生粘卷;且此种流程占地面积大。目前,国外多数制造厂均采用这种工艺。

以上三种精梳准备工艺的比较见表1-3-8。

表1-3-8 三种精梳准备工艺的比较

准备组合		预并条机→条卷机	条卷机→并卷机	预并条机→条并卷机
工艺道数		2	2	2
并合根数	预并条机	6 或 8	—	6
	条卷机	20~24	20~24	—
	并卷	—	6	—
	条并卷	—	—	—
总并合根数		120~192	120~144	144~192
总牵伸倍数		6~9		7.2~10.8
小卷定量(g/m)		45~70	45~70	45~70
小卷结构	粘层情况	少	稍差	差
	棉层均匀度	横向不匀,有明显条痕	横向均匀,无条痕,不易横向扩散	横向较匀,可见条痕,扩散情况稍好
纤维伸直平行度		较差	不足	较好
精梳机产量与落棉状况		低/偏高	高/减少	高/减少
使用情况		适于较短纤维精梳	适于较长纤维精梳加工用	适用范围广

五、精梳工艺

(一)给棉工艺

精梳机的给棉工艺包括给棉方式、给棉长度和小卷定量。

1. 给棉方式

(1)前进给棉。棉层在钳板前摆时喂入的给棉方式。

(2)后退给棉。棉层在钳板后摆时喂入的给棉方式。

FA 系列精梳机:前进给棉和后退给棉。

给棉方式的选择:由落棉率的大小决定。

两种给棉方式的梳理效果、落棉率及精梳条质量有很大差别。后退给棉的给棉长度短,梳理效果好,有利于降低棉结杂质、提高纤维伸直平行度,落棉较多,棉网含短绒少。一般落棉率控制在 17%~25%。适用于产品质量要求较高的品种,但产量低。

在生产中,一般根据精梳落棉率的大小而定,当精梳落棉率大于 17% 时,采用后退给棉。

2. 给棉长度 精梳机的给棉长度对精梳机的产量和质量均有影响。当给棉长度长时,精梳机的产量高,分离罗拉输出的棉网较厚,棉网的破洞、破边可减少,开始分离结合的时间提早。但会使精梳机锡林的梳理负担加重而影响梳理效果,同时增大牵伸负担。为此,给棉罗拉的给棉长度应根据精梳质量要求和精梳准备工艺情况以及加工原料性能,并考虑设备型号等因素合理设定。如 FA261 精梳机采用前进给棉时,给棉长度一般有 5.2mm,5.9mm,6.7mm;采用后退给棉时,给棉长度一般有 4.3mm,4.7mm,5.2mm,5.9mm。

3. 小卷定量 小卷定量与精梳的产质量有关。小卷定量轻、棉层薄,梳理好,但产量低。一般给棉长度长时,定量宜轻些。考虑后道工序的牵伸能力,当纺纱线密度小时,定量也应轻些。

(二)钳板工艺

精梳机的钳板工艺主要有梳理隔距、钳板运动定时、落棉隔距与落棉控制等,它们与锡林的梳理、精梳落棉率及分离结合质量关系密切。

1. 落棉隔距 落棉隔距是指当钳板摆动到最前位置时,下钳板的钳唇前缘与后分离罗拉表面间的距离。机型不同,落棉隔距范围有所不同,如 FA261 型精梳机为 6.34~14.55mm。落棉隔距对落棉及棉网质量的影响:增大落棉隔距,精梳落棉率增加,棉网质量提高,成本也高。生产上调节精梳落棉率的主要手段是调节落棉隔距的大小,一般落棉隔距每增减 1mm,落棉率随之增减 2%~2.5%。

2. 梳理隔距 梳理隔距是指在锡林梳理过程中,上钳板的钳唇下缘与锡林梳针间的距离。随着钳板钳口的摆动及锡林针排的转动,梳理点位置时刻在变化,这使得梳理隔距随之变化,因此,梳理隔距通常用最紧点隔距表示,一般最紧点隔距为 0.2~0.4mm。由于钳板做往复运动,因此,梳理位置、梳理隔距是经常变化的,梳理隔距的变化幅度越小,梳理负荷越均匀。

3. 钳板闭合定时和钳板机构的启闭规律 钳板闭合定时:钳板闭合时所对应的分度盘分度数。

钳板机构的启闭规律:钳板闭合定时早,开启时间迟,开口量小;钳板闭合定时迟,开启时间早,开口量大。一般摆动式钳板的开闭具有闭合早而开口迟的特点,当钳板钳口提早闭合时,有利于对纤维层的握持,但会使钳口开口晚,而影响须丛抬头。

(三)锡林、顶梳梳理部分工艺

1. 定时和定位 钳板最前位置定时和钳板最后位置定时根据机型而定,作为运动配合的基准。

钳板闭合定时机型不同,钳口闭合定时不同。从工艺上来说,当钳板后退到与锡林头排针相遇时,钳板应处于闭合状态,即钳板闭口定时应早于或等于与锡林头排针相遇时的分度,以防长纤维因握持不牢而进入落棉;在梳理结束后,钳板应及时开口,以便新须丛头端上抬而顺利进入分离钳口。钳板闭合早,对须丛握持好;但开口迟,过迟要影响须丛抬头。

锡林弓形板定位决定锡林头排与末排梳针与钳板钳口相遇的分度数。当弓形板定位迟,锡林头排针与钳口相遇始梳及末排梳针与钳口相遇结束梳理的分度迟,且梳理时间较弓形板定位延长,对梳理有利。同时,弓形板定位改变,影响锡林末排梳针通过锡林与分离罗拉最紧点的分度,影响梳针是否会抓走分离罗拉倒入机内的棉网尾部纤维。弓形板定位迟,锡林末排梳针通过最紧点也迟,此时分离罗拉倒入的须丛较长,而易被末排梳针抓走带入落棉。

2. 顶梳梳理工艺

(1)顶梳的进出隔距。当摆动到最前位置时,顶梳针尖与后分离罗拉表面间的距离称为顶梳的进出隔距。顶梳的进出隔距越小,顶梳把须丛送向分离钳口的距离越近,有利于须丛的分离接合;但过小,顶梳针尖容易触碰到分离罗拉,一般为1.5mm。

(2)顶梳的高低隔距。顶梳针尖到分离罗拉上部表面水平间的距离称为顶梳的高低隔距。顶梳针尖位置低,插入须丛深,梳理作用好。但在调节顶梳针尖插入深度时,须注意顶梳针尖是否会过早接触到须丛,妨碍须丛的抬头,并影响须丛的分离接合。

(3)顶梳梳针的密度。顶梳梳针的密度应控制在使喂入纤维层中最小的棉结、杂质和短纤维被阻留在顶梳的后面。植针密度越大,阻留棉结杂质的效果越好,如果密度过大,纤维与梳针之间的压力增大而使摩擦阻力过大,将使纤维受力过大而被拉断或将梳针折断。顶梳梳针的密度可按三档调节,即一般产品采用26针/cm或28针/cm;纺细特纱时采用30针/cm;纺高档纱时可采用32针/cm,以提高顶梳拦截能力,增加梳理强度和分离度。如果密度过大,纤维与梳针顶梳的植针密度一般为26根/cm,适当提高植针密度(28根/cm或30根/cm),有利于提高顶梳梳理后端和阻留短绒与棉结、杂质的作用。

(4)顶梳的针面状况。顶梳的针面状况必须保持清洁,才能发挥其梳理效能。如果梳针长时间不清扫,梳理质量会明显下降,输出棉网质量会明显恶化。为了保持梳针清洁和减轻工人的劳动强度,有些精梳机会采用顶梳自动清洁装置,其清洁装置在每1钳次或每2钳次或每4钳次等规定的时间里,自动在顶梳梳针间吹风清洁顶梳。

(四)分离接合工艺

1. 精梳机的主要作用 分离接合是精梳机的主要作用之一,其作用是将精梳机每一工作循环中被锡林和顶梳梳理后的须丛进行分离,并与上一工作循环中的棉网相结合。影响分离接合质量的因素有很多,主要有分离纤维丛长度、须丛的接合长度和接合率、继续顺转量、前段倒转量锡林定位以及分离罗拉顺转定时。

2. 分离罗拉顺转定时的确定原则

(1)应保证在开始分离时,分离罗拉的顺转速度大于钳板的喂给速度(钳板前进速度),否则在棉网整个幅度上会出现横条弯钩。

(2)为了防止产生弯钩和鱼鳞斑,在选择分离罗拉顺转定时时,应考虑纤维长度、给棉长度、给棉方式。若采用纤维长或长给棉或前进给棉时,分离罗拉顺转定时应适当提早。

(3)分离罗拉顺转定时早,棉网中不易出现纤维前弯钩,但倒转也早,棉网尾部长纤维易被抓走。分离罗拉顺转定时提早后,倒转时间也相应提早。为了避免锡林末排梳针通过分离罗拉与锡林最紧点时,抓走倒入分离丛的尾端纤维,锡林定位也应提早。

(五)其他工艺

(1)分离罗拉集棉器。分离罗拉集棉器可以调节棉网宽度,可根据不同原料与品种的需要来调整。通过改变垫片的集棉宽度来实现291mm、293mm、295mm、297mm、299mm、301mm、302mm、305mm等不同宽度的要求,以改善棉网破边问题。

（2）三上五下牵伸装置的主牵伸和后区牵伸均为曲线牵伸，摩擦力界分布合理，后牵伸区牵伸倍数可以适当放大，有利于精梳条的条干均匀度和弯钩纤维的伸直。后牵伸区牵伸倍数有1.14倍、1.36倍、1.5倍三档。

（3）精梳条的定量。精梳条的定量偏重为好，纺中特纱一般掌握在15.5～20m。因为精梳条定量重，精梳机的牵伸倍数可以降低，由于牵伸造成的附加不匀会减小，精梳条的条干 CV 值降低。主要精梳机的技术特征见表1－3－9。

表1－3－9　主要精梳机的技术特征

项目	F1268A 型	CJ40 型	SXF1276A 型	JSFA288 型	E7/5 型
眼数（含并合数）喂入	8	8	8	8	8
小卷宽度（mm）	300	300	300	300	300
有效输出长度（mm）	26.48	26.59	不详	26.68	26.48
给棉方式	前进与后退	前进与后退	前进与后退	前进与后退	前进与后退
总牵伸倍数	9～16	9～22	8～20	9～19.3	9.12～25.12
牵伸形式	三上五下	四上五下	三上五下气动	三上五下气动	三上三下
落棉率（%）	15～30	5～25	8～25	5～25	8～25
速度（钳次/min）	400	400	450	400	450
锡林结构	整体锡林	整体锡林	整体锡林	整体锡林	整体锡林
分离罗拉传动机构特征	平面连杆机构加差动轮系	共轭凸轮加双摇杆、差动轮系	平面连杆机构加差动轮系	平面连杆机构加差动轮系	多连杆机构加差动轮系
单产[kg/（台·h）]	60	60	70	65	68

六、并条工艺

（一）并条机的道数

主要是考虑牵伸对伸直后弯钩纤维有利，在普梳纺纱系统的梳棉和细纱之间工艺道数应符合"奇数原则"，如图1－3－2所示。

图1－3－2　工艺道数与纤维的弯钩方向

在普梳纺纱系统中多经过头并、二并两道并条。当不同原料采用条子混纺时，为了提高纤维的混和效果，一般采用三道混并。对于精梳混纺产品来说，这样虽然混和效果很好，但由于多根条子反复并合，重复牵伸，使条子附加不匀增大，条子发毛过烂，易于粘连。

并条工艺的主要任务是对半制品进行并合、牵伸，使纤维伸直和平行，制成条干均匀并具有一定形状的棉条。

(二)并合根数与条干不匀率的关系

并合对改善棉条均匀度、降低条干不匀率效果非常明显。并合根数越多,并合后棉条的不匀率越低,并合根数少时,并合效果非常明显,当并合根数超过一定范围时再增加并合数,并合效果就逐渐不明显了。这是因为并合根数越多,牵伸倍数也越大,由于牵伸装置对纤维的控制不尽完善,而带来的条干不匀的后果也越大,所以,应全面考虑并合与牵伸的综合效果。一般在并条机上多采用6~8根并合。

纤维的混合采用棉条混合方式时,增加并合数可使各成分在细纱截面内的分布更加均匀,混合效果更好。但由于牵伸倍数也增加,牵伸过程中受某些纤维移距的不规律和牵伸波等不匀性的影响,细纱各截面中混棉成分会发生变化,造成细纱纵向混棉成分不一。因此,在混棉时,把不同成分的棉条交错搭配,提高混合效果。

(三)牵伸工艺配置

并条工序是提高纤维伸直平行度与纱条条干均匀度的关键工序。为了获得质量较好的棉条,必须确定合理的并条机道数,选择优良的牵伸型式及牵伸工艺参数。牵伸工艺参数包括棉条线密度、并合数、总牵伸倍数、牵伸分配、罗拉握持距、皮辊加压、压力棒调节、集合器口径等。

1. 总牵伸倍数　总牵伸倍数应与并合数及纺纱线密度相适应。一般应稍大于或接近于并合数,根据生产经验,总牵伸倍数 = (1~1.15) × 并合数。

2. 牵伸分配　牵伸分配是指当并条机的总牵伸倍数一定时,配置各牵伸区倍数或头道、二道并条机的牵伸倍数。决定牵伸分配的主要因素是牵伸型式,还要结合纱条结构状态来考虑。

(1)各牵伸区的牵伸分配。由于前区为主牵伸区,牵伸区内摩擦力界布置合理,尤其是曲线牵伸和压力棒牵伸,对纤维控制能力较好,纤维变速点稳定集中,所以,可以承担大部分牵伸;后区由于为简单罗拉牵伸,且刚进入牵伸区内的须条纤维排列紊乱,所承担的牵伸倍数较小,主要起整理作用,使条子以良好的状态进入前区。

各道并条机前、后牵伸区的牵伸分配也不相同。喂入头道并条机条子中前弯钩居多,过大的牵伸倍数不利于弯钩纤维的伸直,且喂入头道并条机的是梳棉生条,纤维排列紊乱,高倍牵伸会造成移距偏差大,造成条干不匀。所以,一般前区牵伸不宜太大,应在3倍左右,后区应在1.7~2.0倍。喂入二道并条机的是半熟条子,条子内纤维较为顺直,可选用较大的前区牵伸,以提高总牵伸倍数,降低熟条定量,而且由于喂入二道并条机的条子中的弯钩以后弯钩纤维居多,较大的牵伸倍数有利于消除弯钩。所以,前区牵伸倍数在7.5倍以上,后区牵伸倍数在1.06~1.1倍。

(2)头道、二道并条机的牵伸分配。采用二道并条时,头道、二道并条机的牵伸分配有两种工艺。一种是倒牵伸,即头道牵伸倍数稍大于并合数,二道牵伸倍数稍小于或等于并合数。这种牵伸型式由于头道并条喂入的生条纤维紊乱,牵伸力较大,半熟条均匀度差,经过二道并条机配以较小的牵伸倍数,可以改善条干均匀度。但这种牵伸装置由于喂入头道并条机时前弯钩纤维居多,较大的牵伸倍数不利于前弯钩伸直。第二种工艺是顺牵伸,即头道并条机牵伸倍数小于并合数,二道并条机牵伸倍数稍大于并合数,形成头道小、二道大的牵伸配置。这种配置有利于弯钩纤维的伸直,且牵伸力合理,熟条质量较好。实践证明第二种牵伸工艺较为合理。

3. 罗拉握持距　牵伸装置中相邻罗拉间的距离有中心距、表面距和握持距三种。中心距是相邻两罗拉中心之间的距离;罗拉表面距是相邻两罗拉表面之间的最小距离;握持距是指相邻两对钳口线之间的须条长度。对于直线牵伸,握持距与罗拉中心距是相等的;对于曲线牵伸,罗拉握持距大于罗拉中心距。

(1)几种不同牵伸型式的常用握持距。罗拉握持距是纺纱的主要工艺参数,其大小要适应加工纤维的长度,并兼顾纤维的整齐度。为了既不损伤纤维长度,又能控制绝大部分纤维的运动,并且考虑胶辊在压力作用下产生变形,使实际钳口变宽,所以,罗拉握持距必须大于纤维的品质长度。但握持距的大小又必须适应各种牵伸区内牵伸力的要求,握持距大,罗拉中间摩擦力界薄弱,牵伸力小。由于牵伸力的差异,各牵伸区的握持距应取不同的数值,一般可由下式表示:

$$S = L_p + P \qquad\qquad (1-3-1)$$

式中:S——罗拉握持距,mm;

L_p——纤维品质长度,mm;

P——根据牵伸力的差异及罗拉钳口扩展长度而确定的长度值,mm。

罗拉握持距应全面衡量机械工艺条件和原料性能而定。如果罗拉握持力好,纤维长度短,整齐度好,须条定量轻时,前区握持距可偏小掌握,以利于改善条干均匀度;后区握持距偏大,有利于纤维伸直。各种不同牵伸型式各区握持距推荐 P 的范围见表 1-3-10。

表 1-3-10　不同牵伸型式各区握持距 P 值范围

牵伸型式	三上三下附导向辊 压力棒曲线牵伸	四上四下附导向辊 压力棒曲线牵伸	三上四下曲线牵伸
前区握持距 S_1	$L_p + (5 \sim 10)$	$L_p + (4 \sim 8)$	$L_p + (3 \sim 5)$
中区握持距 S_2		$L_p + (3 \sim 5)$	$L_p + (3 \sim 5)$
后区握持距 S_3	$L_p + (10 \sim 12)$	$L_p + (9 \sim 14)$	$L_p + (10 \sim 15)$

由上表可以看出,压力棒牵伸装置主牵伸区的握持距由于压力棒加强了主牵伸区中部的附加摩擦力界,对浮游纤维控制能力好,所以,握持距比三上四下曲线牵伸大。

(2)压力棒牵伸装置的握持距。由于压力棒牵伸装置的罗拉中心距一般是固定不变的,所以,前区罗拉握持距的大小取决于三个参数,即前胶辊前移或后移值 a,中胶辊前移或后移值 b 及压力棒与中罗拉间的隔距 s(标志压力棒的高低位置)。而罗拉握持距长度是由须条在压力棒和中罗拉表面的接触弧长度 L_3 和 L_5、须条离开压力棒后的自由距离 L_2、须条在前罗拉表面的接触弧长度 L_1 及须条在压力棒与中罗拉之间的长度 L_4 五段长度组成的。上述参数配置需注意以下几点。

①自由长度 $L_1 + L_2$ 应小于纤维主体长度,使纤维能得到压力棒的有效控制。

②须条对压力棒的接触弧长或包围角大小影响压力棒作用的正常发挥。如 FA311 型并条机 b 值为 $1 \sim 2$mm 时,须条对压力棒的包围弧长为 $2.6 \sim 2.9$mm,包围角为 $23.4° \sim 26°$,工艺效果最好,包围弧过长,牵伸力过大,反而使条干恶化。

③尽量减小须条在前罗拉上的反包围弧,这一长度超过 4mm 时,条干就会恶化。

4. 罗拉加压　罗拉加压是保证须条顺利牵伸的必要条件,根据近来工艺"紧隔距、重加压",重加压是实现对纤维运动有效控制的主要手段。罗拉加压一般应考虑罗拉速度、纤维种类、棉条定量、牵伸型式等。罗拉速度快,须条定量重,牵伸倍数高时,加压宜重。棉与化纤混纺时,加压较纯棉纺高20%,加工纯化纤应比纺纯棉高30%。国产并条机多采用弹簧摇架加压,不同牵伸型式的加压范围见表1-3-11。

表1-3-11　不同牵伸型式的加压范围

牵伸型式	从前至后皮辊加压
三上四下曲线牵伸	$(120 \times 200 \times 300 \times 200) \times 2$
三上三下压力棒	$(118 \times 294 \times 314 \times 294) \times 2$
四上四下压力棒	$(300 \times 300 \times 300 \times 400 \times 400) \times 2$

(四)出条速度

随着并条机喂入形式、牵伸型式、传动方式及零件的改进和机器自动化程度的提高,并条机的出条速度提高很快。FA311型并条机的出条速度可达150~500m/min。并条机的出条速度与所加工纤维种类相关。由于化纤易起静电,纺化纤时速度高,易引起绕罗拉、胶辊等现象,所以,纺化纤时出条速度比纺棉时低10%~20%。对于同类并条机来说,为了保证前、后道并条机的产量供应,头道出条速度略大于二道并条。

(五)熟条定量

熟条定量大小是影响牵伸区牵伸力的一个主要因素。主要根据罗拉加压、纺纱线密度、纺纱品种及设备情况而定。一般棉条的定量控制在12~25g/5m。纺细特纱时,熟条定量宜轻;纺粗特纱时,熟条定量宜重。当生条定量过重时,牵伸倍数大,应增大牵伸机构的加压。一般在保证产品供应的情况下,适当减轻熟条定量,有利于改善粗纱条干(表1-3-12)。

表1-3-12　熟条定量范围

细纱线密度(tex)	熟条定量(g/5m)	细纱线密度(tex)	熟条定量(g/5m)
9以下	12~17	20~30	17~23
9~19	15~21	32以上	19~25

(六)自调匀整

为了提高并条的均匀度和棉条中纤维的伸直度,在并条机上采用新型曲线牵伸。随着并条机速度的提高,牵伸机构向压力棒和多胶辊曲线牵伸发展,如三上五下、四上三下、五上三下等形式。在并条机上,加工清梳联合机生产的生条时,如果在梳棉机上未加装棉条长片段自调匀整装置,可在头道并条机上加装短片段自调匀整装置。

七、粗纱工艺

(一)粗纱牵伸工艺配置

为了提高粗纱均匀度,在粗纱机上多采用三上三下双短胶圈牵伸、长短胶圈及四罗拉双短胶圈牵伸。D型牵伸形式,在主牵伸区不考虑集束,须条纤维均匀分散开,不易产生须条上下层分层现象,故粗纱定量可适当放宽。

1. 牵伸倍数

(1)根据牵伸时浮游纤维变速运动的移距偏差,直接与牵伸倍数相关,同时,喂入熟条中前弯钩纤维居多数,因而要适当减小总粗纱牵伸倍数,一般选在 5~8 倍。

(2)牵伸分配。后区牵伸倍数的选定应根据熟条中纤维排列、纤维长度、细度等情况,尽可能避免临界牵伸倍数。适当放大后区牵伸倍数,缩小主牵伸区牵伸倍数,有利于前弯钩纤维的伸直平行。一般控制在 1.08~1.35 倍。

2. 罗拉握持距

(1)罗拉隔距选择。罗拉隔距是两罗拉表面间最近距离,其选择的合理与否,决定着工艺调整的稳定性以及产品的适纺性;同时,为了确保生产秩序的稳定,纺制某一类产品时,罗拉隔距是不变的。罗拉隔距的确定是一个企业技术的漫长积累及技术管理的合理性体现,各企业间同种原料所纺纱线密度相同,罗拉隔距也不尽相同。

(2)罗拉握持距配置。罗拉握持距是牵伸区前后两钳口间纤维运动轨迹的距离,反映运动被控制的重要指标,是在罗拉隔距的基础上,利用上罗拉适当的几何配置而确定的参数,一般利用上罗拉的前冲后移调整满足所纺纤维要求的罗拉握持距,同时,缩短加捻三角区的长度,降低粗纱断头。一般配置见表 1-3-13。上罗拉的前冲量,三罗拉双胶圈牵伸为 3mm;四罗拉双胶圈牵伸为 2mm,一般情况尽可能为零。

表 1-3-13　粗纱罗拉握持距

牵伸形式	棉罗拉—二罗拉 L_1(mm)			二罗拉—三罗拉 L_2(mm)			三罗拉—四罗拉 L_3(mm)		
	纯棉	棉型化学纤维	中长纤维	纯棉	棉型化学纤维	中长纤维	纯棉	棉型化学纤维	中长纤维
A	$R+$ (14~20)	$R+$ (16~22)	$R+$ (18~22)	L_P+ (16~20)	L_P+ (18~22)	L_P+ (18~22)	—	—	—
B	35~40	37~42	42~57	$R+$ (22~26)	$R+$ (24~28)	$R+$ (24~28)	L_P+ (16~20)	L_P+ (18~22)	L_P+ (18~22)

注　A——三罗拉胶圈牵伸;B——四罗拉双胶圈牵伸;R——胶圈架长度(mm);L_P——棉纤维品质长度(mm)。

胶圈架的长度:棉、棉型化学纤维为 35.2mm;51mm 中长型胶圈架长度为 43.5mm;60mm 中长型胶圈架长度为 56.8mm。

3. 钳口加压　钳口加压量依据所纺纤维性能、胶辊的硬度等参数设定。在生产实践中,要注意前钳口、中钳口压力的一致性。

(二)粗纱定量

根据设备性能、使用设备状态、温湿度以及前后工序供应情况决定所纺粗纺定量,一般粗纱定量控制在 2~7g/10m。纺超细特纱时,细纱成纱细,则粗纱定量要控制得小。粗纱定量较重时,必须控制好车间相对湿度,否则易出现牵伸须条分层现象。重定量是粗纱低速高产、降低粗纱伸长率差异的重要途径。

(三)粗纱捻系数的选择

粗纱经过加捻,获得一定的强力,以承受粗纱卷绕和退绕时的张力,粗纱捻度大小与细纱机上牵伸时的附加摩擦力界的分布有关,影响细纱条干。但捻系数过大,捻度过高,不仅降低粗纱机的生产率,而且增加在细纱机上的牵伸力,易引起胶辊打滑出硬头,造成条子不匀和断头增加。捻系数过小,捻度过低,粗纱卷绕和退绕时易产生意外伸长,增加断头和不匀,在细纱机上牵伸时,须条松散,也不利于成纱的条干和强力。因此,应合理选用粗纱捻系数。

1. 粗纱捻系数选择原则 满足粗纱卷绕,卷装的储存、运输,细纱退绕要求的机械物理性能时,选择适当小的粗纱捻系数,即确保加工过程稳定、合适的粗纱伸长率时,选择较小粗纱捻系数。

2. 粗纱捻系数选择的依据 所纺纤维的长度及其整齐度、粗纱线密度、细纱机后区牵伸工艺及车间温湿度等因素。

所纺原料:棉纤维的密度较化学纤维的大得多,因而,相同线密度的纱线截面内含有的纤维量,棉的较化学纤维的少,加上棉型化学纤维长度长,整齐度好,因而,棉纱条中纤维彼此间的联系较化学纤维的小,则棉的纱条选择捻系数较化学纤维的高得多。

纤维长度长,整齐度好,细度细,纱中纤维的摩擦力、抱合力都大,纤维彼此间联系强,所选捻系数可小些。

细纱机后区牵伸工艺中,当握持距大、牵伸倍数小、牵伸须条牵伸力较小时,可选择适当大些的捻系数。

车间温度低或相对湿度大,要适当加大粗纱捻系数。

此外,要考虑粗细纱工序前后供应平衡,因为粗纱捻系数大,粗纱质量好,但粗纱产量就低,前后供应就易出现问题,请务必注意。

八、细纱机工艺

(一)细纱牵伸工艺

细纱机的牵伸形式主要有三罗拉双短胶圈牵伸、三罗拉长短胶圈牵伸和三罗拉长短胶圈 V 形牵伸几种。三罗拉双胶圈牵伸机构分为前区牵伸和后区牵伸,由于结构与工艺配置不同,不同的牵伸装置的牵伸能力和细纱质量水平都有较大的差异。

1. 细纱总牵伸倍数 在保证和提高产品质量的前提下,提高细纱机的牵伸倍数,在经济上获得较大的效益。目前,细纱机的牵伸倍数一般在 30~50 倍。总牵伸倍数首先决定于细纱机的机械工艺性能,但总牵伸倍数也因其他因素而变化。当所纺棉纱线密度较粗时,总牵伸能力较低;当所纺棉纱线密度较细时,总牵伸能力较高;在纺精梳棉纱时,由于粗纱均匀、结构较好、纤维伸直度好、所含短绒率也较低,牵伸倍数一般可高于同线密度非精梳棉纱;纱织物和线织物用纱的牵伸倍数也可有所不同,这是因为单纱经并线加捻后,可弥补条干和单强方面的缺陷,但也必须根据产品质量要求而定。细纱机前区牵伸采用"重加压强控制"工艺配置,后区牵伸分别采用针织纱"二大二小"工艺和机织纱工艺配置。细纱机总牵伸倍数的参考范围见表1-3-14。

表1-3-14 常见牵伸装置总牵伸倍数范围

线密度(tex)	9 以下	9~19	20~30	32 以上
双短胶圈牵伸	30~50	22~40	15~30	10~20
长短胶圈牵伸	30~60	22~45	15~35	12~25

2. 前区牵伸工艺 细纱牵伸装置的前区采用双胶圈牵伸。在胶圈钳口对纤维实施柔和控制,其开口大小能随须条粗细做适当调整,故既能控制短纤维运动,又能保证前罗拉钳口握持的

纤维顺利抽出,牵伸波动就小。

(1)自由区长度。自由区长度的缩短要依据牵伸纤维的长度及其整齐度、胶辊的硬度及可加压的量来定。否则,须条在前钳口下打滑而产生"硬头"。生产中缩短自由区长度的主要措施有:采用双短胶圈;减小销子前缘的曲率半径;选用较小的销子钳口隔距;使用薄、软的胶圈等。另外,减小集合器的外形尺寸、前胶辊前移、适当减小前胶辊直径等措施,也有利于缩短浮游区长度。弹簧摆动销牵伸装置的自由区长度可缩小到12mm左右。前牵伸区罗拉中心距与浮游区长度见表1-3-15。

表1-3-15 前牵伸区罗拉中心距与浮游区长度 单位:mm

牵伸形式	纤维类别及长度	上销长度	前区罗拉中心距	浮游区长度
双短胶圈牵伸	棉纤维,31以下	25	36~39	11~14
	棉纤维,31以上	29	40~43	11~14
长短胶圈牵伸	棉及棉型化纤,38	33	43~47	11~14
	中长化纤,51	40	52~56	12~16
	中长化纤,65	56	70~74	14~18
	中长化纤,76	69	83~89	14~20

(2)胶圈钳口。胶圈钳口分为固定钳口和弹性钳口两种。由于固定钳口的上下销子均为固定销,须条牵伸波动极大而已被淘汰。弹性钳口由弹簧摆动上销和固定曲面下销及一对上短下长胶圈组合而成。这种弹性钳口借助弹簧作用,使上销能在一定范围内上、下摆动。这样既有胶圈的弹性作用,又有上销子自身的弹性自调作用,可以适应喂入纱条粗细和胶圈厚薄、弹性不匀的变化,使胶圈钳口压力波动减小,牵伸波动缓和,有利于改善条干。

引起胶圈钳口压力波动的主要因素是喂入纱条粗细的变化、胶圈厚薄不匀、弹性大小、抗弯刚度差异和胶圈运动的不稳定。当弹性钳口通过抗弯刚度大的硬块时,弹性上销会被略微顶起,缓冲了对牵伸须条弹性压力的急剧增加,防止条干恶化、出"硬头"。这是固定钳口所不具备的优势。若钳口参数选择不当,也会出现钳口摆幅过大,甚至产生"张口"现象,反而削弱了胶圈钳口的控制能力。为保证弹性钳口能发挥良好的工艺作用,生产中必须正确选择合理的弹簧起始压力和钳口原始隔距。根据实际生产实践,在纺制中、细特纱时,弹簧起始压力取8~10N/双锭为宜;弹性钳口的原始隔距应根据纺纱特数胶圈厚度和弹性、上销弹簧压力、纤维长度及其摩擦性能以及前罗拉加压条件等而定,一般粗特纱为3.2~4mm;中特纱为2.5~3mm;细特纱为2.5mm。上下销钳口隔距常用范围见表1-3-16,前区集合器开口尺寸见表1-3-17。

表1-3-16 上下销钳口隔距常用范围

线密度(tex)	长短弹性钳口		双短固定钳口	
	机织纱工艺	针织纱工艺	机织纱工艺	针织纱工艺
9以下	2.0~2.6	2.0~3.0	2.5~3.5	3.0~4.0

续表

线密度(tex)	长短弹性钳口		双短固定钳口	
	机织纱工艺	针织纱工艺	机织纱工艺	针织纱工艺
9~19	2.3~3.2	2.5~3.5	3.0~4.0	3.2~4.2
20~30	2.8~3.8	3.0~4.0	3.5~4.4	4.0~4.6
32以上	3.2~4.2	3.5~4.5	4.0~5.2	4.4~5.5

表1-3-17 前区集合器开口尺寸

线密度(tex)	9以下	9~19	20~30	32以上
开口尺寸	1.2~1.8	1.6~2.5	2.0~3.0	2.5~3.5

(3)前区牵伸倍数。当喂入须条线密度一定时,不同的牵伸力与牵伸倍数的倒数接近于直线关系。原因是纺出须条截面内的纤维根数与牵伸倍数成反比,牵伸倍数增大,前钳口握持的快速纤维变少,牵伸力减小;反之,牵伸倍数减小,牵伸力增大。

当纺出须条线密度一定时,牵伸倍数增大,后纤维的数量增加,后钳口摩擦力界向前扩展,每一根快速纤维受到的摩擦力增大,因而牵伸力随之增大;反之,牵伸倍数减小,牵伸力也相应减小。

当喂入须条线密度一定且其他条件不变时,牵伸倍数与牵伸力不匀率的平方接近直线关系。

(4)前罗拉钳口加压量。罗拉钳口加压是确保胶辊、罗拉钳口对须条有足够大的动摩擦力即握持力。对握持力的要求是:牵伸过程中要求钳口必须具有足够的握持力以克服牵伸力。若握持力小于牵伸力,须条就会在钳口下打滑,轻则造成条干不匀,重则使须条不能被抽长拉细而出"硬头",既恶化了成纱条干,又降低了牵伸效率。增加握持力的措施有以下几点:增大胶辊压力;改变胶辊包覆材料与几何尺寸;改变钳口下须条的几何形态。前中牵伸罗拉加压范围见表1-3-18。

表1-3-18 前中牵伸罗拉加压范围

原料	牵伸形式	前罗拉加压(daN/双锭)	中罗拉加压(daN/双锭)
棉	双短胶圈牵伸	10~15	6~8
	长短胶圈牵伸	10~15	8~10
棉型化纤	长短胶圈牵伸	14~18	10~14
中长化纤	长短胶圈牵伸	14~22	10~18

3. 后区牵伸工艺 细纱机的后区牵伸一般为简单罗拉牵伸。后区牵伸是细纱总牵伸的一部分,它与前区牵伸有密切的关系。后区牵伸的任务是负担一部分总牵伸,以减轻前区牵伸的负担,并为前区牵伸做好准备,保证喂入前区的须条具有均匀的结构和必要的紧密度,从而与前区(胶圈工作区)的摩擦力界相配合,形成稳定的前区摩擦力界分布,以充分发挥胶圈对纤维运动的控制作用,减少成纱的粗、细节,提高条干均匀度。

细纱10~200mm片段的不匀主要产生在细纱机的后区,它影响细纱的重量不匀率。由于胶辊、胶圈是靠罗拉摩擦传动的,如果上、下罗拉的表面速度不一致,出现须条在后钳口内滑溜,使后区牵伸倍数减小,纺出纱条偏重。若中罗拉握持力不足,则会导致胶圈的速度不匀和滑溜,将影响成纱条干均匀度。因此,要降低后区产生的不匀,罗拉钳口必须具有足够而稳定的握持力,以适应牵伸力的变化,保证须条在钳口下不产生打滑现象。

后区牵伸力随后区牵伸倍数的不同而变化。当牵伸倍数增大时,牵伸力出现一个最大值,牵伸力为最大值时的牵伸倍数即为临界牵伸倍数。小于临界牵伸值时,须条牵伸以纤维的伸直为主;大于临界牵伸值时,须条牵伸以纤维的相对滑移为主,随着前钳口下的快速纤维数量的不断减少,牵伸力随之减小,最后趋于缓和。临界牵伸值是随喂入须条和后区工艺的变化而变化的。喂入须条定量重或罗拉隔距紧或加压大,牵伸力都会增大。或粗纱捻系数大,纤维抱合紧密,摩擦阻力增大,因此,牵伸力增大。后牵伸区工艺参数见表1-3-19。

表1-3-19 后牵伸区工艺参数

项目	纯棉		化纤纯纺及混纺	
	机织纱工艺	针织纱工艺	机织纱工艺	针织纱工艺
后区牵伸倍数	1.20~1.40	1.04~1.30	1.14~1.50	1.20~1.60
后区罗拉中心距(mm)	44~56	48~60	50~65	60~86
后罗拉加压(daN/双锭)	8~14	10~14	14~18	14~20
粗纱捻系数(线密度制)	90~105	105~120	56~86	48~68

(二)V形牵伸工艺配置

V形牵伸装置是一种比较先进的牵伸装置,它是以上抬后罗拉,后置后胶辊,使须条在后罗拉表面形成曲线包围弧,增大了后罗拉摩擦力界的强度,加强了后区牵伸过程对纤维的控制。使后区牵伸倍数和总牵伸倍数都有所提高,后区有捻须条从前端到后端呈V字形进入前区,因而被称为V形牵伸装置。V形牵伸仍不能以增大后区牵伸能力来提高细纱总牵伸能力,故V形牵伸的后区牵伸倍数仍以偏小掌握为宜,V形牵伸细纱机的后牵伸区改善了进入前牵伸区须条的结构及均匀度,为提高成纱质量创造了条件。V形牵伸的总牵伸倍数与后区牵伸倍数见表1-3-20,V形牵伸的罗拉中心距见表1-3-21,V形牵伸的罗拉加压见表1-3-22。

表1-3-20 V形牵伸的总牵伸倍数与后区牵伸倍数

纤维类别	总牵伸倍数(倍)	后区牵伸倍数(倍)
棉	~50	1.3~1.5
化纤	50~70	1.3~1.6
混纺	>70	1.6~1.8

表1-3-21 V形牵伸的罗拉中心距

适纺纤维长度(mm)	前罗拉中心距(mm)	后罗拉中心距(mm)
40	43	40
50	52	50
60	68	60

注 中后罗拉中心距与所纺纤维性质、纤维长度和粗纱捻度有关,最佳值的参数值须先进行试纺后决定。

表 1-3-22　Ｖ形牵伸的罗拉加压　　　　　　　　　　单位:daN/双锭

适纺纤维长度(mm)	前罗拉	中罗拉	后罗拉
40	14,18,20	10,14	12,16
50	18,22	14	16,18
60	18,24	14	16,18

(三)加捻卷绕工艺

细纱加捻卷绕工艺是以提高成纱强力、降低细纱断头、适应优质高产为目标。细纱加捻卷绕元件主要有锭子、筒管、钢领、钢丝圈、导纱钩和隔纱板等。加捻卷绕元件是否能够适应高速,是细纱机实现高速生产的关键。

1. 锭子速度　细纱锭子速度因纺纱品种、线密度和卷装大小不同,一般在 14000 ~ 17000r/min。锭子的纺纱要求是:运转要平稳、振幅要小;使用寿命要长;功率消耗小,噪声低,承载能力大;结构要简单可靠,易于保全保养。

2. 钢领和钢丝圈的选配　钢领是钢丝圈回转的轨道,钢丝圈在高速回转时的线速度可达 30 ~ 45m/s。钢领与钢丝圈两者之间配合良好与否,便成为影响细纱机高速大卷装的主要问题。在棉纺细纱机上使用的钢领有平面钢领和锥面钢领两种,平面钢领又分为高速钢领和普通钢领。高速钢领适纺细特纱和中特纱。普通钢领适纺粗特纱;而用锥面钢领钢丝圈运行平稳,有利于降低细纱断头。选用不同型号的钢领和钢丝圈配合,可适纺不同线密度的纱线。

钢丝圈是完成细纱加捻卷绕不可缺少的元件,在加捻卷绕过程中,气圈形态与纺纱张力的关系:纺纱张力小,气圈膨大,且不稳定。纺纱张力大,气圈稳定,但缺乏弹性。生产上通常采用调整与改变钢丝圈的型(几何形状)和号(重量)的方法来控制和稳定纺纱张力,以达到卷绕成形良好、降低细纱断头的目的。

钢丝圈型号的选配原则应考虑三个方面,即钢领型号、锭速和所纺细纱线密度。钢丝圈的种类和型号分为平面钢领用钢丝圈和锥面钢领用钢丝圈两种,钢丝圈的圈形按形状特点分为 C 型、EL 型(椭圆形)、FE 型(平背椭圆形)和 R 型(矩形)四种。必须根据所纺纱线粗细等实际生产情况,合理选配钢丝圈。通常应从以下几个方面考虑。

(1)所纺细纱线密度越低,钢丝圈的重量应越轻。

(2)纺相同线密度细纱时,原料品质差,单纱强力低、断裂功小,钢丝圈重量应轻些。

(3)锭速越高、卷装越大,钢丝圈重量应越轻。钢领修复周期和钢丝圈调换周期要相应缩短;反之可适当延长。

(4)调换新钢领时,钢丝圈重量应适当减轻。

(5)钢领直径大,锭速高,钢丝圈偏轻选择。

(6)化纤纱和混纺纱用钢丝圈的选用范围。与纯棉纱相比,当纺相同粗细的细纱时,遵守以下规律。

①涤、棉纯纺纱钢丝圈应重4 ~ 8 号;涤/棉纱钢丝圈应重2 ~ 3 号;涤/黏纱钢丝圈应重 3 ~ 4 号。

②维纶纯纺纱和维/棉纱钢丝圈应重1 号左右。

③腈纶纯纺纱钢丝圈应重 2 号左右。

④锦纶纯纺和锦/棉纱钢丝圈应重一。

⑤氯纶纯纺、混纺时，钢领易生锈，宜在表面涂一层薄清漆，钢丝圈重量应减轻 2 号。

⑥丙纶纯纺纱宜采用大通道钢丝圈。

⑦黏纤纯纺纱钢丝圈应重 1~3 号；黏/棉纱钢丝圈应重 1~2 号；黏/腈纱钢丝圈可参照相同粗细黏纤纯纺纱选用；黏胶纤维与强力醋酯纤维混纺时，钢丝圈应比相同粗细黏胶纤维纱重 2~3 号；锦/黏纱钢丝圈应比相同粗细黏胶纤维纱重 1~2 号；涤、黏、强力醋酯纤维混纺纱钢丝圈应比相同粗细黏胶纤维纱重 2~3 号。

⑧中长化纤纱钢丝圈应比相同粗细棉型化纤纱重 2~3 号，比纯棉纱重 6~8 号。

(7)温湿度。夏季高温高湿，钢丝圈偏重选择；冬季干燥低温，钢丝圈偏轻选择。

3. 细纱捻系数与捻向的选择 细纱捻系数主要是根据纱线的用途和最后成品的要求来选择。一般情况下，相同线密度经纱的捻系数比纬纱高 10%~15%；针织用纱捻系数一般接近机织纬纱捻系数。起绒织物与股线用纱，捻系数可偏低。在保证产品质量的前提下，生产中细纱捻系数可偏低掌握，以提高细纱机的生产率。

细纱的捻向也视成品的用途和风格需要而确定。为方便操作，生产中一般采用 Z 捻。当经纬纱的捻向不同时，织物的组织容易突出。在化学纤维混纺织物中，为了使织物获得隐条、隐格等特殊风格，常使用不同捻向的经纱。

(四)紧密纺纱的工艺要点

紧密纺纱的集聚效应大多数是机械力和空气负压控制力相互作用的结果，因此，凡是影响机械零部件正常运行和空气负压规定要求的各种因素，都会对紧密纱质量产生不良影响，其中尤应关注影响集聚区空气正常流动的各种干扰。各种不同集聚纺纱机构都应注意以下几方面因素。

(1)吸风系统要有足够的负压和流量，使得全机各个锭位的集聚吸风槽处的气流状态保持均匀稳定。最好选用多只风机分段吸风，并采用变频电动机以便调节控制。

(2)不同机构的集聚器材如网格套圈、多孔胶圈，乃至中空多孔集聚罗拉的规格，都要考虑对纺纱纤维品种的适应性；注意运行状态稳定，防止吸口损伤或堵塞而影响其透气性。

(3)吸口斜槽形状、宽窄、斜角等参数与纤维的长度、刚性、纺纱线密度密切相关，要求注意区分和匹配。严格掌握牵伸装置的横动动程范围和与吸口斜槽的对中要求。

(4)保持机器部件的清洁，防止巡回清洁器的吹气气流干扰，注意吸口斜槽是否干净，防止飞花积聚在集聚区域附近。由于紧密纺纱机集聚区存在负压，为保证环境清洁，应该与其他容易产生空气污染的设备分开。

(5)注意集聚区张力牵伸的恰当运用，不同机型有不同的调节方法，应该通过试验，匹配牵伸比，在依靠改变胶辊直径调节牵伸比的场合应严格实施直径分档管理。

(6)加强车间空调管理，注意空气含尘量和温湿度。有关资料介绍，以换气系数要求 33 次/h、空气绝对含水量 <11g/kg 为好。

(7)紧密纺纱机的加捻卷绕部分与传统环锭纺纱机相同，考虑到紧密纱与环锭纱结构和外观不同，在钢丝圈选配清洁器隔距时，原则上以偏轻、偏小为好。

九、后加工工艺

(一)络筒工艺设计

络筒工艺设计的主要内容有络筒速度、导纱距离、张力装置形式及工艺参数、清纱装置形式及工艺参数、筒子卷绕密度、筒子绕纱长度、结头形式及打结要求等。

络筒工艺要根据纤维材料、原纱质量、成品要求、后工序条件、设备状况等众多因素统筹制订。设计时,一般根据企业生产经验,参考相似品种,结合品种具体要求与工艺设计原则而制订。

合理的络筒工艺设计要做到纱线减摩保伸,筒子卷绕密度与纱线张力尽可能均匀,筒子成形良好,合理地清除疵点杂质,尽量减少毛羽产生。

1. 络筒速度　络筒速度将影响络筒生产的时间效率和劳动生产率。在其他条件相同时,络筒速度高,产量高,但络筒时纱线的绝对张力也将增加,增加了纱线断头的概率,其时间效率反而会下降。同时,较高的络筒速度可能会使纱线伸长加大,从而影响纱线强力。因此,络筒速度设计应分析纱线特性、织物特征、络筒机型等因素进行综合考虑。一般情况下,自动络筒机速度可在 800~1800m/min,而普通槽筒式络筒机一般为 500~800m/min,各种绞纱络筒机的络筒速度则更低。

化纤纯纺或混纺纱容易积聚静电,增加纱线毛羽,速度应低一些。如果纱线比较细、强力低或纱线质量较差、条干不匀,速度应较低,以免增加和条干进一步恶化。当采用不同纱线喂入形式时,细纱管纱喂入速度可以高些;筒子纱喂入速度应低些;绞纱喂入时速度最低。

2. 导纱距离　导纱距离是指纱管顶端到导纱器之间的距离。合适的导纱距离应兼顾插管操作方便、管纱退绕张力均匀、减少脱圈和管脚断头等因素。普通管纱络筒机常采用较短导纱距离,一般为 70~100mm;自动络筒机一般采用 500mm 左右的长导纱距离并附加气圈破裂器或气圈控制器。

3. 张力装置形式及工艺参数　络筒张力要大小适当、均匀。所谓适当的张力要根据原纱性能而定,一般范围如下。

(1)棉纱。棉纱张力不超过其断裂强度的 15%~20%。

(2)毛纱。毛纱张力不超过其断裂强度的 20%。

(3)麻纱。麻纱张力不超过其断裂强度的 10%~15%。

(4)混纺纱线。混纺纤维表面平直光滑的,或纤维强力、弹性差异比较大时,纱线受到外力作用后,纤维间易产生相对滑移,纱线易产生塑性变形,破坏纱线条干均匀性,弹性、强力也会受到损失,断头增加,张力应适当减小。

张力均匀意味着在络筒过程中应尽量减少纱线张力波动。在满足筒子成形良好或后加工特殊要求的前提下,采用较小的张力(表 1-3-23)。

表 1-3-23　部分纯棉纱线采用张力盘式张力器时络筒张力设计参数参考

线密度(tex)	英制支数(英支)	张力盘重量(g)
58~36	10~16	19~15
32~24	18~24	15~12

续表

线密度(tex)	英制支数(英支)	张力盘重量(g)
21~18	28~32	11.5~9
16~14	36~42	9.5~8.5
12 及以下	50 及以上	8~6

4. 清纱装置形式及工艺参数 清纱装置可分为机械式和电子式两大类。机械式清纱装置又可分为隙缝式、梳针式和板式三种,电子式清纱装置分为光电式和电容式两种。电子式清纱装置采用非接触工作方式,不损伤纱线,清除效率高,可灵活地设定清纱范围,清除有害纱疵。电子清纱器的工艺参数(即工艺设计值)是指不同检测通道(如短粗节通道、长粗节通道、细节通道)的清纱设定值。每个通道的清纱设定值都有纱疵截面变化率(%)和纱疵参考长度(cm)两项。电子清纱器具体工艺参数因型号不同而各异,表 1-3-24 为瑞士 Uster 公司的 UAM、D4、UPM1 型电子清纱器工艺设计主要内容(表 1-3-24)。

表 1-3-24 Uster 公司 UAM、D4、UPM1 型电子清纱器工艺设计主要内容

型号			UAM 型电子清纱器	
清除范围			短粗节(S) +60%~+300%,1.1~17cm	
			长粗节(L) +20%~+100%,8~200cm	
			长细节(T) -17%~-80%,8~200cm	
检测头			MK15 MK20/GRA 20MK3	
控制箱			UAM/CSG60S UAM/WSG60S	
			每只控制箱带 60 锭,分五组,每组 12 锭,每组可分别设定	
型号			D4 型电容式清纱器	
清除范围			短粗节(S) +70%~+300%,1.1~16cm	
			长粗节(L) +20%~+100%,8~200cm	
			长细节(T) -17%~-80%,8~200cm	
型号			Polymatic UPM1 型电容式清纱器	
线密度范围(tex)			4~100	
清纱范围	棉结(N)%		+50~+300	
	短粗节 S	S(%)	+10~+200	
		L_S(cm)	1~10	
	长粗节 L	L(%)	+10~+200	
		L_l(cm)	10~200	
	细节 T	T(%)	-10~-80	
		L_t(cm)	10~200	
纱速范围(m/min)			300~2000	

5. 筒子卷绕密度 筒子的卷绕密度与络纱张力和筒子对槽筒(或滚筒)的加压压力有关,筒子卷绕密度的确定以筒子成形良好、紧密,又不损伤纱线弹性为原则。股线的卷绕密度可比单纱

提高10% ~20%,相同工艺条件下,涤/棉纱的卷绕密度比同线密度纯棉纱大(表1-3-25)。

表1-3-25 棉纱筒子卷绕密度设计参数参考

棉纱粗细		卷绕密度(g/cm³)
线密度(Tt)	英制支数(N_e)	
96~32	6~18	0.34~0.39
31~20	19~29	0.34~0.42
19~12	30~48	0.35~0.45
11.5~6	50~100	0.36~0.47

6. 筒子卷绕长度 根据整经或其他后道加工工序所提出的要求来确定筒子卷绕长度。络筒机的定长装置有机械定长和电子定长两种。

机械定长装置:测卷绕直径。长度误差为±3%,且车间温湿度会影响定长精度。

电子定长:一般有两种方法,一种是直接测量法,测量络筒过程中纱线的运行速度和运行时间;另一种是间接测量法,检测槽筒转数,转换成相应的纱线卷绕长度。

在新型自动络筒机上,有一种叫ECOPACK的方式,绕纱长度误差可控制在0.5%之内。

十、结头规格

结头规格包括结头形式和纱尾长度。接头操作要符合操作要领,结头要符合规格。在织造生产中,对于不同的纤维材料、不同的纱线结构,应用的结头形式也有所不同,普通络筒机一般有棉织、毛织和麻织用的自紧结、织布结;自动络筒机一般为捻接的"无结头"纱。

捻接方法形成"无结"接头,捻接处直径为原纱直径的1.1~1.3倍,断裂强力为原纱的80%~100%。

空气捻接的工艺参数一般有:退捻时间(s)与压力(Pa);加捻时间(s)与压力(Pa)。

(一)捻线工艺设计

1. 选用锭子速度(n_s)与罗拉速度(n_1) 因股线的捻度与锭速、罗拉速度有关,其关系式为:

$$T = \frac{n_s}{\pi D_1 n_1} \tag{1-3-2}$$

$$\frac{\alpha_t}{\sqrt{Tt}} = \frac{n_s \times 100}{\pi \times 45 \times n_1} \tag{1-3-3}$$

$$n_1 = 0.7073 \times n_s \times \frac{\sqrt{Tt}}{\alpha_t} \tag{1-3-4}$$

式中:T——股线捻度,捻/10cm;

n_s——锭子滚筒转速,r/min;

D_1——罗拉直径,mm;

α_t——捻系数;

Tt——股线线密度。

上式说明罗拉每分钟的转速与股线的捻系数成反比,与锭速及股线线密度的平方根成正比。锭速高,股线线密度大(低支)均可加快罗拉的转速。

表1-3-26为不同线密度的股线使用不同的捻系数时,一般采用的罗拉和锭子转速的参考数据。表1-3-26适用于反向加捻(ZS或SZ)的经股线,在纺纬线时,为了减少股线疵点,宜采用较低锭速。如同向加捻(ZZ或SS),则锭速应降低。使用湿纺时,因纺线张力较大等原因,锭速应偏低掌握。

表1-3-26 罗拉与锭子转速参考数据

股线线密度 (tex)		罗拉转速			
		19×2	16×2	14×2	10×2
锭速		8500~11000	8500~11000	9000~12000	9000~11000
股线捻系数	400(4.21)	93~120	85~110	84~112	71~87
	425(4.47)	87~113	80~104	79~106	67~82
	450(4.74)	82~107	76~98	75~100	63~77
	475(5.00)	78~101	72~93	71~95	60~73
	500(5.26)	74~96	68~88	67~90	57~70
	525(5.57)	71~91	65~84	64~86	54~66
	550(5.79)	67~87	62~80	61~82	52~63
	575(6.05)	64~83	59~77	59~78	50~61

注 罗拉直径45mm,括号内为英制捻系数。

2. 确定股线的股数和捻向

(1)合股数。股线股数的多少,必须根据股线的用途而定。一般衣着用的股线,双股线已能满足要求。股数太多,衣服粗厚,服用性能差。对强力及圆整度要求高的股线须用较多的股线数,如缝纫线等可用三股。一般初捻股线最好不要超过五股,股数过多,会使其中某根单纱形成芯线,使单纱受力不匀而降低并捻效果。对特殊要求的,如帘子线等,可进行复捻而制成缆线。

(2)捻向。合股线加捻的捻向对股线性质的影响很大。初捻反向加捻,可使纤维的变形差异小,能得到较好的强力、光泽与手感,捻回也较稳定,捻缩较小。所以,绝大多数初捻股线多采用反向加捻。

初捻同向加捻时,股线坚实,光泽与捻回的稳定性均较差,股线伸长大。股线外紧内松,具有回挺性高及渗透性差的特点。因此,可用于编织花边、结网及一些装饰性的织物。同向加捻股线的强力增加很快,所以,捻系数较小,锭速可以低一些,故对要求不高的股线,可采用同向加捻方法。

一般单纱为Z捻,所以初捻股线大多采用ZS这种捻向的配置方法。至于缆线捻向的配置基本上有ZZS和ZSZ两种。根据实践,在复捻捻度较少时,用ZZS的捻向配置方式,纤维强力利用系数和断裂长度较好;捻度较大时,ZSZ的配置方式要好些。但ZSZ不论在初捻或复捻时,都比ZZS的捻度大,因而机器生产率较低。

3. 选择捻系数 股线捻系数大小与股线的性质关系密切。合适的捻系数,必须根据股线的不同用途而选用。股线捻系数 α_t 必须与单纱捻系数 α_0 综合考虑。

在考虑股线强力的同时,还要兼顾股线的光泽、手感、耐磨、渗透等性能,所以,通常并不选用股线的最高强力。如生产双股经股线时,α_t/α_0 可在1.2~1.4选用。

如要求股线的光泽与手感好,则股线捻系数的配合应使股线表面纤维与轴向平行度好。这样不仅有较好的光泽,而且耐磨性也较好。股线结构外松内紧,手感柔软,对液剂渗透性好。为了考虑股线的强力,经验上 α_t/α_0 取 0.7~0.9。

对不同用途的股线,还应考虑它的工艺要求,如股线用作纬线,虽然也要求手感好,但为了保证织物纬向强度, α_t/α_0 可选用 1.0~1.2。

4. 决定干捻或湿捻 如股线要求光洁,强力好,弹性好,并需经过烧毛,为减少烧毛量,可以采用湿捻。但湿捻如管理不当,会产生水污、泛黄或发霉等问题。干捻时,锭速可以提高,产量增加,纺纱张力偏小,但断头率与湿捻相比,差异不大。

5. 选用钢丝圈重量 在捻线工艺中,需根据股线在钢丝圈与线管之间的卷绕张力、锭速、钢领直径、筒管直径等因素选用钢丝圈的重量。适当的钢丝圈重量可保证线管具有一定的卷绕密度与容量。钢丝圈过重,会增多动力消耗与断头率。反之,气圈与隔纱板过多的碰击摩擦而使气圈不稳定,股线容易发毛。同时,卷绕密度太小,容量减少,在后道工序退绕时,会造成脱圈和换管次数增多。

影响钢丝圈重量的因素相当复杂,但股线强力大小、锭子速度高低以及钢领直径尺寸,是决定钢丝圈重量 G_t 的主要因素。G_t 可用下列近似公式计算。

$$G_t = K \frac{Q}{Rn_3^2} \qquad\qquad (1-3-5)$$

式中:K——常数(对非加油钢领并使用钢丝圈时:$K = 0.27~0.30$,对加油钢领并使用钢丝圈时,$K = 1$);

R——钢领半径,mm;

Q——股线强力,g;

n_s——锭子滚筒转速,r/min(以 1000 计)。

上式说明,股线强力高,钢丝圈可以加重;钢领直径大,锭速高,应使用较轻的钢丝圈。钢丝圈重量除与股线强力、钢领直径、锭速的平方有关外,它还与钢领板升降全程、筒管直径等因素有关。

(二)并纱工艺参数

1. 卷绕线速度 并纱机卷绕线速度与并纱的线密度、强力、纺纱原料、单纱筒子的卷绕质量、并纱股数、车间温湿度等有关。

2. 并纱张力 并纱时,应保证各股单纱之间张力均匀一致,并纱筒子成形良好,达到一定程度的紧密度,并使生产过程顺利进行。并纱张力与卷绕线速度、纱线强力、纱线品种等因素有关,一般掌握在单纱强力的 10% 左右。通过张力装置来调节,张力装置与络筒机相似,常采用圆盘式张力调节,它是通过张力片的重量来调节(表 1-3-27、表 1-3-28)。

表 1-3-27　不同粗细纱线选用张力圈重量

线密度(tex)	36~60	24~32	18~22	14~16	12 以下
张力圈重量(g)	25~40	20~30	15~25	12~18	7~10

表 1-3-28　有关参数与张力圈重量关系

参数	卷绕速度		纱线张力		纱线原料		导纱距离	
	高	低	高	低	化纤	纯棉	长	短
张力圈重量	较轻	较重	较重	较轻	较轻	较重	较轻	较重

（三）倍捻机的工艺配置（EJP834 型倍捻机）

1. 锭子转速 锭子的转速和所加捻纱的品种有关,一般情况下,加捻棉纱线密度与锭速的关系见表 1 - 3 - 29。

表 1 - 3 - 29 加捻纯棉纱线密度与锭速的关系

纯棉纱线密度（tex）	7.5×2	9.7×2	12×2	14.52	19.5×2	29.5×2
锭子转速（r/min）	10000~11000	10000~11000	8000~10000	8000~10000	7000~9000	7000~9000

2. 捻向、捻系数

（1）捻向。棉纱一般采用 Z 捻,股线采用 S 捻。其他特殊品种捻向见表 1 - 3 - 30。

表 1 - 3 - 30 特殊品种捻向

捻向	纱线品种				
	缝纫线	绣花线	巴厘纱织物用线	隐条、隐格呢的隐条经线	帘子线
细纱	S	S	S	S	Z
股线	Z	Z	S	Z	ZS 或 SZ

（2）纱线捻比值。纱线捻比值为股线捻系数与单纱捻系数的比值,捻比值影响股线的光泽、手感、强度及捻缩（伸）,不同用途股线与单纱的捻比值见表 1 - 3 - 31。如有特殊要求,则另行协商确定。

股线要获得最后大的强力,其捻比理论值为:

双股线:
$$\alpha_1 = 1.414\alpha_0 \tag{1-3-6}$$

三股线:
$$\alpha_1 = 1.732\alpha_0 \tag{1-3-7}$$

式中:α_1——股线捻系数;

α_0——单纱捻系数。

实际生产中,考虑到织物服用性能和捻线机产量,一般采用小于上述理论的捻比值,当单纱捻系数较高时,捻比值就更低于理论值;只有当采用较低捻度单纱时,股线捻系数则接近或略大于上述理论值。

表 1 - 3 - 31 不同用途股线与单纱的捻比值

产品用途	质量要求	捻比值
织造用经线	紧密、毛羽少、强力高	1.2~1.4
织造用纬线	光泽好、柔软	1.0~1.2
巴厘纱织物用线	硬挺、爽滑、同向加捻、经热定型	1.3~1.5
编织用线	紧密、爽滑、圆度好、捻向 ZSZ	初捻:1.7~2.4 复捻:0.7~0.9
针织汗衫用线	光泽好、柔软、结头少	1.3~1.4
针织棉毛衫、袜子用线		0.8~1.0

续表

产品用途	质量要求	捻比值
缝纫用线	紧密、光洁、强力高、圆度好、 捻向 SZ,结头及纱疵少	双股:1.2~1.4 三股:1.5~1.7
刺绣线	光泽好、柔软、结头小而少	0.8~1.0
帘子线	紧密、弹性好、强力高、捻向 ZZS	初捻:2.4~2.8 复捻:0.85 左右
绉捻线	紧密、爽滑、伸长大、强捻	2.0~3.0
腈棉花混纺	单纱采用弱捻	1.6~1.7
黏胶纤维纯纺、黏胶纤维混纺	紧密、光洁	1.3 左右

(3)捻缩(伸)率。

①捻缩(伸)率=[(输出股线计算长度−输出股线实际长度)/输出股线计算长度]×110% 计算结果中,"+"表示捻缩率,"−"表示捻伸率。

②双股线反向加捻时,捻比值小时,股线伸长,捻比值大时股线缩短,捻缩(伸)率一般为−1.5%~+2.5%。

③双股线同向加捻时,捻缩率与股线捻系数成正比,一般为4%左右。

④三股线反向加捻时均为捻缩,捻缩率与股线捻系数成正比,捻缩率在1%~4%。

 任务实施

对规定产品进行纺纱各工序工艺参数设计。

 思考练习

1. 开清棉工序组合的原则是什么?开棉机、混棉机的主要工艺参数有哪些?
2. 梳棉机影响分梳除杂效果的主要因素有哪些?
3. 并条牵伸工艺如何设定?
4. 加捻的目的是什么?如何衡量加捻的程度?
5. 细纱加捻卷绕工艺参数有哪些?如何设定?

 知识拓展

1. 了解各工序工艺参数的调节与质量控制。
2. 了解新型纺纱工艺参数的选择。

项目四 纺纱生产工艺设计与计算

学习目标

- 掌握纺纱工艺参数的选择。
- 掌握纺纱机器配备计算。
- 掌握纱锭分配的计算方法。
- 用料量和制成率。
- 了解纺纱生产工艺的平衡与调度。
- 学会制订纺纱设备配备表。

重点难点

- 纺纱工艺参数选择。
- 纺纱机器配备计算。
- 纱锭分配。

学习要领

- 熟练掌握纺纱工艺参数的选择,掌握如何进行纺纱机器配备计算。
- 能熟练进行纱锭分配计算,计算用料量和制成率,设计纺纱设备配台表等。

教学手段

多媒体教学法、混合式教学法、案例教学法、项目教学法、实物样品展示法。

任务一 纺纱工艺参数的选择与计算

学习目标

1. 了解工艺参数选择的原则。
2. 掌握常见纱线的工艺参数的选择。

任务描述

1. 纺纱工艺参数包括各工序的半制品的线密度、并合数和牵伸倍数,以及三者之间的关系。

2. 混纺纱的混比的确定,如何得到产品所需的混纺比。以及混纺中头道混并条牵伸倍数的计算。

3. 捻系数的选择和捻度的确定。

4. 各工序的机器工艺设计速度的选择。

 相关知识

在纺纱的机型和纺纱工艺流程确定后,在已选定的设备上,根据产品的技术要求在优选各工序工艺设计配置的基础上,通过综合平衡,制订出产品的工艺,使纺出的产品能达到优质、高产、低耗和用户满意的产品,并编制"纺纱工艺设计及机器配备表"。选择工艺参数应考虑如下事项。

(1)与选择的工艺流程相结合。

(2)选工艺参数时应充分掌握最新的工艺资料,参数应能结合机台的性能和所加工的产品的特点。

(3)前纺机台配备应留有适当余地,以便充分发挥后纺的生产潜力。

(4)同一产品前后工序间应建立定台供应机制。

(5)配棉成分相同、线密度不同的细纱,其前纺各工序半成品的线密度可以相同,以简化工艺设计,方便生产管理。

一、线密度、并合数、牵伸倍数的选择

(一)开清棉棉卷的线密度和牵伸倍数的选择

棉卷线密度过大不利于开松除杂,且增加后工序的牵伸负担,过小易产生粘卷、破洞和降低产量。常用范围见表1-4-1。化纤卷线密度应较同线密度细纱的纯棉卷重些,以防粘卷,一般可采用接近纯棉中特纱的棉卷线密度。

表1-4-1 不同线密度细纱的棉卷线密度和定量范围

细纱线密度(tex)	梳棉条线密度(tex)	梳棉条定量(g/5m)
11 以下	320000~360000	320~360
11~20	360000~390000	360~390
21~32	390000~420000	390~420
32 以上	420000~450000	420~450

(二)梳棉条线密度和牵伸倍数的选择

梳棉条定量过大,会影响分梳和除杂效果,易堵塞圈条斜管,且机器配备数量过少,机台无调节余地,影响前纺的产量和质量。条子定量小,则有利于提高转移率,改善锡林盖板间的分梳作用,但棉条定量过小,纤维网飘浮,断头增多,还会影响产量。化纤抱合力较差,为防止纤维网漂浮,在纺制涤纶时,纤维条的线密度应较纺同线密度的纯棉条大些,纺不同线密度的梳棉条的线密度和定量见表1-4-2。

表1-4-2　不同线密度细纱梳棉条的线密度和定量

细纱线密度(tex)	梳棉条线密度(tex)	梳棉条定量(g/5m)
11 及以下	3200~4400	16~22
12~19	3600~4800	18~24
20~32	3800~5200	19~26
32 以上	4400~5600	22~28

适当提高梳棉机的牵伸倍数,既可减轻锡林和盖板针面负荷,提高分梳效能,又不因过大的牵伸倍数而使纤维网漂浮和增加配备机台数。一般梳棉机的张力牵伸在1.23~1.5倍,按原料分大致为:纯棉的张力牵伸在1.45~1.5倍,涤棉混纺的张力牵伸在1.33~1.45倍,中长化纤的张力牵伸约1.23倍。

(三)预并条线密度、牵伸倍数和并合数的选择

预并条一般为6~8根并合,相应取6~8倍的牵伸,增加并合数,则牵伸倍数增加,可提高小卷中纤维的伸直度和平行度,改善精梳条质量,减少精梳落棉率。不同线密度细纱的预并条的线密度和定量见表1-4-3。

表1-4-3　不同线密度细纱的预并条的线密度和定量

细纱线密度(tex)	预并条线密度(tex)	预并条定量(g/5m)
11 以下	3200~4000	16~20
11~20	3400~4200	17~21
21~30	3800~4800	19~24

(四)精梳准备线密度、牵伸倍数和并合数的选择

线密度过大,精梳锡林负荷增加,使内外层梳理差异大,梳理效能下降,且配台数减少。线密度过小,握持不良,分梳欠佳,落棉增加,小卷粘连。一般长给棉时线密度选得小些,短给棉时线密度选得大些。牵伸倍数视喂入棉条的结构而定,纤维伸直平行较好时,牵伸倍数可大些,反之则小些。

条卷机并合数一般为20~24根,并卷机并合数为6根,条并卷机并合数为24~48根(与机型有关)。小卷线密度和定量见表1-4-4。

表1-4-4　不同线密度细纱的精梳准备小卷的线密度和定量

细纱线密度(tex)	小卷线密度(tex)	小卷定量(g/5m)
11 以下	41000~46000	41~46
11~20	42000~52000	42~52
21~30	48000~58000	48~58

(五)精梳条线密度、牵伸倍数和并合数的选择

一般纺细特纱时,其线密度较小,反之,则大些。涤棉混纺时,为了保证精梳条与涤纶预并条线密度之间的正确混比,必须运用公式计算精梳条线密度。在上述条件下,两种条子的线密度还应相互接近,以便握持良好。不同线密度细纱精梳条的线密度和定量见表1-4-5。

表1-4-5　不同线密度细纱精梳条的线密度和定量

细纱线密度(tex)	精梳条线密度(tex)	精梳条定量(g/5m)
11 以下	2800~3400	14~17
11~20	3100~4000	15.5~20
21~30	3600~4400	18~22

(六)并条线密度、牵伸倍数和并合数的选择

牵伸倍数接近并合数,8根(或6根)并合,牵伸倍数约为8倍(或6倍)。并条机前张力牵伸为0.99~1.03倍,涤预并条的前张力牵伸倍数≤1,以防止纤维回缩。棉预并条的前张力牵伸为1.03倍,涤棉混并条的前张力牵伸应≤1.03倍。总牵伸倍数应与并合数和纺纱线密度相适应,一般选用范围为并合数的0.9~1.2倍。并条的线密度和定量见表1-4-6。

表1-4-6　不同线密度细纱并条的线密度和定量

细纱线密度(tex)	并条线密度(tex)	并条定量(g/5m)
7.5 以下	2000~2600	10~13
7.5~13	2600~3700	13~17
13~19	3000~4000	15~20
20~30	3400~4400	17~22
31 及以上	4000~5000	20~25

(七)粗纱线密度、牵伸倍数的选择

粗纱线密度应根据熟条线密度、细纱线密度、细纱机的牵伸力、成纱品种等各项因素综合选择。粗纱总牵伸倍数取决于牵伸形式、所纺粗纱和细纱的线密度及产品种类。一般为6~8倍。粗纱线密度和定量见表1-4-7。

表1-4-7　不同线密度细纱的粗纱线密度和定量

细纱线密度(tex)	粗纱线密度(tex)	粗纱定量(g/10m)
9.0 以下	200~400	2.0~4.0
9.0~20	250~550	2.5~5.5
21~32	410~650	4.1~6.5
32 以上	550~1000	5.5~10.0

(八)细纱牵伸倍数的选择

一般细特纱的牵伸倍数可依据成纱的粗细选择。一般粗特纱的牵伸倍数取大于(A/细纱

的线密度)的商值;中特纱的牵伸倍数应取大于等于或略大于(A/细纱的线密度)的商值;细特纱的牵伸倍数应取小于等于或略小于(A/细纱的线密度)的商值。其中 A 为细纱英制的折算常数,例如,纯棉取 583.1,化纤纱取 590.5,T65/C35 混纺纱取 587.5。

(九)转杯纺细纱机牵伸倍数的选择

转杯纺细纱机的牵伸倍数与成纱线密度大小有关,一般线密度小时,牵伸倍数较大。其范围见表 1 - 4 - 8。

表 1 - 4 - 8　不同线密度转杯纺纱的牵伸倍数

纺纱线密度(tex)	棉条定量(g/5m)	牵伸倍数
72 ~ 96	20 ~ 25	41 ~ 69
29 ~ 72	18 ~ 20	49 ~ 137
24 ~ 29	16 ~ 18	109 ~ 148

二、线密度、并合数、牵伸倍数

(一)线密度、并合数和牵伸倍数的关系

$$本工序半成品的线密度 = \frac{上工序半成品的线密度 \times 本工序的并合数}{本工序的牵伸倍数} \tag{1-4-1}$$

$$本工序的牵伸倍数 = \frac{上工序半成品的线牵伸倍数 \times 本工序的并合数}{本工序半成品的线密度} \tag{1-4-2}$$

上式中半成品的线密度或牵伸倍数必须符合工艺设计要求,例如,粗特纱的牵伸倍数一定要大于 10。

(二)不同类型纤维条混合的混比关系

先根据其干重混比 a 和 b 计算。

$$\frac{a}{b} = \frac{n_a \times g_a}{n_b \times g_b} = \frac{n_a \times \dfrac{g'_a}{1+W_a}}{n_b \times \dfrac{g'_b}{1+W_b}} = \frac{n_a g'_a (1+W_b)}{n_b g'_b (1+W_a)} \tag{1-4-3}$$

由 g'_a 和 g'_b 可算出纤维条的 Tt_a 及 Tt_b,故:

$$\frac{Tt_b}{Tt_a} = \frac{b \times n_a (1+W_b)}{a \times n_b (1+W_a)} \tag{1-4-4}$$

式中:g_a、g'_a——纤维 A 的干定量和公定回潮定量,g/5m;

　　　g_b、g'_b——纤维 B 的干定量和公定回潮定量,g/5m;

　　　　W_a——纤维 A 的公定回潮率,%;

　　　　W_b——纤维 B 的公定回潮率,%;

　　　　Tt_a——纤维条 A 的线密度,tex;

　　　　Tt_b——纤维条 B 的线密度,tex;

　　n_a、a——纤维条 A 的混合根数(根)和干重混比(%);

　　n_b、b——纤维条 B 的混合根数(根)和干重混比(%)。

各类纤维的公定回潮率见表 1 - 4 - 9。

表1-4-9　各类纤维的公定回潮率

纤维(纱线)种类	棉纱线	原棉	苎麻	涤纶	黏胶	维纶	腈纶	丙纶	氨纶	T/C 65/35	T/R 65/35
公定回潮率(%)	8.5	11.1	12	0.4	13	5	2	0	0	3.2	4.8

若以三种纤维条混合,可根据其干重混比,先求下式:

$$\frac{n_a g_a + n_b g_b}{n_c g_c} = \frac{a + b}{c} \qquad (1-4-5)$$

然后求:

$$\frac{n_a \cdot Tt_a}{1 + W_a} + \frac{n_b \cdot Tt_b}{1 + W_b} = \left(\frac{a + b}{c}\right) \times \frac{n_c \cdot Tt_c}{1 + W_c} \qquad (1-4-6)$$

式(1-4-6)为三种纤维条 A、B、C 混合的混比关系。

式中:Tt_c——纤维条 C 的线密度,tex;

　　c——纤维条 C 的干重混比,%;

　　n_c——纤维条 C 的根数,根;

　　W_c——C 纤维的公定回潮率,%;

　　G_c——纤维条 C 的干定重,g/5m。

纤维条 A 与 B 的各有关参数同式(1-4-4)各参数的含义。计算时,要先计算式(1-4-1)中的数值,然后再求式(1-4-6)中的数值。

现以两种纤维条混合举例。

例1　已知涤纶预并条 A 与精梳棉条 B 的干重混比 T/C 为 65/35,涤条 4 根、精梳棉条 2根,则涤预并条线密度 Tt_T 与精梳棉条线密度 Tt_c 之间的混比关系为:

$$\frac{Tt_T}{Tt_c} = \frac{0.65 \times 2 \times (1 + 0.4\%)}{0.35 \times 4 \times (1 + 8.5\%)}$$

∴　　　　　　$Tt_C = 1.1638 Tt_T$

例2　涤条 A 与黏胶纤维条 B 的干重混比 T/R 为 65/35,涤纶 4 根、黏胶纤维条 2 根,则涤条线密度 Tt_T 和黏胶纤维条线密度 Tt_R 的混比关系为:

$$\frac{Tt_T}{Tt_R} = \frac{0.65 \times 2 \times (1 + 0.4\%)}{0.35 \times 4 \times (1 + 13\%)}$$

∴　　　　　　$Tt_R = 1.212 Tt_T$

(三)头道混并条牵伸倍数(E_h)的计算

$$E_h = \frac{n_a \times Tt_a + n_b \times Tt_b}{Tt_h} \qquad (1-4-7)$$

式中:Tt_h——头道混并条线密度,tex;

　Tt_a、n_a——纤维条 A 的线密度(tex)、并合根数(根);

　Tt_b、n_b——纤维条 B 的线密度(tex)、并合根数(根)。

上式可应用于涤棉混纺或化纤条混纺。

三、捻系数的选择

(一)粗纱捻系数

粗纱捻系数和纤维品种、长度及粗纱线密度等因素有关。一般来讲,纤维长的比纤维短的捻系数小些,纤维整齐度较好的比整齐度较差的捻系数低些。例如,中长纤维的粗纱捻系数可比棉型化纤的粗纱捻系数小些;精梳棉纱粗纱的捻系数可比同线密度普梳粗纱的捻系数小些;为了减少针织纱的细节,针织纱的粗纱捻系数宜高于同线密度机织纱的捻系数。常见几种粗纱的实际捻系数见表1-4-10。

表1-4-10 几种细纱的粗纱实际捻系数

细纱品种	纯棉机织纱	纯棉针织纱	棉型化纤混纺纱	T/C[(65/35)~(45/55)]	C/A(60/40)混纺针织纱	R/C(55/45)混纺纱	中长T/R(65/35)
粗纱捻系数	86~102	104~115	55~70	63~70	80~90	65~70	50~55

(二)细纱捻系数

细纱捻系数和细纱机的产量有密切关系。此外,捻系数和品质指标及细纱机上细纱断头率也有一定的关系。在一般情况下,为了提高细纱机的产量,细纱捻系数总是取允许范围内的较小值。但根据一切产品都是为用户服务的原则,细纱捻系数的大小需随细纱的用途而定。此外,为了减少织造时纬缩疵点,在一般情况下,纬纱的捻系数总是小于经纱的捻系数,常用细纱及常见织物用纱的捻系数见表1-4-11、表1-4-12。

表1-4-11 常用细纱及常见织物用纱的捻系数

细纱品种	公称线密度(tex)	经纱	纬纱
机织普梳用纱	8~11.6	340~400	310~360
	11.7~30.7	300~390	300~350
	32.4~192	320~380	290~340
机织精梳用纱	4.0~5.3	340~400	310~360
	5.3~16	330~390	300~350
	16.2~36.4	320~380	290~340
普梳织布、针织、起绒用纱	10~9.7	不大于330	
	32.8~83.3	不大于310	
	98~197	不大于310	
精梳织布、针织、起绒用纱	13.7~36	不大于310	
涤/棉纱	单纱织物用纱	330~380	
	股线织物用纱	320~360	
	针织内衣用纱	300~330	
	经编织物用纱	370~400	

表1-4-12 常用针织用纱捻系数

品种	普梳棉毛用纱		精梳棉毛用纱		
线密度(tex)	14~18.5	19.7~29.5	7.4~14	14.5~18.5	19.7~29.5
捻系数	240~310	300~330	316~340	300~320	290~320

续表

品种	普梳汗布用纱		精梳汗布用纱		
线密度(tex)	14~18.5	19.7~29.5	7.4~14	14.5~18.5	19.7~29.5
捻系数	320~350	310~340	320~350	310~340	300~330

(三)转杯纺纱捻系数

转杯纺纱中纤维伸直度较差,排列不够整齐,结构膨松,纱的强力低于环锭纱的10%~14%,故其捻系数应比环锭纺纱的捻系数增加15%~20%。例如,纯棉织物用29~96tex纱,其捻系数为395~450;纯棉织物用42~96tex起绒纱,其捻系数为270~341。

(四)股线捻系数

常见织物用线的捻系数见表1-4-13,纱线捻系数比值见表1-4-14。

表1-4-13 常见织物用线的捻系数

股线品种	公称线密度(tex)	实际捻系数	
		经线	纬线
梳棉股线	8×2~10×2;64×2~80×2	400~530	360~470
精梳棉股线	4×2~5.5×2	360~480	320~440
	4×3~5.5×3	360~480	310~430
	6×2~24×2	380~500	340~460
	6×3~24×3	380~500	320~440
涤/棉(65/35)股线	(8×2~10×2)~(25×2~30×2)	不低于380	
中长涤/黏、涤/腈股线	(14×2~16×2)~(25×2~30×2)	380~550	

表1-4-14 纱线捻系数比值

纱线种类	捻系数比值 α_1/α_0
织造经线;织造纬线	经线1.2~1.4;纬线1.0~1.2
帘子布用线(作轮胎底布)	初捻2.4~2.8;复捻0.85左右
巴里纱用线	1.3~1.4
编织用线	初捻1.7~2.4;复捻0.7~0.9
缝纫用线	双股1.3~1.4;三股1.6~1.7
刺绣线	0.8~0.9
针织棉毛衫和袜子用线	0.9~1.1
针织汗衫用线	1.3~1.4
灯芯绒及线卡的经线13.9tex×2及J5tex×2	1.38
细特精梳府绸9.8tex×3	1.31
纯涤纶缝纫线、涤/黏(65/35)21tex×2	1.29
涤/黏21tex×2、中长华达呢65/35	1.30~1.41
涤/黏18.5tex×2、中长华达呢65/35	1.27~1.41

注 α_0——单纱捻系数;α_1——股线捻系数。

（五）捻缩（伸）率和伸长率

细纱机的细纱捻系数对应的捻缩率见表1-4-15。细纱机上细纱加捻都是捻缩，故捻缩率用"+"号表示。捻线机有捻缩率和捻伸率两种，同向加捻一般为捻缩率，用"+"号表示。异向加捻为捻伸率，用"-"号表示，异向加捻为捻缩率时用"+"号表示。三股线反向加捻时均为捻缩率，它与股线捻系数成正比，一般捻缩率在1%~4%。

表1-4-15 细纱捻系数对应的捻缩率

公制捻系数	285	295	304	309	314	323	333	342	352	357	361	371	380
捻缩率(%)	1.84	1.87	1.90	1.92	1.94	2.00	2.08	2.16	2.26	2.31	2.37	2.49	2.61
公制捻系数	390	399	404	409	418	428	437	447	451	456	466	475	
捻缩率(%)	2.74	2.90	2.98	3.17	3.28	3.54	3.96	4.55	4.90	5.41	6.70	8.71	

设计过程中，为了简化计算，由于捻度产生的捻缩率，除细纱机外，络筒和捻线的捻缩率或捻伸率都不予考虑。

（六）捻系数和捻度

在特克斯制中，

$$T_{tex} = \frac{\alpha_t}{\sqrt{Tt}}(捻/10cm) \tag{1-4-8}$$

式中：T_{tex}——纱或线的捻度，捻/10cm；

α_t——纱或线的捻系数；

Tt——纱或线的线密度，tex。

四、纺纱机器速度

（一）概述

纺纱机器速度的高低与半成品及成品的产量、质量、机器各工序机台配备数量、生产车间面积及基建投资有着密切的关系。一般应注意下列各点。

（1）前纺各机速度水平应留有余地。

（2）纺化纤纱的速度可略低于纺同线密度棉纱的速度。

（3）细纱机纺制细特纱时，为了达到与中特纱、粗特纱相同的加捻程度，需要较高的锭速，但又要把锭速确定在机型允许的范围内。为此，一般应先确定机器的锭速，然后按式（1-4-9）计算前罗拉速度。反之，纺制粗特纱时，可确定前罗拉速度，然后再计算锭速 n_0。粗纱机一般先确定其锭速，再用公式计算前罗拉速度。

$$n = \frac{n_0 \sqrt{Tt} \times 1000}{\pi \times d \times \alpha_t \times 10(1-s)} \tag{1-4-9}$$

或

$$n_0 = \frac{\pi \times d \times n \times \alpha_t \times 10(1-s)}{\sqrt{Tt \times 1000}}$$

式中：d——前罗拉直径，mm；

n——前罗拉速度，r/min；

n_0——锭子速度，r/min；

α_t——捻系数；

Tt——粗纱或细纱线密度，tex；

s——捻缩率。

(4)确定细纱机锭速时，一般先折合中特纱千锭·时的单产水平 G，运用式(1-4-10)的关系来计算其锭速，这数据在最后选定锭速时有重要的参考价值。

$$n_0 = \frac{G \times T_{tex} \times 1000 \times 10}{60 \times Tt \times Z_t \times Y_t \times k} \qquad (1-4-10)$$

式中：G——拟纺纱折合成29tex 标准品单位产量，拟纺纯棉纱的 G 值为40kg/(千锭·h)；

T_{tex}——拟纺纱的捻度，捻/10cm；

Tt——拟纺纱的线密度，tex；

Z_t——拟纺纱折合率；各纱线密度折合率见表1-4-16。

Y_t——拟纺纱影响系数，影响系数见表1-4-17。

k——拟纺纱的时间效率；

n_0——拟纺纱的参考锭速，r/min。

表1-4-16 各纱线密度折合为29tex 纱时的折合率

线密度	折合率	线密度	折合率	线密度	折合率	线密度	折合率
4.0	22.440	13	3.199	26	1.166	52	0.530
4.5	18.816	14	2.862	27	1.101	54	0.515
5.0	16.063	14.5	2.715	28	1.043	56	0.496
5.5	13.924	15	2.580	29	1.000	58	0.478
6.0	12.220	16	2.342	30	0.960	60	0.467
6.5	10.835	17	2.139	32	0.889	64	0.433
7.0	9.697	18	1.863	34	0.820	68	0.407
7.5	8.742	19	1.877	36	0.766	72	0.384
8.0	7.247	19.5	1.741	38	0.720	76	0.366
8.5	6.303	20	1.694	40	0.679	80	0.340
9.0	5.724	21	1.574	42	0.649	88	0.312
9.5	5.334	22	1.466	44	0.626	96	0.286
10	4.890	23	1.388	46	0.601		
11	4.195	24	1.301	48	0.578		
12	3.644	25	1.224	50	0.553		

表1-4-17 折合单位产量的影响系数

细纱折合单产的影响因素		影响系数
1. 直接纬纱	21~30tex 纬纱	0.96
	11.5~20tex 纱和32~45tex 纱	0.98
	10tex 及以下纱和48~96tex 纱	1.00

细纱折合单产的影响因素					影响系数
2. 精梳纱					0.96
3. 按月计算混棉平均长度,低于下列基准,每短 2mm					
纺纱线密度(tex)	32 及以上	20～32	11.5～20	10 以下	1.04
混棉平均长度基准(mm)	25	27	29	31	
4. 混用五级以下低级棉	30%～69%				1.04
	50% 及以上				1.08
5. 黏胶纤维纯纺					0.98
6. 棉维混纺					1.02
7. 棉腈混纺					1.04
8. 涤棉、涤黏、黏棉混纺(包括精梳和普梳不同类型的涤纶)					1.00
9. 细纱机上钢领直径比规定基准每加大 3mm					1.04
细纱机上钢领直径比规定基准每减小 3mm					0.96
细纱机的升降全程比规定基准每加长 13mm					1.02
10. 其他因素:如紧捻纱、顺手纱、各种化纤纯纺纱、中长涤黏、涤腈混纺纱及化纤混纺纱、回花专纺纱等产品,它的影响系数与折合单位产量由地方或企业自定,三股及以上捻线用纱可按细纱设计线密度选用折合率					

注 1. 转捻纱指供捻线机用的细纱。

2. 细纱机钢领直径和升降全程规定基准如下。

纱的种类	经纱、售纱、转捻纱、针织用纱、起绒用纱					直接纬纱
线密度(tex)	8.5 及以下	9～10	11～19	20～29	32～96	
钢领直径(mm)	32	35	38	42	45	35
升降全程(mm)	152					

(二)各工序速度选择的范围

(1)梳棉机道夫的速度。提高道夫速度,虽产量增加但分梳除杂不利,机器配备数量减少,且影响梳棉条质量和后纺生产潜力的发挥。一般纺中特纱时,道夫速度可较高,纺细特纱和化纤纱时,道夫速度宜低些。

(2)并条机的前罗拉(或集束罗拉)速度。一般纺棉纤维时的速度略高于纺化学纤维的速度,涤预并条的速度略高于涤棉混并条的速度;普梳纱的速度略高于精梳纱的速度;棉预并条的速度略高于精梳后并条或混并条的速度。纺中特纱、粗特纱的速度略高于纺细特纱的速度。

(3)条并卷机的速度。一台条并卷机一般与 4～6 台精梳机配套使用。

(4)精梳机的速度。生产时,精梳机的产量决定于锡林的速度。

(5)粗纱机的锭速。粗纱机的锭速主要与纤维特性、粗纱卷装大小、锭翼性能等因素有关。一般纺棉纤维的速度可略高于涤棉混纺纤维的速度,涤棉混纺纤维的速度要略高于中长化纤纺的速度。卷装较小的速度可高于卷装较大的速度。

(6)细纱机的锭速。细纱机的速度主要考虑锭速,它与纺纱线密度、纤维特性、钢领直径、钢领板升降动程、捻系数等因素有关。纺涤棉纱时,因捻系数较高,断头率又比纯棉纱低,故锭速可比同线密度的纯棉纱高些。中长化纤因纤维较长,其锭速可低于纯棉或涤棉混纺纱。直接纬的卷装直径较经纱卷装的直径小,故细纱机纺纬纱时的锭速可较纺经纱的高些。纺制纯棉粗特纱时,锭速为10000~14000r/min;纺棉中特纱时,锭速为14000~16000r/min;纺细特纱时,锭速为14300~16500r/min;纺中长化纤时,锭速为10000~30000r/min。

(7)络筒机的线速度。络一般的中特、粗特纯棉纱,线速度可大于络纯棉细特纱,股线络筒的线速度可提高些,络化纤纱时,线速度又要降低些。

(8)并纱机的络纱速度。多根并合或细特纱并合时,络纱速度宜低些;管纱并合较筒子纱并合速度为低;化纤纱并合较棉纱并合速度为低;络纯棉细特纱较中特纱速度为低些。

(9)倍捻机的锭子速度。一般经股线锭速应比纬股线高,同向加捻(ZZ或SS)锭速应比异向加捻低;化纤股线锭速应比纯棉股线低,多股线锭速应比双股线低。

(10)摇纱机的纱框速度。它主要与成纱线密度有关,细特纱的速度稍低。

选择各机型的工艺设计速度时,必须把速度选用在机型允许的范围内,且必须将产品产量、质量和机器配备数量等因素统筹考虑。

纺厂主机的工艺设计速度见表1-4-18。

表1-4-18 纺厂主机的工艺设计速度

机器名称及机型		工艺设计速度	机器名称及机型		工艺设计速度
成卷机 (r/min)	FA141	10~12	并条机 (m/min)	FA313	300~480
	FA142	10~12		FA326	300~480
梳棉机 (r/min)	FA202	19~32		FA322	300~480
	FA203、FA232A	30~72		FA316BZ	250~500
	FA224	30~60		FA317	260~700
	FA225B	30~60		FA319	350~560
条卷机 (m/min)	FA334	50~70		FA381	300~720
	FA331	50~70		FA382	300~720
并卷机(m/min)	FA334	50~65	粗纱机 (r/min)	FA467	800~1500
条并卷机 (m/min)	FA355B	60~80		FA458A	600~1200
	FA356	80~120		FA468	800~1500
	Cl12	80~125		HY491	600~1200
精梳机 (钳次/min)	FA251E	175~200		EJK211	500~1200
	FA266	200~350	细纱机 (r/min)	FA506	12000~18000
	FA269	200~400		FA507	10000~17000
	F1268A	200~400		FA541	14000~18000
	CJ25	175~230		EIM128K	10000~18000
	CJ40	200~350		EJM138JL	12500~25000

机器名称及机型		工艺设计速度	机器名称及机型	工艺设计速度
转杯纺纱机 （r/min）	FA611A	35000 ~ 60000	FA703B	250 ~ 350
	FA601A	30000 ~ 50000	FA705A	200 ~ 500
	F1603	30000 ~ 75000	并纱机 （m/min） FA706	346 ~ 600
	SN – 120	31000 ~ 60000	FA708	200 ~ 450
	SN – 160	31000 ~ 60000	EJP412	650
络筒机 （m/min）	GA012	350 ~ 400	FA762	5000 ~ 11000
	GA013	575 ~ 750	FA763	4000 ~ 9000
	GA015	398 ~ 800	倍捻机 （r/min） YF1701A	4500 ~ 11000
	No. 7 – Ⅱ	400 ~ 2000	EJP834	7000 ~ 11000
	ESPERO	400 ~ 1600	摇纱机 （r/min） FA801	260 ~ 365
	ORION	400 ~ 2200	FA801A	277 ~ 364
	AUTOCONER338	300 ~ 2000	打包机 （kg/h） FA901	200 ~ 250kg/h
	EJP438	300 ~ 1800	A752	1000 ~ 1200kg/h

五、生产涤/棉(65/35)J13tex×2 经线的工艺参数计算举例

(一)生产涤/棉线的有关参数选择及计算值

生产涤/棉(65/35)J13tex×2 经线有关数据的计算见表 1 – 4 – 19。

表 1 – 4 – 19　生产涤/棉(65/35)J13tex×2 经线有关数据的计算

计算顺序	工艺流程	并合数	线密度选定(tex)	牵伸倍数选定
9	涤 FA141	1	390000	
8	涤 FA221C	1	3500	$\dfrac{390000}{3500}=111.4$
7	涤 FA327	8	$Tt=\dfrac{0.65\times2\times(1+0.4\%)}{0.35\times4\times(1+8.5\%)}\times3500$ $=4073$	$\dfrac{3500\times8}{3007}=9.3$
2	纯棉 FA141	1	380000	
3	纯棉 FA211B	1	3800	$\dfrac{380000}{3800}=100$
4	纯棉 FA327	8	3500	$\dfrac{3800\times8}{3500}=8.7$
5	纯棉 FA356	24	58000	$\dfrac{3500\times24}{58000}=1.4$
6	纯棉 FA266	4	3500	$\dfrac{58000\times8}{3500}=132.6$
10	混 FA327	6	3000	$\dfrac{3007\times4+3500\times2}{3000}=6.3$

续表

计算顺序	工艺流程	并合数	线密度选定（tex）	牵伸倍数选定
11	混 FA327	6	3000	$\dfrac{3000\times6}{3000}=6$
12	混 FA327	6	3000	$\dfrac{3000\times6}{3000}=6$
13	混 FA458A	1	420	$\dfrac{3000}{420}=7.1$
1	混 FA506	1	13	$\dfrac{420}{13}=32.3$
14	混 ESPERO	1	13	
15	混 FA705A	2	13×2	
16	混 FA762	2	13×2	

（二）捻系数和捻度、锭速和前罗拉速度的选择及计算

精梳涤/棉（65/35）J13tex×2 经线的计算数据见表1-4-20。

表1-4-20　精梳涤/棉（65/35）J13tex×2 经线的计算数据

工序	捻系数 α_t	捻度计算（捻/10cm）	锭速（r/min）	前罗拉速度 n（r/min）
粗纱工序 FA458A	65	$\dfrac{65}{\sqrt{420}}=3.17$	650	$\dfrac{650\times1000}{10\times3.17\times3.14\times28}=233$
细纱工序 FA506	371	$\dfrac{371}{\sqrt{13}}=102.9$	15000	$\dfrac{15000\times1000}{10\times105.4\times3.14\times25(1-2.61\%)}=186$
捻线工序 FA762	$371\times1.21=450$	$\dfrac{450}{\sqrt{13\times2}}=88.2$	9000	$\dfrac{9000\times1000}{10\times88.2\times3.14\times45}=72$

捻系数和捻度、锭速和前罗拉速度的选择及计算见表1-4-20。选样锭速前，先按式（1-4-10）计算其锭速作为参考依据。则：

$$n_0=\frac{G\times T_t\times1000\times10}{60\times Tt\times Z_t\times Y_t\times k}=\frac{38\times102\times1000\times10}{60\times13\times3.199\times1.04\times0.96}=15559(\text{r/min})$$

式中：$Z_t=3.199$；$Y_t=1\times1.02\times1.02=1.04$；$T_t=102$ 捻/10cm；$k=0.96$。

现选择锭速为15000r/min，并列入表1-4-20中。

任务实施

对规定产品进行纺纱工艺参数选择与计算。

思考练习

1. 写出常见纱线品种的纺纱工艺流程。

2. 开清棉流程组合的要求有哪些？写出纯棉、棉型化纤、中长化纤的开清棉工艺流程。

3. 股线捻系数的选择应考虑哪些因素？

4. 说明棉型织物中平布、府绸、麻纱、泡泡纱、劳动布的风格特征。

5. 已知涤纶预并条 A 与精梳棉条 B 的干重混比 T/C 为 55/45，涤条 4 根、精梳棉条 4 根，求涤预并条线密度 Tt_T 与精梳棉条线密度 Tt_c 之间的混比关系。

 知识拓展

1. 粗纱捻系数的选择应考虑哪些因素？

2. 细纱捻系数的选择应考虑哪些因素？

3. 折合单产。

任务二　纺纱生产设备的配台计算

 学习目标

1. 掌握机台配备的计算方法。

2. 掌握纱锭分配的方法。

3. 掌握设备配备表的填写。

 任务描述

1. 在纺纱的工艺流程和工艺参数确定后，纺纱机器配备计算包括各工序的理论单产计算、定额单产计算和时间效率，以及三者的关系。

2. 细纱总产量的计算。

3. 消耗率的选择及计算，由细纱总产量与消耗率计算各工序的总产量。

4. 由各工序总产量和定额单产计算定额配备机器台数。

5. 掌握计划停台率的概率，计算实际配备机器台数。

6. 掌握纱锭分配的方法。

 相关知识

一、纺纱机器配备计算

确定半成品的线密度、并合数、牵伸倍数、捻系数和主要机件的速度等工艺参数后，可根据设计任务或实际情况，按产品方案和规模，结合下述因素计算机器的配备数量。

（一）理论生产量

理论生产量（G_L）：指单位时间内机器的连续生产量。

1. 清棉机 单打手成卷机的理论生产量按下式计算：

$$G_L = \frac{60\pi \times d \times n \times Tt}{1000 \times 1000 \times 1000}[kg/(台 \cdot h)] \qquad (1-4-11)$$

式中：d——棉卷罗拉直径，mm；

n——棉卷罗拉转速，r/min。

棉纺工艺采用清梳联后，清棉机的产量可不计算。

2. 梳棉机 梳棉机的理论生产量按下式计算：

$$G_L = \frac{60 \times \pi \times d \times n \times E \times Tt}{1000 \times 1000 \times 1000}[kg/(台 \cdot h)] \qquad (1-4-12)$$

式中：Tt——生条线密度，tex；

d——道夫直径，mm；

E——道夫与圈条器之间的紧张牵伸倍数；

n——道夫转速，r/min。

3. 并条机 并条机的理论生产量按下式计算：

$$G_L = \frac{60 \times \pi \times d \times n \times E \times Tt}{1000 \times 1000 \times 1000}[kg/(眼 \cdot h)] \qquad (1-4-13)$$

式中：Tt——条线密度，tex；

d——前罗拉直径，mm；

n——前罗拉转速，r/min；

E——前紧张牵伸倍数，一般可不予计算。

或
$$G_L = \frac{60 \times v \times E \times Tt}{1000 \times 1000}[kg/(眼 \cdot h)] \qquad (1-4-14)$$

式中：v——前罗拉线速度，m/min。

4. 条卷机、并卷机、条并卷机 条卷机、并卷机、条并卷机的理论生产量按下式计算：

$$G_L = \frac{60 \times \pi \times d \times n \times Tt}{1000 \times 1000 \times 1000}[kg/(台 \cdot h)] \qquad (1-4-15)$$

式中：Tt——条并卷的线密度，tex；

d——条并卷罗拉直径，mm；

n——罗拉转速，r/min。

或
$$G_L = \frac{60 \times v \times Tt}{1000 \times 1000}[kg/(台 \cdot h)] \qquad (1-4-16)$$

式中：v——条并卷罗拉线速度，m/min。

5. 精梳机 精梳机的理论生产量按下式计算：

$$G_L = \frac{60 \times l \times g \times n \times a \times (1-c)}{1000 \times 1000}[kg/(台 \cdot h)] \qquad (1-4-17)$$

式中：l——条并卷喂给长度，mm；

g——条并卷每米重量，g；

n——精梳机锡林转速，钳次/min；

a——每台眼数；

c——精梳落棉率。

或
$$G_L = \frac{60 \times l \times g \times n \times a \times (1-c) \times Tt}{1000 \times 1000 \times 1000}[kg/(台 \cdot h)] \qquad (1-4-18)$$

式中:Tt——条并卷机线密度,tex。

6. 粗纱机 粗纱机的理论生产量按下式计算:

$$G_L = \frac{60 \times \pi \times d \times n \times E \times Tt}{1000 \times 1000 \times 1000} [\mathrm{kg/(锭 \cdot h)}] \tag{1-4-19}$$

式中:Tt——粗纱线密度,tex;

d——前罗拉直径,mm;

n——前罗拉转速,r/min;

E——粗纱伸长率,%。一般不予考虑。

或

$$G_L = \frac{60 \times n_0 \times Tt}{10 \times T_{tex} \times 1000 \times 1000} [\mathrm{kg/(锭 \cdot h)}] \tag{1-4-20}$$

式中:T_{tex}——粗纱捻度,捻/10cm;

n_0——粗纱锭子转速,r/min。

7. 细纱机及倍捻机 细纱机及倍捻机的理论生产量按下式计算:

$$G_L = \frac{60 \times \pi \times d \times n \times (1 \pm s) \times Tt}{1000 \times 1000 \times 1000} [\mathrm{kg/(锭 \cdot h)}] \tag{1-4-21}$$

式中:Tt——细线或捻线线密度,tex;

d——前罗拉直径,mm;

n——前罗拉转速,r/min;

s——捻缩率或捻伸率,拉缩率用$(1+s)$,捻伸率用$(1-s)$。

倍捻机的捻缩率或捻伸率可不予考虑。

或

$$G_L = \frac{60 \times n_0 \times Tt}{10 \times T_{tex} \times 1000 \times 1000} [\mathrm{kg/(锭 \cdot h)}] \tag{1-4-22}$$

式中:n_0——锭子转速(倍捻机×2),r/min;

T_{tex}——捻度,捻/10cm。

8. 络筒机 络筒机的理论生产量按下式计算:

$$G_L = \frac{60 \times v \times Tt}{1000 \times 1000} [\mathrm{kg/(锭 \cdot h)}] \tag{1-4-23}$$

式中:Tt——络筒纱(或线)线密度,tex;

v——络筒机线速度,m/min。

9. 并纱机 并纱机的理论生产量按下式计算:

$$G_L = \frac{60 \times v \times C \times Tt}{1000 \times 1000} [\mathrm{kg/(锭 \cdot h)}] \tag{1-4-24}$$

式中:Tt——单纱线密度,tex;

v——并纱机线速度,m/min;

C——并合根数。

10. 摇纱机 摇纱机的理论生产量按下式计算:

$$G_L = \frac{60 \times n \times l \times Tt}{1000 \times 1000} [\mathrm{kg/(锭 \cdot h)}] \tag{1-4-25}$$

式中:Tt——细纱线密度,tex;

n——纱框转速,r/min;

l——纱框周长,m。

11. 转杯纺机 转杯纺纱机的理论生产量按下式计算:

$$G_L = \frac{60 \times v_r \times Tt}{1000 \times 1000}[kg/(头 \cdot h)] \tag{1-4-26}$$

$$v_r = \frac{n \times \sqrt{Tt}}{\alpha_t \times 10}(m/min) \tag{1-4-27}$$

式中:v_t——引纱罗拉线速度,m/min;

　　Tt——转杯纺纱的线密度,tex;

　　n——纺纱杯转速,r/min;

　　α_t——转杯纺炒的捻系数。

12. 打包机

(1)小包机的理论产量 $G_L = 275 \sim 288kg/h$。

(2)中包机的理论产量 $G_L = 1200kg/h$ 及以上。

(二)时间效率与计划停台率

1. 时间效率 机器的时间效率(K)表示在一定生产时间内,机器的实际运转时间(T_g)与理论运转时间(T_L)比值的百分率。

$$K = \frac{T_g}{T_L} \times 100\% \tag{1-4-28}$$

机器的时间效率(K)也等于在一定生产时间内,机器的定额生产量(q)与理论生产量(G_L)比值的百分率。

$$K = \frac{q}{G_L} \times 100\% \tag{1-4-29}$$

时间效率由于机器在运转过程中,需要落纱、接头、布置工作地及工人自然需要等造成停车,使实际运转时间少于理论运转时间,因此,实际产量少于理论产量,实际产量可通过测定或由实际生产资料统计而获得。

机器的自动化程度较高时,时间效率较高。机器速度较高,而自动化程度较低时,时间效率将大大降低。机器的卷装较大时,时间效率较高。工人操作熟练、劳动组织完善时,时间效率较高。落纱、络筒次数较少时,时间效率较高。机器的时间效率,可以通过技术实测,或根据经验统计资料,见表1-4-21,选用平均先进水平。

表1-4-21 各工序机器的时间效率(%)和计划停台率(%)

机器名称	时间效率K(%)	计划停台率A(%)
单打手成卷机	82~87	10~12
梳棉机	85~90	5~7
并条机	75~82	4~6
条并卷机	70~80	3~5
精梳机	85~90	5~7
粗纱机	70~80	4~6
细纱机	经纱:91~98 纬纱:90~97	3~4
自动络筒机	85~95	4~6

机器名称	时间效率 K (%)	计划停台率 A (%)
并纱机	85~95	4~6
倍捻机	92~98	3~4
摇纱机	40~60	1
转杯纺细纱机	94~97	4~6

2. 计划停台率　计划停台率 A 是大小修理、部分保全及揩车等一系列预防性的计划修理所造成的停机时间与大修理周期内理论运转时间的比值的百分率。

纺工场各工序的时间效率和计划停台率可见表 1-4-21。

(三)定额生产量

机器的定额生产量(q)是考虑了机器的时间效率(K)后,在一定理论运转时间内的产量。因此,定额生产量必小于理论生产量(G_L),它们之间的关系为:

$$q = G_L \times K \qquad (1-4-30)$$

(四)细纱总生产量

纺织联合厂和单纺厂计算某细纱(或捻线)总生产量的方法略有不同,现分述如下。

1. 纺织联合厂　工厂自用细纱(或捻线)的总生产量 Q_i(kg/h)来自织工场经纱、纬纱(或经线、纬线)的总用纱(成用线)量。

纺织联合厂中售纱总生产量的计算方法与单纺厂相同。

2. 单纺厂　某种细纱单位时间内的总生产量 Q_i(kg/h)可用下式来计算。

$$Q_i = q_i \times m_i \times (1-A) \qquad (1-4-31)$$

式中:q_i——某品种细纱的额定生产量,kg/(锭·h);

m_i——某品种细纱的纱锭数;

A——细纱机的计划停台率,%。

(五)各工序总生产量和消耗率

1. 各工序总生产量

由消耗率的概念,各工序半成品的总生产量(即需要量)G_i

G_i 的计算式:

$$G_i = Q \times S_i \qquad (1-4-32)$$

式中:Q——细纱总生产量,kg/h;

S_i——某工序消耗率。

2. 消耗率　某车间产量相对细纱产量的百分率。

$$某车间消耗率\ S_i = 本工序在制品产量/细纱生产量 \times 100\%$$

3. 消耗率的选择　消耗率的数值通常是个经验数据。其值见表 1-4-22 及表 1-4-23。

纤维条混合时,应根据经验与统计资料选用两种纤维的消耗率见表 1-4-23,然后计算混并前的消耗率,即为选用的消耗率。

应先将两种纤维 A 和 B 的干重混比折算成公定回潮率(W)时的混比。折算方法如下:

干重混比:

$$\frac{a}{b} = \frac{n_a \times g_a}{n_b \times g_b} \qquad (1-4-33)$$

公定回潮率时的混比：

$$\frac{n_a \times g'_a}{n_b \times g'_b} = \frac{a(1 + W_a)}{b(1 + W_b)} \tag{1-4-34}$$

再折成重量百分比后，便是两种纤维条 A、B 在公定回潮率时的重量混纺比，简称公定重量混纺比。

公定重量混纺比公式如下：

$$\frac{K_a}{K_b} = \frac{n_a \times g'_a}{n_b \times g'_b} = \frac{\dfrac{a(1 + W_a)}{a(1 + W_a) + b(1 + W_b)}}{\dfrac{b(1 + W_b)}{a(1 + W_a) + b(1 + W_b)}} \tag{1-4-35}$$

式中：a、n_a、g_a、g'_a、W_a 分别为纤维条 A 的干重混比、混合根数、干定量、公定回潮率时的定量、公定回潮率；b、n_b、g_b、g'_b、W_b 分别为纤维条 B 的干重混比、混合根数、干定量、公定回潮率时的定量、公定回潮率；K_a、K_b 纤维条 A、B 公定回潮率时重量混纺比。

表 1-4-22　各类纱线的消耗率 S_i(%)

| 工序 | 普梳棉纱线 | 精梳棉纱线 | 中长涤黏(65/35)混纺纱 | | C/V(50/50)混纺纱 |
			纤维包混合	纤维条混合	
清棉	110	128~137	107	涤：107×0.6227=66.63 黏：107×0.3773=40.37	109
梳棉	103	123~130	106	涤：106×0.6227=66.01 黏：106×0.3773=39.99	103
预并		122~129			
条并卷		120~128			
精梳		103~104			
头道并条	102	102~103	104	104	102
二道并条	102		104	104	102
粗纱	101.5	101.5~102	103	103	101.5
细纱	100	100	100	100	100
络筒	99.9	99.9	99.9	99.9	99.9
并纱	99.85	99.8	99.8	99.8	
捻线	99.8	99.7	99.7	99.7	99.7
络筒	99.75	99.65	99.6	99.6	99.6
摇纱	纱99.7，线99.4	纱99.6，线99.5	99.5	99.5	99.5

注　其中 0.6227 与 03773 由式(1-4-35)计算得出。

表 1-4-23　涤棉混纺纱的消耗率

| 工序 | 计算消耗率(%) | |
	涤 S'_i	棉 S_i
混棉	111.0	138.5
清棉	109.2	134.2

工序	计算消耗率(%)	
	涤 S_i'	棉 S_i
梳棉	104.5	124.8
预并	103.8	124.3
条并卷		123.6
精梳		103.8
混并	102.4	102.4
粗纱	101.9	101.9
细纱	100	100

最后将已选定的 A、B 两种纤维的消耗率(S_{ia}、S_{ib}),各乘以公定回潮率时重量混比(K_a,K_b)即为 A、B 两种纤维在混并前各工序半成品的消耗率 S_{ia}'、S_{ib}'。

$$S_{ia}' = S_{ia} \times K_a$$
$$S_{ib}' = S_{ib} \times K_b$$

例如:A 为涤纶条,B 为精梳棉条,A、B 纤维的干重混比 0.65:0.35,折算成公定回潮率(W)时的混比:

$$\frac{n_a \times g_a'}{n_b \times g_b'} = \frac{0.65 \times (1 + 0.4\%)}{0.35 \times (1 + 8.5\%)} = \frac{0.6526}{0.3797}$$

再折算成公定重量混纺比:

$$\frac{K_a}{K_b} = \frac{n_a \times g_a'}{n_b \times g_b'} = \frac{\dfrac{0.6526}{0.6526 + 0.3797}}{\dfrac{0.3797}{0.6526 + 0.3797}} = \frac{0.632}{0.368}$$

故 $K_a = 0.632$;$K_b = 0.368$。

各类纤维的 K_a、K_b 值见表 1 – 4 – 24。

表 1 – 4 – 24　各类纤维混纺纱的公定重量混纺比 K_a/K_b 值

干重比	涤/棉 65/35	涤/棉 50/50	涤/棉 45/55	涤/棉 35/65	黏/棉 70/30	黏/棉 50/50
K_a/K_b	63.22/36.78	48.06/51.94	43.09/56.91	33.25/66.75	70.85/29.15	48.99/51.01
干重比	维/棉 50/50	维/棉 33/67	腈/棉 50/50	锦/棉 70/30	涤/棉 40/60	丙/棉 50/50
K_a/K_b	50.82/49.18	32.28/67.72	51.54/48.46	69.20/30.80	38.15/61.85	52.04/47.96
干重比	涤/黏 65/35	涤/黏 55/45	涤/腈 65/35	涤/腈 60/40	涤/腈 50/50	涤/棉/锦 50/33/17
K_a/K_b	62.27/37.73	52.07/47.93	64.64/35.36	59.64/40.36	49.60/50.40	48.38/34.50/17.12

假如精梳涤棉(65/35)J13tex × 2 混纺纱、线的细纱总生产量为 142.26kg/h,各工序消耗率选自表 1 – 4 – 25 中,则各工序总生产量(G_i)的值见表 1 – 4 – 26。

表1-4-25　精梳涤棉(65/35)混纺纱、线的消耗率(%)

工序	涤 S_i	棉 S_i
清棉	$109.2 \times 0.632 = 69.1$	$134.2 \times 0.368 = 49.4$
梳棉	$104.5 \times 0.632 = 66.0$	$124.8 \times 0.368 = 45.9$
预并	$103.8 \times 0.632 = 65.6$	$124.3 \times 0.368 = 45.7$
条并卷		$123.6 \times 0.368 = 45.5$
精梳		$103.8 \times 0.368 = 38.2$
头道混并	102.4	
二道混并	102.4	
三道混并	102.4	
粗纱	101.9	
细纱	100	
络筒	99.9	
并纱	99.8	
捻线	99.7	
络筒	99.6	
摇纱	99.5	

　　纤维条混合时,两种纤维混并前各工序半成品总生产量的计算,将已选定的A、B两种纤维的消耗率(S_{ia},S_{ib}),各乘上公定回潮率时公定重量混纺比(K_a,K_b),即为A、B两种纤维在混并前各工序半成品的消耗率,再各乘上混纺纱的细纱总生产量Q,便得到A、B两种纤维在混比前各工序半制品的总生产量(G_iA,G_iB)。

$$G_{iA} = Q \times S_{ia} \times K_a \qquad (1-4-36)$$
$$G_{iB} = Q \times S_{ib} \times K_b \qquad (1-4-37)$$

式中:G_{iA}、G_{iB}——A、B纤维在混并前某工序半成品的总生产量,kg/h;

　　　　Q——A、B纤维混纺纱的细纱总生产量,kg/h;

　　　　S_{ia}、K_a——A纤维的消耗率、公定回潮率时重量混纺比;

　　　　S_{ib}、K_b——B纤维的消耗率、公定回潮率时重量混纺比。

表1-4-26　精梳涤棉(65/35)12tex×2混纺纱、线各工序产量

工序	涤纶 G_i(kg/h)	棉 G_i(kg/h)
清棉	$142.26 \times 1.092 \times 0.632 = 98.180$	$142.26 \times 1.342 \times 0.368 = 70.256$
梳棉	$142.26 \times 1.045 \times 0.632 = 93.954$	$142.26 \times 1.248 \times 0.368 = 65.335$
预并	$142.26 \times 1.038 \times 0.632 = 93.325$	$142.26 \times 1.243 \times 0.368 = 65.073$
条并卷		$142.26 \times 1.236 \times 0.368 = 64.707$
精梳		$142.26 \times 1.038 \times 0.368 = 54.341$
头道混并条	$142.26 \times 1.024 = 145.67$	
二道混并条	$142.26 \times 1.024 = 145.67$	
三道混并条	$142.26 \times 1.024 = 145.67$	

工序	涤纶 $G_i(kg/h)$	棉 $G_i(kg/h)$
粗纱	$142.26 \times 1.019 = 144.96$	
细纱	142.26	
络筒	$142.26 \times 0.999 = 142.12$	
并纱	$142.26 \times 0.998 = 141.98$	
捻线	$142.26 \times 0.997 = 141.83$	
络筒	$142.26 \times 0.996 = 141.69$	
摇纱	$142.26 \times 0.995 = 141.55$	

（六）定额、计算和配备机器台数

1. 定额机器数量(M_d)

$$M_d = \frac{G}{q} \tag{1-4-38}$$

式中：G——某工序半成品总生产量，kg/h；

q——某工序设备的额定产量，kg/台。

若计算细纱机的定额机器数量(M_d)时，应以细纱总生产量 Q 值代替式（1-4-38）中的 G 值。

2. 计算机器数量(M_i)

$$M_i = \frac{M_d}{1+A} \tag{1-4-39}$$

式中：A——机器计划停台率，有关数据见表 1-4-21。

3. 配备机器数量 M　配备机器数量是将计算机器的数量化成整机台数。设计方案中实际采用的机器数叫作配备机器数量。由于把机台数化为整机台数或因车间排列布局的需要，配备机器数量常较计算机器数量略大一些。

二、纱锭分配

确定各种纱前纺后纺配台数量，首先要确定细纱机的配备锭数，可行性研究报告中除给定各种纱的经纱、纬纱配备锭数外，一般需经过一定的计算过程，才能获得各种纱经纱和纬纱的锭数，现将常见的几种形式举例如下。

（一）各种纱的配备锭数计算

可行性研究报告中给定的细纱总配备锭数为 M，各种纱所占细纱总产量的百分率 m_1，m_2，$\cdots$，m_n。则各种纱的配备锭数 m_1，m_2，$\cdots$，m_n 可按下法求出。

首先，求出生产各种纱细纱机的定额产量，例如 q_1，q_2，$\cdots$，$q_n[kg/(锭 \cdot h)]$，另设各种纱每小时的总产量为 $Q[kg/(锭 \cdot h)]$，细纱机的计划停台率为 A，则：

$$Q = (q_1 M_1 + q_2 M_2 + \cdots + q_n M_n) \times (1-A) \tag{1-4-40}$$

但

$$Q \times m_1 = q_1 M_1 \times (1-A) \tag{1-4-41}$$

所以

$$M_1 = \frac{Q \times m_1}{q_1(1-A)} \tag{1-4-42}$$

同理

$$M_n = \frac{Q \times m_n}{q_n(1-A)} \tag{1-4-43}$$

由于细纱机的配备锭数 $M = M_1 + M_2 + \cdots + M_n$

所以

$$M = \frac{Q}{1-A}\left(\frac{m_1}{q_1} + \cdots + \frac{m_n}{q_n}\right)$$

求得

$$Q = \frac{M(1-A)}{\dfrac{m_1}{q_1} + \cdots + \dfrac{m_n}{q_n}} \tag{1-4-44}$$

将 Q 值再代入 $m_1, m_2, \cdots, m_n$ 式就可求出各种纱的配备锭数。

(二)织物所配备的细纱锭数计算

可行性研究报告中给出几种织物的各自的年总产量[m],若每种织物需要的经纱与纬纱都由纺工场供应,则每种织物所配备的细纱锭数 M_T 及 M_W 可按下法求得。

先将一种织物全年产量[m/年]折算成织物每小时总产量 P[m/h],然后按织物规格计算每米织物经纱和纬纱的用纱量 J 及 $W(g/m)$。根据选定的细纱机转速等工艺参数,求出细纱机经纱、纬纱定额生产量 g_T 及 g_W[g/(锭·h)],最后将上述各参数代入式(1-4-45)及式(1-4-46)即得经纱和纬纱所需的纱锭 M_T 及 M_W。

$$M_T = \frac{P \cdot J}{q_T(1-A)} \tag{1-4-45}$$

$$M_W = \frac{P \cdot W}{q_W(1-A)} \tag{1-4-46}$$

一种织物的总配备锭数 M:

$$M = M_T + M_W \tag{1-4-47}$$

式中:A——细纱机的计划停台率,%。

把几种织物所需的经纬纱的锭数相加即为自用纱的纱锭数。由于针织、线带等行业都要买售纱进行生产,故棉纺织厂的供纱量总是大于自己织厂的要纱量,在这种情况下,纺纱卖售纱的纱锭就可以生产市场需要的某品种的细纱。

(三)织物各纱线的配备锭数的计算

已知细纱总纱锭 M,分别有几种织物和几种售纱,已知织物的布机台数或者年总产量,求各种纱线的配备锭数。

1. 由细纱机锭速求出经纬纱的定额产量 q_j 和 q_w

2. 计算每小时织物的经(纬)纱用纱量 G_j 和 G_w

(1)根据织物规格技术每米织物经纱(纬纱)用纱量 J 及 $W(g/m)$。

$$每米织物经纱用纱量(J) = \frac{总经根数 \times 纱线特数 \times (1+加放率)}{1000 \times (1-经纱缩率)(1+经纱伸长率)(1-经纱回丝率)} \tag{1-4-48}$$

$$每米织物纬纱用纱量(W) = \frac{总经根数 \times 纱线特数 \times (1+加放率)}{1000 \times (1-纬纱缩率)(1+纬纱伸长率)(1-纬纱回丝率)} \tag{1-4-49}$$

(2)求织物总产量 $P(m/h)$。

织物总产量 = 织机台数 × (1-织机计划停台率) × 织机定额产量

(3)求各品种的织物每小时用纱量(kg/h)。

$$织物的每小时经纱用纱量 P_j = \frac{织物总产量(m/h) \times 每米织物经纱用纱量 J}{1000} \tag{1-4-50}$$

$$每小时织物的纬纱用纱量 P_w = \frac{织物总产量(m/h) \times 每米织物经纱用纱量 J}{1000} \tag{1-4-51}$$

3. 求织物用纱的经纬纱配备锭数 M_T、M_W

$$M_T = \frac{P_J}{g_T(1-\eta)} \qquad\qquad (1-4-52)$$

$$M_W = \frac{P_W}{g_W(1-\eta)} \qquad\qquad (1-4-53)$$

4. 剩余纱锭纺售纱 计算方法同(一)。

 **任务实施**

对规定产品进行纺纱机器配台计算。

思考练习

1. 什么叫时间效率和计划停台率？影响因素有哪些？
2. 什么叫消耗率？应如何选择计算？
3. 涤纶和黏胶混纺，设干重混比为 65/35(涤/黏)，求折算成公定回潮率时的混比。

知识拓展

1. 分各种情况进行纱锭分配。
2. 时间效率的计算。
3. 工作日、工作时间的计算。

任务三 纺纱生产管理及相关计算

 **学习目标**

1. 掌握用料量的计算方法。
2. 掌握落棉率、制成率、消耗率的关系及计算。
3. 掌握细纱总产量的计算。
4. 掌握牵伸分配的方法

任务描述

1. 纺纱工艺流程长，将纤维纺制成纱线需要经过一系列工序。如果一个工序生产脱节就会影响整个生产的正常进行，甚至会影响产成计划的完成，因此，保证各工作间生产供应的平衡，做好生产调度工作是非常重要的。生产调度时，需先计算出细纱总产量；然后选择机器牵伸倍数、半制品线密度等工艺参数，计算单机产量和各工序半制品产量，最后确定所需机台数量。

2. 计算用料量和制成率。

3. 计算细纱总产量。

 **相关知识**

一、细纱总产量的确定

纺纱工序平衡生产供应,是以细纱车间为中心,算出细纱生产量,再向两头(即前纺各车间和筒摇成捻车间)平衡。因为细纱车间直接决定纺纱工厂生产能力,所以,前纺各车间的生产须满足细纱生产的要求,后加工车间(筒、并、捻、摇、成)的生产要满足细纱用途及其加工的要求。

细纱生产量取决于市场需求量和纺织厂的生产规模(细纱总锭数)。纺织联合厂应根据自用纱量和售纱量核算细纱生产量。

平衡生产供应要分品种进行核算,所计算的细纱生产量常指的是一小时的生产量。所以,应根据客户指定的纱线品种、总纱量和交货时间,算出细纱车间每小时所需品种的细纱生产量。

例1 某纺织厂在某月接到一订单,要求生产29tex棉纱755820kg,交货期为一个月。如该月共开工76班,每班生产7.5h,试计算细纱每小时生产量。

$$29\text{tex 棉纱每小时产量} = \frac{755820}{76 \times 7.5} = 1326(\text{kg/h})$$

纺织厂挖掘潜力,平衡供应而根据产量定额和设备机台数计算细纱生产量时,可运用式(1-4-27)进行计算。

例2 某纺织厂共有10万纱锭,其中有12台细纱机(每台420锭)纺制精梳涤/棉(65/35)13tex纱,设细纱机的时间效率为97.5%,13tex纱的定额产量为0.01126[kg/(锭·h)],试计算每小时细纱产量。

$$涤/棉(65/35)13\text{tex 纱的细纱产量} = 12 \times 420 \times 97.5\% \times 0.01126 = 55.33(\text{kg/h})$$

二、用料量和制成率

原料占成纱成本的85%左右,故必须合理选配原料,以降低生产成本,提高经济效益,在新厂设计中,除了合理选配原料之外,还需对各种纱的原料需用量、供应情况以及正常储备量等做好计算和准备。

(一)用料量

用料量分混用料量和净用料量。

1. 混用料量 用料量中除了原料之外,还包括回花和再用棉等的用料量。

2. 净用料量 不包括回花和再用棉等的用料量。

回花包括回条、棉网、胶辊花和粗纱头等。一般同一线密度的回花回用量不超过5%,以避免增加棉结和短绒。中特纱和细特纱回花回用量为2.5%~4%。

再用棉包括抄斩花、精梳落棉、统破籽、车肚落棉等,一般降级配入粗特纱的混料中,或经处理后打包出厂。

(二)用料量计算

已知各类纱的细纱总生产量Q(kg/h或kg/年),然后按下列各式计算小时(或年)的混用料量、小时(或年)的净用料量、件扯混用料量及件批净用料量。

1. 纯棉纺

$$混用棉总量 = \frac{细纱总生产量}{细纱累计制成率}[kg/h(年)] \tag{1-4-54}$$

或

$$混用棉总量 = 细纱总生产量 \times 混棉消耗率[kg/h(年)] \tag{1-4-55}$$

或

$$混用棉总量 = \frac{细纱总生产量}{1 - 累计回花率 - 累计下脚率 - 累计风耗率}[kg/h(年)] \tag{1-4-56}$$

$$净用棉总量 = 混用棉总量 \times (1 - 累计回花率 - 累计再用棉率) \tag{1-4-57}$$

$$件扯混用棉量 = \frac{100}{细纱累计制成率}(kg/件) \tag{1-4-58}$$

$$件扯净用棉量 = \frac{100 \times (1 - 累计回花率 - 累计再用棉率)}{细纱累计制成率}(kg/件) \tag{1-4-59}$$

$$细纱累计制成率 = 细纱制成率 \times 粗纱累计制成率 \times 100\% \tag{1-4-60}$$

2. 不同纤维类型纤维条的混纺

$$混用料总量 = \frac{Q_{xh}}{Z_{xh}} \tag{1-4-61}$$

式中:Q_{xh}——混纺细纱总生产量,$kg/h(年)$;

Z_{xh}——混纺细纱累计混合制成率,%。

$$Z_{xh} = \frac{Z_{ax} \times Z_{bx}}{K_a \times Z_{bx} + K_b \times Z_{ax}} \times 100\% \tag{1-4-62}$$

式中:Z_{ax}、Z_{bx}——A纤维、B纤维的细纱累计制成率,%;

K_a、K_b——A纤维、B纤维公定回潮率时的重量混纺比,其计算见式(1-4-35)。

故

$$A纤维混用料量 = K_a \times 混用料总量[kg/h(年)] \tag{1-4-63}$$

$$B纤维混用料量 = K_b \times 混用料总量[kg/h(年)] \tag{1-4-64}$$

$$A纤维净用料量 = A纤维混用料量 \times (1 - A纤维累计回化率)[kg/h(年)] \tag{1-4-65}$$

$$B纤维净用料量 = B纤维混用料量 \times (1 - B纤维累计回化率)[kg/h(年)] \tag{1-4-66}$$

$$件扯混用料总量 = \frac{100}{Z_{xh}}(kg/件) \tag{1-4-67}$$

式中:Z_{xh}——混纺细纱累计混合制成率,%。

其中

$$A纤维件扯混用料量 = K_a \times 件扯混用料总量(kg/件) \tag{1-4-68}$$

$$B纤维件扯混用料量 = K_b \times 件扯混用料总量(kg/件) \tag{1-4-69}$$

$$A纤维件扯净用料量 = A纤维件扯混用料量 \times (1 - A纤维累计回花率)(kg/件) \tag{1-4-70}$$

$$B纤维件扯净用料量 = B纤维件扯混用料量 \times (1 - B纤维累计回花率)(kg/件) \tag{1-4-71}$$

(三)落棉率与制成率

生产过程中,必然要产生回花、落棉、回丝、风耗等落物,因此,计算耗用原料量时,必须考虑各工序半成品和成品的落物率,计算其制成率和累计制成率及消耗率。现将纯棉中特纱各工序落棉率 A_i 和累计落棉率 P_i 的一般水平列于表 1-4-27 中。再将这些工序中的 A_i 和 P_i 的小计值,运用下列各公式计算制成率 B_i、累计制成率 Z_i 及消耗率 S_i,并汇集于表 1-4-28 中。

表1-4-27 普梳纯棉中特纱落棉率和累计落棉率

工序	落棉名称	本工序落棉率 A_i(%)	累计落棉率 P_i(%)	工序	落棉名称	本工序落棉率 A_i(%)	累计落棉率 P_i(%)
清棉	破籽	2.20	2.20	细纱	粗纱头	0.06	0.05
	地弄	0.80	0.80		皮辊花	0.79	0.70
	风耗	0.30	0.30		其他	0.56	0.50
	小计	3.30	3.30		风耗	0.06	0.05
梳棉	回条	2.28	2.20		小计	1.47	1.30
	车肚	1.97	1.90	络筒或并纱	回丝	0.05	0.04
	抄斩	2.18	2.10		油花	0.06	0.06
	其他	0.26	0.25		小计	0.11	0.10
	风耗	0.16	0.15	捻线	回丝	0.06	0.05
	小计	6.85	6.60		油花	0.06	0.05
并条	回条	0.45	0.40		小计	0.12	0.10
	其他	0.11	0.10	摇纱	回丝	0.01	0.01
	风耗	0.06	0.06		油花	0.03	0.03
	小计	0.62	0.56		小计	0.62	0.56
粗纱	粗纱头	0.22	0.20	至细纱止累计	回花率	3.85	
	其他	0.22	0.20		下脚率	8.05	
	风耗	0.06	0.05		风耗率	0.61	
	小计	0.5	0.45		成纱率	87.49	

注 落棉率(A_i)的计算运用式(1-4-72);累计落棉率(P_i)的计算运用式(1-4-73)。

$$本工序落棉率 A_i = \frac{本工序落棉量}{喂入原棉重量} \times 100\% \tag{1-4-72}$$

$$本工序累计落棉率 P_i = \frac{本工序落棉率 \times 上工序制成量}{混用原料量} \times 100\%$$

$$= 本工序落棉率 A_i \times 上工序累计制成率 Z_{i-1} \tag{1-4-73}$$

$$本工序制成率 B_i = 100 - A_i \tag{1-4-74}$$

$$本工序累计制成率 Z_i = \frac{本工序制成量}{混用原料量} \times 100\%$$

$$= 本工序制成率 B_i \times 上工序累计制成率 Z_{i-1} \tag{1-4-75}$$

$$本工序消耗率 S_i = \frac{本工序在制品产量}{细纱生产量} \times 100\% \tag{1-4-76}$$

$$或 \quad 本工序消耗率 S_i = \frac{Z_i}{Z_x} \times 100\% \tag{1-4-77}$$

式中:Z_i——本工序累计制成率;

Z_x——细纱累计制成率。

表1-4-28 普梳纯棉中特纱落棉率、制成率、消耗率及其累计量

工序	本工序		累计		消耗率 S_i(%)	
	落棉率 A_i(%)	制成率 B_i(%)	落棉率 P_i(%)	制成率 Z_i(%)	计算	选用
混棉		100		100	114.3	114.3
清棉	3.30	96.70	3.30	96.70	110.2	110
梳棉	6.85	93.15	6.60	89.80	102.6	103
并条	0.62	99.38	0.56	89.24	102.0	102
粗纱	0.50	99.50	0.45	88.79	101.5	101.5
细纱	1.47	98.53	1.30	87.49	100	100
络筒,并纱	0.11	99.89	0.10	87.39	99.9;99.85	99.9;99.85
捻线	0.12	99.88	0.10	87.29	99.8	99.8
摇纱	0.04	99.96	0.04	87.25	99.7	99.7
方法提示	A_i选自生产厂,见表4-3-1中各工序落棉率的小计值	$B_i=100-A_i$	$P_i=A_i \times Z_i-1$ 或 $P_i=Z_i-1-Z_i$	$Z_i=Z_i-1 \times B_i$	$S_i=\dfrac{Z_t}{Z_x} \times 100\%$ 其中,Z_x为细纱累计制成率	

涤棉(65/35)混纺纱各工序落物率、制成率、各工序落物率 A_i,和累计落物率 P_i 的一般水平的值见表1-4-29,其制成率 B_i 和累计制成率 Z_i 及消耗率 S_i,汇集于表1-4-30中。

表1-4-29 涤棉混纺细特纱落物(棉)率和累计落物率

工序	落棉名称	本工序落物(棉)率 A_i(%)		累计落物(棉)率 P_i(%)		工序	落棉名称	本工序落物(棉)率 A_i(%)		累计落物(棉)率 P_i(%)	
		涤	棉	涤	棉			涤	棉	涤	棉
清棉	破籽	0.15	1.70	0.15	1.70	精梳	回条		0.78		0.70
	地弄	0.50	0.80	0.50	0.80		落棉		15.13		13.50
	风耗	0.05	0.30	0.05	0.30		其他		0.07		0.06
	小计	0.70	2.80	0.70	2.80		风耗		0.05		0.04
梳棉	车肚	0.50	1.96	0.50	1.90		小计		16.03		14.30
	抄斩	0.66	2.16	0.65	2.10	混并	回条	1.07	1.07	1.00	0.80
	其他	0.10	0.21	0.10	0.20		其他	0.18	0.18	0.17	0.13
	风耗	0.05	0.16	0.05	0.15		风耗	0.09	0.09	0.08	0.07
	小计	1.31	4.49	1.30	4.35		小计	1.34	1.34	1.25	1.00
预并	回条	0.53	0.22	0.50	0.20	粗纱	粗纱头	0.33	0.33	0.30	0.24
	其他	0.07	0.08	0.07	0.07		其他	0.16	0.17	0.15	0.13
	风耗	0.03	0.03	0.03	0.03		风耗	0.05	0.05	0.05	0.04
	小计	0.63	0.33	0.60	0.30		小计	0.54	0.55	0.50	0.41
条并卷	回卷		0.44		0.40	细纱	粗纱头	0.22	0.22	0.20	0.16
	其他		0.07		0.06		胶辊花	1.09	1.09	1.00	0.80
	风耗		0.05		0.04		其他	0.49	0.49	0.45	0.36
	小计		0.56		0.50		风耗	0.05	0.05	0.05	0.04
							小计	1.85	1.85	1.70	1.36

表 1-4-30　涤棉混纺纱落物(棉)率、制成率、消耗率及其累计值

工序	本工序落物率(%) 涤 A'_i	本工序落物率(%) 棉 A_i	累计制成率(%) 涤 B'_i	累计制成率(%) 棉 B_i	累计制成率(%) 涤 Z'_i	累计制成率(%) 棉 Z_i	累计落物率(%) 涤 P'_i	累计落物率(%) 棉 P_i	计算消耗率(%) 涤 S'_i	计算消耗率(%) 棉 S_i	选用消耗率(%) 涤 S'_i	选用消耗率(%) 棉 S_i	选用消耗率(%) 涤棉混纺
混棉			100	100	100	100			111.0	138.5	70.2	51.0	121.2
清棉	1.60	3.10	98.40	96.92	98.40	96.90	1.60	3.10	109.2	134.2	69.1	49.4	118.5
梳棉	4.36	7.07	95.64	92.93	94.11	90.05	4.29	6.85	104.5	124.8	66.0	45.9	111.9
预并	0.63	0.33	99.37	99.67	93.52	89.75	0.59	0.30	103.8	124.3	65.6	45.7	111.3
条并卷		0.56		99.44		89.25		0.50		123.6		45.5	111.1
精梳		16.0		83.97		74.94		14.31		103.8		38.2	103.8
混并	1.34	1.34	98.66	98.66	92.27	73.94	1.25	1.00	102.4	102.4			102.4
粗纱	0.54	0.54	99.46	99.46	91.77	73.54	0.50	0.40	101.9	101.9			101.9
细纱	1.85	1.85	98.15	98.15	90.07	72.18	1.70	1.36	100	100			100
合计					90.07	72.18	9.93	27.82					

方法提示：

A_i、A'_i 选自生产厂，见表 1-4-29 中小计的数值

$B_i = 100 - A_i$
$B'_i = 100 - A'_i$

$Z_i = Z_{i-1} \times B_i$
$Z'_i = Z'_{i-1} \times B'_i$

$P_i = Z_{i-1} - Z_i$
$P'_i = Z'_{i-1} - Z'_i$
或
$P_i = Z_{i-1} \times A_i$
$P'_i = Z'_{i-1} \times A'_i$

$S_i = \dfrac{Z_i}{Z_x} \times 100\%$
$S'_i = \dfrac{Z'_i}{Z_x} \times 100\%$
Z_x 为细纱累计制成率

$S_i = S_i \times 0.368$
$S'_i = S'_i \times 0.632$
涤/棉干重混比 65/35

（四）涤棉（65/35）混纺纱用料量举例

已知 J13tex 涤棉（65/35）混纺细纱总产量为 142.26kg/h，涤回花率 3.9%、棉回花率 3.5%，求涤和棉混用料量、净用料量及件扯用料量。

首先查表 1-4-30 取得涤纶和纯棉的细纱累计制成率：$Z_t = 90.07\%$，$Z_c = 72.18\%$。根据式（1-4-35）或查表 1-4-24 取得 $K_t : K_c = 0.632 : 0.368$。则混合制成率：

$$Z_{xh} = \frac{Z_t \times Z_c}{K_t \times Z_c + K_c \times Z_t} \times 100\% = \frac{0.9007 \times 0.7218}{0.632 \times 0.7218 + 0.368 \times 0.9007} \times 100\% = 82.54\%$$

式中：Z_t、Z_c——分别为涤纶、纯棉的细纱累计制成率；

K_t、K_c——分别为涤纶、纯棉公定回潮率时的重量混纺比。

涤棉混纺纱年总产量：

$$Q_{xh} = 142.26\text{kg/h} \times \frac{7875}{1000} = 1120.3 t/\text{年}$$

混用料总量 $= \dfrac{Q_{xh}}{Z_{xh}} = \dfrac{1120.3}{0.8254} = 1357.3 t/\text{年}$

涤混用量 $= K_t \times$ 混用料总量 $= 0.632 \times 1357.3 = 857.81 (t/\text{年})$

棉混用量 $= K_c \times$ 混用料总量 $= 0.368 \times 1357.3 = 499.49 (t/\text{年})$

涤净用量 $=$ 涤混用量 $\times (1-$涤纤累计回花率$) = 857.81 \times (1-0.039) = 824.36 (t/\text{年})$

棉净用量 $=$ 棉混用量 $\times (1-$棉纤累计回花率$) = 499.49 \times (1-0.035) = 482.0 (t/\text{年})$

件扯混用料总量 $= \dfrac{100}{Z_{xh}} = \dfrac{100}{0.8254} = 121.15 (\text{kg/件})$

件扯涤混用量 $= K_t \times$ 件扯混用料总 $= 0.632 \times 121.15 = 76.567 (\text{kg/件})$

件扯棉混用量 $= K_c \times$ 件扯混用料总 $= 0.368 \times 121.15 = 44.583 (\text{kg/件})$

件扯涤净用 $=$ 件扯涤混用 $\times (1-$涤纤累计回花率$) = 76.567 \times (1-0.039) = 73.581 (\text{kg/件})$

吨扯涤净用量 $=$ 件扯涤净用 $\times 10 = 73.581 \times 10 = 735.81 (\text{kg})$

件扯棉净用量 $=$ 件扯棉混用量 $\times (1-$棉纤累计回花率$) = 44.583 \times (1-0.035) = 43.023 (\text{kg/件})$

吨扯棉净用量 $=$ 件扯棉净用量 $\times 10 = 43.023 \times 10 = 430.23 (\text{kg/})$

现将上述计算结果汇集于表 1-4-31 中。

表 1-4-31 J13tex 涤/棉（65/35）用料量

线密度（tex）	设备数量		细纱总产量		混用料量（t/年）		净用料量（kg/件）		净用料量（kg/件）	
	台数	锭数	kg/h	t/年	涤	棉	涤	棉	涤	棉
13	31	13020	142.26	1120.3	857.81	499.49	73.581	40.023	735.81	430.23

三、各工序生产供应的平衡

平衡生产供应的方法，是将各车间的喂入量和生产量进行核算和平衡，上一车间的生产量即为下一车间的喂入量。但要注意，各车间除了生产产品外，同时产生一定数量的回花和下脚料，这些回花和下脚料在计算生产供应时必须予以考虑。如两个细纱车间生产相同数量的细纱，若产生的回花和下脚料有所不同，那么两个细纱车间粗纱的喂入量也就不同。

回花和下脚料的多少，随原棉品质、纺纱线密度、温湿度、机械设备、纺纱断头率和工人操作水平等不同而不同。纺纱厂各车间回花、下脚料的类别及其数量。

纤维原料有一定的吸湿性能,在加工过程中,纤维将随本身所含水分及周围环境温湿度的情况而吸湿或散湿。但各工序的回潮率并不恒定,所以,计算各车间的生产量和喂入量时,还要考虑原棉、半制品和成纱的回潮率。以纺棉为例,为了正确地进行平衡,如使用线密度制,应折合成公定回潮率8.5%时的生产量。

纺纱生产供应的平衡是以细纱车间为中心,向前后各车间逐次平衡,具体方法如下。

平衡细纱以前各车间生产供应,可用下式核算:

$$G_i = P_i(1 + W) = P_{i-1} \qquad (1-4-78)$$

式中:G_i——本车间喂入量;

P_i——本车间生产量;

P_{i-1}——上车间生产量;

W——本车间回花下脚率。

平衡细纱以后各车间生产供应,可应用下式核算:

$$P_i = \frac{P_{i-1}}{1 + W}$$

$$P_{i-1} = G_i \qquad (1-4-79)$$

例3 细纱车间纺29tex纯棉纱,每小时的生产量1326kg,细纱车间的回花下脚率共为1.47%,试计算细纱车间粗纱喂入量(或粗纱生产量)。

根据式(1-4-78),则:

细纱车间粗纱喂入量 = 1326 × (1 + 1.47%) = 1345.5(kg)

例4 细纱车间纺制29tex纯棉纱,每小时生产量为1326kg,全部加工纺制双股线,络筒、并纱工序的总下脚率为0.11%,试计算筒并车间的生产量。

根据式(1-4-79),则:

筒并车间生产量 = $\frac{1326}{1 + 0.11\%}$ = 1324.5%

纺制29tex × 2纯棉股线,细纱车间每小时生产量为1326kg,各车间的回花下脚率见表1-4-28,应用式(1-4-78)、式(1-4-79)进行计算,得出各工序生产量及喂入量,计算资料见表1-4-32。

表1-4-32 29tex×2纯棉股线各工序的生产量和喂入量

工序	各工序机器每小时生产量(kg)	各工序机器每小时喂入量(kg)
捻线工序	$\frac{1325}{1 + 0.12\%}$ = 1323	等于筒并工序产量 1325
筒并工序	$\frac{1326}{1 + 0.11\%}$ = 1325	等于细纱工序产量 1326
细纱工序	1326	等于粗纱工序产量 1346
粗纱工序	1326 × (1 + 1.47%) = 1346	等于并条工序产量 1352
并条工序	1346 × (1 + 0.5%) = 1352	等于梳棉工序产量 1360
梳棉工序	1352 × (1 + 0.62%) = 1360	等于清棉工序产量 1453
清棉工序	1360 × (1 + 6.85%) = 1453	等于喂入原料总量 1505
原棉	1453 × (1 + 3.6%) = 1505	

四、纺纱总牵伸倍数的分配和半制品线密度的计算

(一)牵伸倍数分配计算

纺纱工程各机的牵伸倍数恰当与否不仅影响产品质量和纺纱成本,同时直接影响各机的定额产量和设备机台数的多少。所以,要计算出总牵伸倍数,并将之进行合理分配。

计算纺纱总牵伸倍数,必须知道下列几个条件:细纱线密度;棉卷线密度;各机喂入并合根数;梳棉机、精梳机的落棉率。以粗梳纺纱系统为例,牵伸倍数计算、分配具体步骤如下。

(1)根据棉卷线密度、拟纺细纱线密度、梳棉机落棉率及各机喂入并合根数,算出需要的总牵伸倍数。

$$总牵伸倍数\ E' = \frac{棉卷线密度 \times 头道并条并合根数 \times 二道并条并合根数}{细纱线密度} \times (1 - 梳棉机落棉率) \quad (1-4-80)$$

(2)自梳棉机起,按各机的牵伸能力和工艺要求配置各机的牵伸倍数,算出假定的总牵伸倍数。

$$假定总牵伸倍数\ E = E_1 \times E_2 \times E_3 \times E_4 \times E_5 \quad (1-4-81)$$

式中:E_1——梳棉机的牵伸倍数;

E_2——头道并条机的牵伸倍数;

E_3——二道并条机的牵伸倍数;

E_4——粗纱机的牵伸倍数;

E_5——细纱机的牵伸倍数。

(3)算出需要的总牵伸倍数和假定的总牵伸倍数的差异率 ε,即:

$$\varepsilon = \frac{E}{E'} \times 100\% \quad (1-4-82)$$

(4)根据差异率,调整假定的总牵伸倍数中某一机器的牵伸倍数,使新假定的总牵伸倍数符合需要。

$$某机调机调整后的牵伸\ E_i' = \frac{E_i}{\varepsilon} \quad (1-4-83)$$

式中:E_i——某机原假定的牵伸倍数;

E_i'——某机新假定的牵伸倍数;

ε——假定的和需要的总牵伸倍数的差异率。

例5 纺制 29tex 纯棉纱,棉卷线密度为 410000tex,梳棉机的落棉率为 5%,经过二道并条,并条机的并合根数均为 8 根,各机牵伸倍数初定:梳棉机 100 倍、并条机 8 倍、粗纱机 6 倍、细纱机 23 倍,总牵伸是否符合需要? 如果不符合要求,假设调整粗纱机牵伸倍数,应调整为多少?

$$需要的总牵伸总数 = \frac{410000 \times 8 \times 8}{29} \times (1-5\%) = 859586.2$$

$$假定的总牵伸倍数 = 100 \times 8 \times 8 \times 6 \times 23 = 883200$$

$$假定和需要的总牵伸倍数异率 = \frac{859586.2}{883200} \times 100\% = 97.3\%$$

$$粗纱机的调整牵伸倍数 = \frac{6}{0.973} = 6.165$$

故符合总牵伸倍数需要的各机牵伸倍数为:

$$总牵伸倍数 = 100 \times 8 \times 8 \times 6.165 \times 23$$

即： 梳棉机 100 倍
头道并条 8 倍
二道并条 8 倍
粗纱机 6.165 倍
细纱机 23 倍

(二)各工序制品线密度的计算方法

根据细纱或棉卷的线密度和各机的牵伸倍数,按式(1-4-1)即能求得各工序半制品的线密度。

例6 纺制29tex纯棉纱,各机的牵伸倍数和各工序半制品的线密度见表1-4-33。

表1-4-33 9tex纯棉纱的半制品线密度

机器	牵伸倍数	各工序半制品线密度	
细纱机	24	细纱	29
粗纱机	6.2	粗纱	$29 \times 24 = 696$
二道并条机	8.2	熟条	$696 \times 6.2 = 4315$
头道并条机	8	头道并条	$4315 \times 8.2 \div 8 = 4423$
梳棉机	102	梳棉条	$4423 \times 8 \div 8 = 4423$
清棉机	—	棉卷	$4423 \times 102 = 451154$

五、棉纺工场主要技术经济指标

新厂投资后,加强企业经济核算,是衡量设计方案是否经济合理的重要依据,也是新厂投资后加强企业经济核算,建立和健全各项管理制度,发展生产,增加积累的基础。企业的各项技术经济指标能为各级领导机关了解情况、决定政策、指导工作、制订和检查项目建设计划和生产发展计划提供重要依据。

影响企业各项经济指标的因素很多。企业之间,地区之间,往往只能做到大体上可比,不可能做到绝对可比。只有结合实际情况,全面分析研究,才能正确地判断指标的高低。

1. 生产规模 纺织厂规模一般以纺纱锭数和线锭数及织机台数表示。

2. 产品品种 纯棉及混纺、纯化纤所纺纱的线密度、线的线密度及其用途、织物品种和规格。

3. 年总产量 根据开工班数、年工作日数,按产品品种列表,计算每小时产量(kg)及年总产量(t)。开工班次每日按三班计,每班7.5h,年工作日数如三班三运转按302个工作日计。如四班三运转,年工作日按306个工作日计。

4. 平均线密度 这是反映一个企业技术水平的指标。

$$平均线密度\ Tt = \frac{\sum_{i=1}^{i=n}(G_i \times N_n)}{\sum_{i=1}^{i=n} G_i}$$

式中:G_i——某种纱的总产量,t;

N_n——某种纱的线密度，tex；

$\sum\limits_{i=1}^{i=n} G_i$——各种纱总产量之和，t。

5. 年耗用原料量及废料、下脚量　根据开工班次、年工作日数，按纱线品种、产量、制成率、落棉率等因素计算原料耗用量及废料、下脚量（kg 或 t）。

6. 各工序工人数　根据看管定额、劳动定额及各类人员的百分率，确定生产和非生产人员的人数。

　**任务实施**

对规定产品计算细纱总产量及分配合适的牵伸倍数。

　**思考练习**

1. 如何进行各工序车间生产供应平衡？
2. 如何确定纺纱总牵伸倍数？怎样根据牵伸倍数计算半制品的线密度？

　**知识拓展**

合理分配各工序的牵伸倍数。

项目五　纺部纱线的工艺设计与计算举例

 **学习目标**

- 学会工艺流程的选择。
- 学会纺纱工艺参数的选择。
- 学会纺纱机器配备计算方法。
- 学会制订纺纱设备配备表。

 **重点难点**

- 纺纱工艺参数选择。
- 纺纱机器配备计算。

 **学习要领**

- 熟练掌握纺纱工艺参数的选择并学会掌握如何进行纺纱机器配备计算。
- 能熟练设计纺纱设备配台表等。

 **教学手段**

案例教学法、项目教学法。

任务一　纺纱工艺和设备配备计算实例

 **学习目标**

掌握某一实际产品的纺纱工艺设计与设备配备计算的方法。

 **任务描述**

1. 针对实际产品的纺纱工艺流程和工艺参数确定后,纺纱机器配备计算包括各工序的理论单产计算、定额单产计算和时间效率,以及三者的关系。

2. 消耗率的计算,由细纱总产量与消耗率计算各工序的总产量。

3. 由各工序总产量和定额单产计算定额配备机器台数。

 相关知识

一、产品方案及规模

产品方案及规模见表1-5-1和表1-5-2。

表1-5-1 纺纱产品种类和用途

序号	产品种类	用途
1	J13×J13tex 涤/棉(65/35)纱 (自用)	供织厂288台 GA615-135cm 织机; 119.5×J13×J13×433×299 涤/棉细布
2	J14.5×J14.5tex 纯棉纱 (自用)	供织厂288台 GA615-135cm 织机119.5×J14.5×J14.5×523.5×283 纯棉府绸
3	36tex 纯棉绞纱(售纱)	供被单用纱

表1-5-2 细纱机配备台数及原料用量

序号	产品种类	细纱机配备台数	每小时总产量(kg/h)	年产量(t)	原料混用量 (kg/h)	原料混用量 (t/年)	产品比例(%)
1	涤/棉 J13T	15	64.24	436.5	涤:81.63	554.7	10
2	涤/棉 J13W	10	42.40	288.1	棉:47.53	323.0	6.6
3	纯棉 J14.5T	18	94.56	642.5	196.7	1336.6	14.7
4	纯棉 J14.5W	9	46.20	313.9			7.2
5	36	20	395.8	2689	452.4	3074.0	61.5
6	总计	72	643.2	4370.5	涤:81.63 棉:696.63	554.7 4733.6	100

注 1. 纺纱平均线密度为22.25tex。

2. 按三班三运转,扣除每月两个班的电气、空调等的检修,一年工作日为302天,年操作时间为6795h。

3. 表中"T"代表经纱,"W"代表纬纱。

二、织物用纱量计算

织物的有关规格资料见表1-5-3。

表1-5-3 涤棉及棉细布有关资料

织物组织	布幅(cm)	匹长(m)	经纬纱特数	密度(根/10cm) T	密度(根/10cm) W	缩率(%) T	缩率(%) W	伸长率(%)	加放率(%)	回丝率(%) T	回丝率(%) W	总经根数
平纹	119.5	27	T/CJ13×J13	433	299	10.5	5.2	1.0	0.9	0.3	0.6	5178
平纹	119.5	27.2	J14.5×J14.5	523.5	283	12.5	4	1.2	0.9	0.4	0.7	6252

(一)119.5,J13×J13,433×299 涤/棉 65/35 细布用纱量计算

1. 每米织物的经、纬纱用纱量

$$每米织物经纱用纱量 = \frac{总经根数 \times 纱线线密度 \times (1 + 加放率)}{1000 \times (1 - 经纱缩率)(1 + 伸长率)(1 - 经纱回丝率)}$$

$$= \frac{5178 \times 13 \times (1 + 0.9\%)}{1000 \times (1 - 10.5\%) \times (1 + 1\%) \times (1 - 0.3\%)} = 76.04(g/m)$$

$$每米织物纬纱用纱量 = \frac{纬密(根/10cm) \times 布幅(cm) \times 纱线线密度 \times (1 + 加放率)}{10 \times 1000 \times (1 - 纬纱缩率)(1 - 纬纱回丝率)}$$

$$= \frac{299 \times 119.5 \times 13 \times (1 + 0.9\%)}{10 \times 1000(1 - 5.2\%) \times (1 - 0.6\%)} = 49.74(g/m)$$

2. 织机产量计算

$$织机理论生产率 = \frac{60 \times 织机每分钟的转数}{10 \times 每10cm中的纬纱数} = \frac{60 \times 175}{10 \times 299} = 3.512[(m/(h \cdot 台)]$$

$$织机的实际生产率 = 织机理论生产率 \times 时间效率$$

$$= 3.512 \times 86\% = 3.02[m/(h \cdot 台)]$$

取计划停台率为2%,则:

$$织机的定额台数 = 织机配备台数 \times (1 - 计划停台率)$$

$$= 288 \times (1 - 2\%) = 282.2(台)$$

$$织物的总产量 = 织机的定额台数 \times 织机的实际生产率$$

$$= 288 \times 0.98 \times 3.02 = 852.4(m/h)$$

3. 每小时织物的经纬纱用纱量

$$每小时织物的经纱用纱量 = \frac{织物的总产量(m/h) \times 每米织物纬纱用纱量(g/m)}{1000}$$

$$= \frac{852.4 \times 76.04}{1000} = 64.82(kg/h)$$

$$每小时织物的纬纱用纱量 = \frac{织物的总产量(m/h) \times 每米织物纬纱用纱量(g/m)}{1000}$$

$$= \frac{852.4 \times 49.74}{1000} = 42.40(kg/h)$$

(二)119.5,J14.5×J14.5,523.5×283 纱府绸用纱量计算

1. 每米织物的经纬纱用纱量

$$每米织物经纱用纱量 = \frac{总经根数 \times 纱线线密度 \times (1 + 加放率)}{1000 \times (1 - 经纱缩率)(1 + 伸长率)(1 - 经纱回丝率)}$$

$$= \frac{6252 \times 14.5 \times (1 + 0.9\%)}{1000 \times (1 - 12.5\%) \times (1 + 1.2\%) \times (1 - 0.4\%)} = 103.71(g/m)$$

$$每米织物纬纱用纱量 = \frac{纬密 \times 布幅 \times 纱线线密度 \times (1 + 加放率)}{10 \times 1000 \times (1 - 纬纱缩率)(1 - 纬纱回丝率)}$$

$$= \frac{283 \times 119.5 \times 14.5 \times (1 + 0.9\%)}{10 \times 1000 \times (1 - 4\%) \times (1 - 0.7\%)} = 51.90(g/m)$$

2. 织机产量计算

$$机织理论生产率 = \frac{60 \times 175}{10 \times 283} = 3.71[m/(h \cdot 台)]$$

$$机织的实际生产率 = 3.71 \times 85\% = 3.15[m/(h \cdot 台)]$$

$$织物的总产量 = 288 \times (1 - 2\%) \times 3.15 = 890.18(m/h)$$

3. 每小时织物的经纬纱用纱量

$$每小时织物的经纱用纱量 = \frac{890.18 \times 103.71}{1000} = 92.32(\text{kg/h})$$

$$每小时织物的纬纱用纱量 = \frac{890.18 \times 51.9}{1000} = 46.20(\text{kg/h})$$

三、纺纱工艺流程（以 J13 × J13 涤/棉纱为例）

（1）棉：$\left.\begin{array}{l}\text{FA002 型自动抓棉机}\\\text{FA002 型自动抓棉机}\end{array}\right\}$→TC – 1→A035A 型混开棉机（A045B 型凝棉器）→FA022 – 6 型多仓混棉机→FA106 型豪猪开棉机（A045B 型凝棉器）→FA107 型豪猪开棉机（A045B 型凝棉器）→A062 型电气配棉器$\left\{\begin{array}{l}\text{FA046A 型给棉机（A045B 型凝棉器）} + \text{FA141 型单打手成卷机}\\\text{FA046A 型给棉机（A045B 型凝棉器）} + \text{FA141 型单打手成卷机}\end{array}\right.$→FA224 型梳棉机→FA322 型并条机→FA356 型条并卷机→FA266 型精梳机

（2）涤：$\left.\begin{array}{l}\text{FA002 型自动抓棉机}\\\text{FA002 型自动抓棉机}\end{array}\right\}$→TC – 1→FA113 型单轴流开棉机→FA022 – 6 型多仓混棉机 → FA106A 型开棉机（A045B 型凝棉器）→ A062 型电气配棉器 $\left\{\begin{array}{l}\text{FA046A 型给棉机（A045B 型凝棉器）→FA141 型单打手成卷机}\\\text{FA046A 型给棉机（A045B 型凝棉器）→FA141 型单打手成卷机}\end{array}\right.$→FA224 型梳棉机→FA322 型并条机

（3）$\left.\begin{array}{l}(1)\\(2)\end{array}\right\}$→FA322 型并条机→FA322 型并条机→FA322 型并条机→FA481 型粗纱机→FA510 型细纱机→ESPERO – M 型自动络筒机

四、纺纱设备配备计算（以 J13 × J13 涤/棉纱为例）

（一）工艺参数的选择与计算

1. 各工序半制品线密度的选择 根据原料的种类、性能和细纱线密度，选择的各工序半制品的线密度见表 1 – 5 – 4。

表 1 – 5 – 4　各工序半制品和细纱的线密度

设备名称	涤纶			棉					涤/棉			
	FA141 型成卷机	FA203 型梳棉机	FA322 型预并条机	FA141 型成卷机	FA203 型梳棉机	FA322 型预并条机	FA331 型条卷机	FA251A 型精梳机	FA322 型并条机	FA436 型粗纱机	FA507 型细纱机	GA015 型络筒机
线密度（tex）	400000	3700	3300	390000	3600	3200	51000	3840.5	3200	500	13	13

注　涤、棉干重混比为 65/35，所以精梳棉条线密度 = 1.1638 × 3300 = 3840.5。

2. 牵伸倍数计算

$$本工序牵伸倍数 = \frac{上工序半制品线密度 \times 本工序并合数}{本工序半制品线密度}$$

涤纶：

$$梳棉牵伸倍数 = \frac{400000}{3700} = 108.11$$

$$预并牵伸倍数 = \frac{3700 \times 8}{3300} = 8.97$$

棉：

$$梳棉牵伸倍数 = \frac{390000}{3600} = 108.33$$

$$预并牵伸倍数 = \frac{3600 \times 8}{3200} = 9$$

$$条卷牵伸倍数 = \frac{3200 \times 24}{51000} = 1.51$$

$$精梳牵伸倍数 = \frac{51000 \times 4}{3840.5} = 53.12$$

涤棉：

$$混一牵伸倍数 = \frac{3300 \times 4 + 3840.5 \times 2}{3200} = 6.53$$

$$混二牵伸倍数 = \frac{3200 \times 6}{3200} = 6$$

$$混三牵伸倍数 = \frac{3200 \times 6}{3200} = 6$$

$$粗纱牵伸倍数 = \frac{3200}{500} = 6.4$$

$$细纱牵伸倍数 = \frac{500}{13} = 38.46$$

3. 捻度计算

(1)选择粗纱和细纱的捻系数。粗纱和细纱的捻系数是根据纤维长度、纱条定量及细纱的用途等来进行选择的。粗纱捻系数选择65,细纱捻系数经纱为380、纬纱为362。

(2)计算捻度。

$$T = \frac{\alpha}{\sqrt{Tt}} \times 10 (捻/m)$$

$$粗纱捻度 = \frac{65}{\sqrt{500}} \times 10 = 29.1 (捻/m)$$

$$经纱捻度 = \frac{380}{\sqrt{13}} \times 10 = 1056 (捻/m)$$

$$纬纱捻度 = \frac{362}{\sqrt{13}} \times 10 = 1006 (捻/m)$$

4. 前罗拉速度的计算

(1)粗纱机前罗拉速度。

$$n_{前} = \frac{n_s \times 1000}{10 \times T_{tex} \times \pi d_0}$$

式中：d_0——前罗拉直径,mm;

n_s——锭子转速,r/min;

T_{tex}——捻度,捻/10cm。

当 $d_0 = 28.5$mm 时,

$$n_{前} = 11.17 \times \frac{n_s}{10 \times T_{tex}} = 11.17 \times \frac{730}{10 \times 2.91} = 280.2$$

（2）细纱机前罗拉速度。

$$n_{前} = \frac{n_s \times 1000}{10 \times T_{tex} \times \pi d_0 (1-s)}$$

式中：d_0——前罗拉直径，25mm；

　　n_s——锭子转速，r/min；

　　T_{tex}——捻度，捻/10cm。

　　s——捻缩率（捻系数为380时，$s = 2.61\%$；捻系数为362时，$s = 2.38\%$）。

经纱：　　　　$n_{前} = \dfrac{15500 \times 1000}{10 \times 105.4 \times 3.14 \times 25 \times (1-2.61\%)} = 192.36(\text{r/min})$

纬纱：　　　　$n_{前} = \dfrac{15500 \times 1000}{10 \times 105.4 \times 3.14 \times 25 \times (1-2.38\%)} = 194.96(\text{r/min})$

各工序机器速度是根据加工纤维种类、机器型号和纺纱线密度等进行选择的，详细数据见表1-5-5。

表1-5-5　各工序机器输出机件设计速度

机器名称	涤纶			棉纤					涤棉混纺			
	FA141	FA203	FA322	FA141	FA203	FA322	FA331	FA251A	FA322	FA436	FA507	GA015
转速（r/min）	12	35	—	13	41	—	—	180	—	730	15500（经）15000（纬）	607
线速度（m/min）	—	—	270	—	—	310	60	—	300	—	—	607

（二）纺纱各工序理论产量及定额产量的计算

1. 清棉机理论产量

$$清棉机理论产量 = \frac{60 \times \pi \times d \times n \times Tt}{1000 \times 1000 \times 1000}$$

涤：　　　　$\dfrac{60 \times 3.14 \times 230 \times 12 \times 400000}{1000 \times 1000 \times 1000} = 207.99[\text{kg/(h·台)}]$

棉：　　　　$\dfrac{60 \times 3.14 \times 230 \times 13 \times 390000}{1000 \times 1000 \times 1000} = 219.69[\text{kg/(h·台)}]$

时间效率取85%，则清棉机的定额生产量：

涤：　　　　$207.99 \times 85\% = 176.79[\text{kg/(h·台)}]$

棉：　　　　$219.69 \times 85\% = 186.74[\text{kg/(h·台)}]$

2. 梳棉机理论生产量

$$梳棉机理论产量 = \frac{60 \times \pi \times d \times n \times E \times Tt}{1000 \times 1000 \times 1000}$$

其中，E 为道夫与圈条器之间紧张牵伸倍数。

涤：　　　　$\dfrac{60 \times 3.14 \times 706 \times 35 \times 1.37 \times 3700}{1000 \times 1000 \times 1000} = 23.61[\text{kg/(h·台)}]$

棉：　　　　$\dfrac{60 \times 3.14 \times 706 \times 41 \times 1.5 \times 3600}{1000 \times 1000 \times 1000} = 29.46[\text{kg/(h·台)}]$

时间效率取90%，则梳棉机的定额生产量：

涤：　　　　$23.61 \times 90\% = 21.25[\text{kg/(h·台)}]$

棉: $\qquad$ $29.46 \times 90\% = 26.52[\text{kg}/(\text{h} \cdot \text{台})]$

3. 并条机理论产量

$$并条机理论产量 = \frac{60 \times v \times \text{Tt}}{1000 \times 1000}$$

式中:v——输出线速度,m/min。

(1)预并。

涤: $\qquad$ $\dfrac{60 \times 270 \times 3300}{1000 \times 1000} = 53.46[\text{kg}/(\text{h} \cdot \text{眼})]$

棉: $\qquad$ $\dfrac{60 \times 310 \times 3200}{1000 \times 1000} = 59.52[\text{kg}/(\text{h} \cdot \text{眼})]$

时间效率取80%,则预并条机的定额生产量:

涤: $\qquad$ $53.46 \times 80\% = 42.77[\text{kg}/(\text{h} \cdot \text{眼})]$

棉: $\qquad$ $59.52 \times 80\% = 47.62[\text{kg}/(\text{h} \cdot \text{眼})]$

(2)混并条。

理论生产量: $\qquad$ $\dfrac{60 \times 300 \times 3200}{1000 \times 1000} = 57.6[\text{kg}/(\text{h} \cdot \text{眼})]$

时间效率取80%,则混并条机的定额生产量:

$$57.6 \times 80\% = 46.08[\text{kg}/(\text{h} \cdot \text{眼})]$$

4. 条卷机理论产量

$$条卷机理论产量 = \frac{60 \times v \times \text{Tt}}{1000 \times 1000} = \frac{60 \times 60 \times 51000}{1000 \times 1000} = 183.6[\text{kg}/(\text{h} \cdot \text{台})]$$

式中:v——输出线速度,m/min。

时间效率取75%,则条卷机的定额产量:

$$183.6 \times 75\% = 137.7[\text{kg}/(\text{h} \cdot \text{台})]$$

5. 精梳机理论产量

$$\begin{aligned}精梳机理论产量 &= \frac{60 \times l \times g \times a \times (1 - c\%) \times \text{Tt}}{1000 \times 1000 \times 1000} \\ &= \frac{60 \times 5.6 \times 180 \times 8 \times (1 - 15\%) \times 51000}{1000 \times 1000 \times 1000} \\ &= 20.97[\text{kg}/(\text{h} \cdot \text{台})]\end{aligned}$$

式中:l——给棉长度,mm;

$\quad$ Tt——小卷线密度,tex;

$\quad n$——精梳机锡林转速,钳次/min;

$\quad a$——每台眼数;

$\quad c$——精梳落棉率,%。

时间效率取90%,则精梳机的定额生产量:

$$20.97 \times 90\% = 18.88[\text{kg}/(\text{h} \cdot \text{台})]$$

6. 粗纱机理论产量

$$\begin{aligned}粗纱机理论产量 &= \frac{60 \times n_0 \times \text{Tt}}{10 \times T_{\text{tex}} \times 1000 \times 1000} \\ &= \frac{60 \times 730 \times 500}{10 \times 2.91 \times 1000 \times 1000} \\ &= 0.75[\text{kg}/(\text{h} \cdot \text{锭})]\end{aligned}$$

时间效率取 75%，则粗纱机的定额生产量：

$$0.753 \times 75\% = 0.564 \left[\text{kg}/(\text{h} \cdot \text{锭}) \right]$$

7. 细纱机理论产量

$$细纱机理论产量 = \frac{60 \times n_0 \times \text{Tt}}{10 \times T_{\text{tex}} \times 1000 \times 1000}$$

经纱：

$$\frac{60 \times 15500 \times 13}{10 \times 105.4 \times 1000 \times 1000} = 0.01147 \left[\text{kg}/(\text{h} \cdot \text{锭}) \right]$$

纬纱：

$$\frac{60 \times 15000 \times 13}{10 \times 100.4 \times 1000 \times 1000} = 0.01165 \left[\text{kg}/(\text{h} \cdot \text{锭}) \right]$$

时间效率经纱取 97%，纬纱取 96%，则细纱机的定额生产量：

经纱：

$$0.01147 \times 97\% = 0.01113 \left[\text{kg}/(\text{h} \cdot \text{锭}) \right]$$

纬纱：

$$0.01165 \times 96\% = 0.01119 \left[\text{kg}/(\text{h} \cdot \text{锭}) \right]$$

8. 络筒机理论产量

$$络筒机理论产量 = \frac{60 \times v \times \text{Tt}}{1000 \times 1000}$$

$$= \frac{60 \times 607 \times 13}{1000 \times 1000}$$

$$= 0.47 \left[\text{kg}/(\text{h} \cdot \text{锭}) \right]$$

时间效率取 72%，则络筒机的定额生产量：

$$0.474 \times 72\% = 0.34 \left[\text{kg}/(\text{h} \cdot \text{锭}) \right]$$

(三)纺纱各工序总产量的计算

1. 消耗率和计划停台率的选择　　根据资料选取的各工序消耗率、计划停台率见表 1-5-6。

表 1-5-6　纺纱各工序消耗率及计划停台率

工序	清棉	梳棉	预并条	条卷	精梳	混并	粗纱	细纱	络筒
消耗率（%）	T69.1	T66	T65.6	45.5	38.2	102.4	101.9	100	99.9
	C49.4	C45.9	C45.7						
计划停台率（%）	10	6	5	4	6	5	5	3.5	5

2. 各工序总产量的计算

$$某工序总产量 = 细纱总产量 \times 某工序消耗率$$

已求得织物的经、纬纱总用纱量分别为 64.24kg/h 和 42.4kg/h，即经纱的细纱总产量为 64.24kg/h，纬纱的细纱总产量为 42.40kg/h。按上述公式可计算出各工序的总产量。

络筒总产量：

经纱：

$$64.24 \times 99.9\% = 64.18(\text{kg/h})$$

纬纱：

$$42.4 \times 99.9\% = 42.36(\text{kg/h})$$

细纱总产量：

$$(64.24 + 42.40) \times 101.9\% = 108.67(\text{kg/h})$$

混并总产量：

$$(64.24 + 42.40) \times 102.4\% = 109.2(\text{kg/h})$$

精梳总产量：

$$(64.24 + 42.40) \times 38.2\% = 40.74(\text{kg/h})$$

条卷总产量：

$$(64.24 + 42.40) \times 45.5\% = 48.52(\text{kg/h})$$

棉预并条总产量：$(64.24 + 42.40) \times 45.7\% = 48.73(kg/h)$

棉梳棉总产量：$(64.24 + 42.40) \times 45.9\% = 48.95(kg/h)$

棉清棉总产量：$(64.24 + 42.40) \times 49.4\% = 52.68(kg/h)$

涤预并总产量：$(64.24 + 42.40) \times 65.6\% = 69.96(kg/h)$

涤梳棉总产量：$(64.24 + 42.40) \times 66.0\% = 70.38(kg/h)$

涤清棉总产量：$(64.24 + 42.40) \times 69.1\% = 73.69(kg/h)$

(四) 纺纱各工序定额机台数计算

$$清棉机定额设备台数 = \frac{清棉工序总生产量(kg/h)}{清棉机单机定额生产量[kg/(h \cdot 台)]}$$

涤：$\dfrac{73.69}{176.89} = 0.42(台)$

棉：$\dfrac{52.68}{186.83} = 0.28(台)$

$$梳棉机定额设备台数 = \frac{梳棉工序总生产量(kg/h)}{梳棉机单机定额生产量[kg/(h \cdot 台)]}$$

涤：$\dfrac{70.38}{21.25} = 3.31(台)$

棉：$\dfrac{48.95}{26.52} = 1.84(台)$

$$预并条机定额设备眼数 = \frac{预并条总生产量(kg/h)}{每眼定额生产量[kg/(h \cdot 眼)]}$$

涤：$\dfrac{69.96}{42.77} = 1.64(眼)$

棉：$\dfrac{48.73}{47.62} = 1.02(眼)$

$$条卷机定额设备台数 = \frac{总生产量(kg/h)}{条卷机单机定额生产量[kg/(h \cdot 台)]}$$

棉：$\dfrac{48.52}{137.7} = 0.35(台)$

$$精梳机定额设备台数 = \frac{总生产量(kg/h)}{精梳机单机定额生产量[kg/(h \cdot 台)]}$$

棉：$\dfrac{40.74}{18.88} = 2.16(台)$

$$混并机定额设备眼数 = \frac{并条工序总生产量(kg/h)}{并条机每眼定额生产量[kg/(h \cdot 眼)]}$$

棉：$\dfrac{109.20}{46.08} = 2.37(眼)$

$$粗纱机定额设备锭数 = \frac{粗纱工序总生产量(kg/h)}{粗纱机每锭定额生产量[kg/(h \cdot 锭)]}$$

棉：$\dfrac{108.67}{0.564} = 192.62(锭)$

$$细纱机定额设备锭数 = \frac{细纱工序总生产量(kg/h)}{细纱机每锭定额生产量[kg/(h \cdot 锭)]}$$

经纱：$\dfrac{64.24}{0.01113} = 57773.6(锭)$

纬纱：$\dfrac{42.20}{0.01119} = 3790.0(锭)$

$$络筒机定额设备锭数 = \frac{络筒工序总生产量(kg/h)}{络筒机每锭定额生产量[kg/(h·锭)]}$$

经纱：
$$\frac{64.18}{0.341} = 188.21(锭)$$

纬纱：
$$\frac{42.36}{0.341} = 124.22(锭)$$

(五)纺纱计算设备数量的计算

$$各工序计算设备数量 = \frac{定额设备数量}{1-计划停台率}$$

(1)清棉机数量。

涤：
$$\frac{0.42}{1-10\%} = 0.47(台) \qquad 取1台$$

棉：
$$\frac{0.28}{1-10\%} = 0.31(台) \qquad 取0.5台$$

(2)梳棉机数量。

涤：
$$\frac{3.31}{1-16\%} = 3.52(台) \qquad 取4台$$

棉：
$$\frac{1.84}{1-6\%} = 1.96(台) \qquad 取2台$$

(3)预并条机数量。

涤：
$$\frac{1.64}{1-5\%} = 1.73(眼) \qquad 取2眼/1台$$

棉：
$$\frac{1.02}{1-5\%} = 1.07(眼) \qquad 取2眼/1台$$

(4)条卷机数量。

棉：
$$\frac{0.35}{1-4\%} = 0.27(台) \qquad 取1台$$

(5)精梳机数量。

棉：
$$\frac{2.16}{1-6\%} = 2.30(台) \qquad 取3台$$

(6)混并机数量。

$$\frac{2.37}{1-5\%} = 2.50(眼) \qquad 取4眼/2台$$

(7)粗纱机数量。

$$\frac{192.62}{1-5\%} = 202.76(锭) \qquad 取2台(120锭/台)$$

(8)细纱机数量。

经纱：
$$\frac{5773.6}{1-3.5\%} = 5983(锭) \qquad 取15台(420锭/台)$$

纬纱：
$$\frac{3790}{1-3.5\%} = 3927.5(锭) \qquad 取10台(420锭/台)$$

(9)络筒机数量。

经纱：
$$\frac{188.21}{1-5\%} = 198.12(锭) \qquad 取2.5台(80锭/台)$$

纬纱：
$$\frac{124.22}{1-5\%} = 130.76(锭) \qquad 取2台(80锭/台)$$

五、纺纱设备配备数量

3 万锭棉纺工场各工序设备配备数量见表 1 – 5 – 7。

表 1 – 5 – 7　各工序设备配备数量

序号	设备型号	数量	序号	设备型号	数量
1	FA002 型自动抓锦机	6	13	FA331 型条卷机	3
2	A035A 型混开棉机	2	14	FA251A 型精梳机	11
3	A006CS 型自动混棉机	1	15	FA322 型涤纶预并条机	1
4	FA022 – 6 型多仓混棉机	3	16	FA322 型涤/棉混并条机	6 台(2 套)
5	FA106 型豪猪开棉机	2	17	FA322 型精梳棉并条机	4 台(2 套)
6	FA107 型豪猪开棉机	2	18	FA322 型普梳棉并条机	8 台(4 套)
7	FA106A 型梳针辊筒开棉机	1	19	FA436 型粗纱机	10
8	FA107B 型锯齿打手开棉机	1	20	FA507 型细纱机	72
9	A092AST 型双棉箱给棉机	6	21	GA015 型络筒机	15
10	FA141 型单打手成卷机	6	22	FA801 型摇纱机	9
11	FA203 型梳棉机	26	23	FA901 型液压小包机	2
12	FA322 型精梳棉预并条机	3	24	A752 型中打包机	1

纺纱工艺设计及设备配备表举例：

T/C(65/35)J13tex 经纱及 T/C(65/35)J13tex 纬纱纺纱工艺设计及设备配备见表 1 – 5 – 8。

纯棉 36tex 售纱纺纱工艺设计及设备配备见表 1 – 5 – 9。

表1-5-8 T/C(65/35) J13tex 经纱及 T/C(65/35) J13tex 纬纱的纺纱工艺设计及机器配备表

类别	机器名称	线密度 (tex)	并合数	牵伸	捻系数	捻度 (捻/m)	锭子转速 (r/min)	输出罗拉转速 (r/min)	输出罗拉线速度 (m/min)	出卷条纱罗拉直径 (mm)	每台(锭、头、眼)理论生产量 (kg/h)	时间效率 (%)	每台(锭、头、眼)生产定额 (kg/h)	总生产量 (kg/h)	消耗率 (%)	定额机器数量	计划停机率 (%)	计算机器数量	机器合数	规格	台、锭、头、眼总数
涤	清棉	400000						12			207.99	85	176.89	73.69	69.1	0.42	10	0.47	1	1	1
	梳棉	3700	1	108.1				35			23.61	90	21.25	70.38	66.0	3.31	6	3.52	4	1	4
	预并	3300	8	8.97						270	270	53.46	80	42.77	69.32	65.0	1.62	5	1.71	1	2	2
棉	清棉	390000						15			219.69	85	186.83	52.68	49.4	0.28	10	0.31	0.5	1	0.5
	梳棉	3600	1	108.3				41		706	29.46	90	26.52	48.95	45.9	1.84	6	1.96	2	1	2
	预并	3200	8	9.0					310	60	59.52	80	47.62	48.73	45.7	1.02	5	1.08	1	2	1
	条并卷	51000	24	1.51					60	60	183.6	75	137.7	48.52	45.5	0.35	4	0.37	1	1	1
	精梳	3840.5	8	106.2				180			20.97	90	18.88	40.74	38.2	2.16	6	2.3	3	1	3
	混并一	3200	6	7.35					300	60	57.6	80	46.08	109.2	102.4	2.37	5	2.5	2	2	4
	混并二	3200	6	6					300	60	57.6	80	46.08	109.2	102.4	2.37	5	2.5	2	2	4
	混并三	3200	6	6					300	60	57.6	80	46.08	109.2	102.4	2.37	5	2.5	2	2	4
	粗纱	500	1	6.4	65	29.1	730	280.2		28	0.753	75	0.564	108.67	101.9	192.6	5	202.8	2	120	240
	细纱 经	13T	1	38.46	380	1054	15500	192.26		25	0.01147	97	0.01113	64.24	100	5773.6	3.5	5983.0	15	420	6300
	细纱 纬	13W	1	38.46	362	1004	15000	194.86			0.01165	96	0.01119	42.4	100	3790.0	3.5	3927.5	10	420	4200
	络筒 经	13T							607	82	0.474	72	0.341	64.18	99.9	188.2	5	198.2	2.5	80	200
	络筒 纬	13W							607		0.474	72	0.341	42.36	99.9	124.2	5	130.8	2	80	160

注:
1. 梳棉机张力牵伸倍数1.37。
2. 梳棉机张力牵伸倍数1.5。
3. 精梳机采用后退给棉,给棉长度5.6mm,落棉率15%。
4. 表中"T"为经纱,"W"为纬纱。

表1-5-9 纯棉36tex 售纱的纺纱工艺设计及机器配备表

机器名称	线密度(tex)	并合数	牵伸	捻系数	捻度(捻/m)	锭子转速(r/min)	输出罗拉转速(r/min)	输出罗拉线速度(m/min)	出卷条纱罗拉直径(mm)	每台(锭、头、眼)理论生产量(kg/h)	时间效率(%)	每台(锭、头、眼)生产定额(kg/h)	消耗率(%)	总生产量(kg/h)	定额机器数量	计划停机率(%)	计算机器数量	配备数量 机器台数	配备数量 规格	配备数量 台、锭、头、眼总数
清棉	460000	—	—	—	—	—	13	—	230	259.26	87	225.55	110	435.4	1.93	10	2.15	2	1	2
梳棉	4400	1	104.5	—	—	—	45	—	706	39.52	90	35.57	103	407.7	11.47	6	12.19	13	1	13
头并	4200	8	8.38	—	—	—	—	340	35	85.68	80	68.54	102	403.7	5.89	5	6.20	4	2	8
二并	4200	8	8	—	—	—	—	340	35	85.68	80	68.54	102	403.7	5.89	5	6.20	4	2	4
粗纱	750	1	5.6	98	35.8	940	298.42	—	28.5	1.1816	75	0.8862	101.5	401.8	453.4	5	477.3	4	120	480
细纱	36	1	20.83	340	56.7	13500	310.06	—	25	0.0514	95	0.04883	100	395.8	8106	3.5	8400	20	420	8400
络筒	36	—	—	—	—	—	—	708	—	1.529	70	1.0705	99.9	395.4	369.4	5	388.8	5	80	400
摇纱	36	—	—	—	—	364	364	—	1370	1.077	52	0.56	99.8	395.4	705	1	712	9	80	720
小包	—	—	—	—	—	—	—	—	—	280	89	250	—	395.0	—	—	—	2	—	—
中包	—	—	—	—	—	—	—	—	—	—	—	1000	—	395.0	—	—	—	1	—	—

注 梳棉机率牵伸倍数1.5。

任务实施

对规定产品进行纺纱工艺设计与计算。

 思考练习

1. 如何进行各工序工艺参数选择？
2. 如何进行工艺计算与机台配备计算？

 知识拓展

合理安排各产品的机器台数及看台数。

模块二　织造工艺设计与计算

根据客户所提供的织物要求,参照车间所具有的机织设备具体情况,按照工艺设计要求完成所织造织物的结构设计、规格设计、工艺设计及设备配备计算工作。对织物的结构设计、规格设计、工艺设计要按照设计的标准步骤进行。

需达到以下要求。

掌握织物的性能及其影响因素。

掌握织物的几何结构相与支持面的概念。

织物紧度与织物几何结构相的关系。

掌握织物紧度计算以及紧密率的关系。

合理设计织物规格并熟练计算。

合理选择织造工艺流程以及织造各卷装参数的设计计算。

正确选择织造各设备以及设备的配备计算。

掌握织物生产量及用纱量的平衡计算。

能设计制作织物设计工艺单。

本模块主要根据以上内容分为四个项目分别阐述。

项目一　织物结构参数设计与计算

 学习目标

- 了解织物的分类与风格特征。
- 了解织物的性能及其影响因素。
- 掌握织物几何结构的特点。
- 了解紧密织物与紧密率的概念。
- 掌握织物密度与紧度的设计方法。
- 会进行织物紧度与密度设计计算。
- 会根据织物组织选择布边。

 重点难点

- 常见棉型织物的结构特征和风格特征。
- 织物的几何结构参数。

● 织物的密度与紧度设计方法与计算。

 学习要领

● 熟练掌握织物的性能、织物结构参数、织物的几何结构相、支持面、织物厚度以及紧密织物等的相关概念。
● 能熟练进行织物密度与紧度设计计算。

 教学手段

多媒体教学法、情境教学法、案例教学法、任务引入法、实物样品展示法。

任务一　织物种类与风格特征

 学习目标

1. 了解织物的分类及特点。
2. 掌握常见棉型织物的风格特征。

 任务描述

1. 棉型织物包括白坯织物和色织物两种。
2. 白坯布是利用原色纱织造而成的织物,主要包括平布、府绸、斜纹布、哔叽、华达呢、卡其布、直贡缎与横贡缎、麻纱及绒布九类。此外还包括花式、规格变化较大的纱罗及灯芯绒、平绒、巴厘纱、羽绒布等。
3. 色织布是利用染色纱线织造而成的织物。利用织物组织的变化、色彩的配合以及花式线的运用,色织物花纹图案富有立体感,花色品种繁多,用途广泛。色织物的品种大致可以分为线呢类、色织府绸、色织泡泡纱、色织牛仔布、色织皱纱、色织绒布等。

 相关知识

一、织物种类

为了便于在工艺设计和计算中确定织物的生产工艺流程和选择适当的机器设备,常根据织物的用途和加工特点对织物进行分类。

(一)按纤维种类分类

可分为纯棉织物、混纺织物、纯化纤织物及中长纤维织物。这类织物是由相应的纤维制成的经纬纱交织而成的织物。

(二)按织物的用途分类

1. 服装用织物 用于制作各种服装,在服装中又可分为内衣和外衣织物。前者要求柔软、吸湿性透气性好,穿着舒适;外衣要求厚实、挺括、保暖性强,耐磨性好。

2. 产业用织物 根据各种技术上的特殊要求而专门织造的织物,如运输带、过滤布、绝缘布、人造革底布等。其中特种织物是指国防用织物,如降落伞、防毒布、宇航服等,这类织物均有特殊要求,对其某些力学性能要求较高。

3. 装饰用织物 窗帘、桌布、贴墙布、沙发套、床单、手帕、枕巾、家具织物等,一般要求外观美观大方。

(三)按加工特点分类

1. 本色布(坯布) 由原色纱线织成后,不经任何印染加工的织物。这类织物,一般对布面条干、外观疵点的要求比漂色布、印花布高。

2. 漂色布 坯布经退浆、煮练后再经漂白或染色的织物。这类织物的外观疵点在退浆、煮练、漂染过程中易于除去,因此,一般要求比本色布低。

3. 印花布 坯布经漂染后再印花加工而成的织物。

4. 色织布 用染色纤维纺的纱、线,染色纱或花式线所织成的织物。

5. 整理布 经树脂、电光、定形、防缩整理后的织物,这类织物均具有特定外观和性能。

二、常见棉型织物的组织结构特征

在常见的棉织物中,由于各类品种的组织结构不同,它们的布面风格和力学性能等也各不相同。现将常见本色棉织物的组织结构特征列于表2-1-1。

表2-1-1 常见本色棉织物的组织结构特征

分类名称	布面风格	织物组织	结构特征			
			总紧度(%)	经向紧度(%)	纬向紧度(%)	经纬紧度比
平布	经纬向紧度比较接近,布面平整光洁	平纹	60~80	35~60	35~60	1:1
府绸	高经密、低纬密,布面经浮点呈颗粒状	平纹	75~90	61~80	35~50	5:3
斜纹	布面呈斜纹,纹路较细	$\frac{2}{1}$斜纹	75~90	60~80	40~55	3:2
哔叽	经纬纱紧度比较接近,总紧度小于华达呢,斜纹纹路接近45°,质地柔软	$\frac{2}{2}$斜纹	纱 85以下 / 线 90以下	55~70	45~55	6:5
华达呢	高经密、低纬密,总紧度大于哔叽,小于卡其布,质地厚实而不发硬,斜纹纹路接近63°	$\frac{2}{2}$斜纹	纱 85~90 / 线 90~97	75~95	45~55	2:1

续表

分类名称	布面风格	织物组织		结构特征			
				总紧度(%)	经向紧度(%)	纬向紧度(%)	经纬紧度比
卡其布	高经密,低纬密,总紧度大于华达呢,布身硬挺厚实,单面卡其布斜纹纹路粗壮而明显	$\frac{3}{1}$斜纹	纱	85 以上	80~110	45~60	2:1
			线	90 以上			
		$\frac{2}{2}$斜纹	纱	90 以下			
			线	97 以上(10tex×2以下)			
直贡缎	高经密织物,布身厚实或柔软(羽绸),布面光滑匀整	$\frac{5}{3},\frac{5}{2}$ 经面缎纹		80 以上	65~100	45~55	3:2
横贡缎	高纬度织物,布身柔软,光滑似绸	$\frac{5}{2},\frac{5}{3}$ 纬面缎纹		80 以上	45~55	65~80	2:3
麻纱	布面呈挺直条纹路,布身爽似麻	$\frac{2}{1}$纬重平		60 以上	40~55	45~55	1:1
绒布坯	经纬纱密度差异大,纬纱捻度小,质地松软	平纹、斜纹		60~85	30~50	40~70	2:3

三、常见棉型织物的风格特征

(一)平纹类织物

1. 平布 平布是我国棉织生产中的主要产品。这类产品是平纹织物,其经纬纱的线密度及织物的经纬纱密度均比较接近,因此,其经纬向紧度比约为1:1,且平布织物的经纬向紧度均为50%左右。平布织物具有组织结构简单、质地坚固的特点。

根据纱线密度的不同,平布织物可分为细平布、中平布和粗平布。细平布的经纬纱线密度为20tex以下(27英支以上),中平布为21~32tex(28~19英支),粗平布为32tex以上(18英支以下)。

平布织物的外观,要求布面平整光洁,均匀丰满。其中细平布的布身轻薄、平滑细洁、手感柔韧,富有棉纤维的天然光泽,布面的杂质亦较少。粗平布则不然,其质地一般比较粗糙,它的优点是布身厚实,坚牢耐穿。中平布的质地及外观等,介于粗平布和细平布之间。

2. 府绸 府绸是一种低特(高支)、高密的平纹或小提花织物。其经向紧度大,为65%~80%;纬向紧度则稍低于平布,经纬向紧度的比为5:3左右。

(1)织物的基本特征。府绸为细特高密平纹织物,其细密光洁,丰满匀整,手感柔软、滑爽。优良的府绸织物具有"软、滑、爽、薄"的风格,即柔软不硬、滑而不腻、爽而不糙、轻薄如绸。它的主要特点是经向紧度大,经向紧度为65%~80%,而普通平纹织物只有55%~65%。经纬向紧度的比值为(5~6):3。由于府绸的经密比纬密大得多,因此,织物的经纱弯曲较大,纬纱比较平直;而且经组织点的浮长大于纬组织点浮长,造成织物表面具有由经纱凸起部分形成的菱形颗粒,一般称作府绸效应。

(2)织物种类。

①按其原料可分为纯棉府绸和涤棉府绸。

②按纺纱工艺不同,可分为普通府绸、半精梳府绸(经纱精梳、纬纱非精梳)、全精梳府绸。

③按纱线结构不同,可分为纱府绸(线经或线纬)、半线府绸、全线府绸。

④按组织不同,可分为普通府绸和提花府绸。

⑤按生产工艺不同,可分为白织府绸和色织府绸。白织府绸是用本色纱线织成府绸织物,而后经过或漂白、或染色、或印花加工工艺形成的别具特色的织物。白织府绸主要注重菱形颗粒的突出饱满。

3. 麦尔纱、巴厘纱

(1)织物的基本特征。麦尔纱和巴厘纱均是稀薄平纹织物,该织物穿着凉爽,为夏用面料的佳品。织物外观稀薄、透明、布孔清晰、透气性佳、手感柔软滑爽、富有弹性,具有"轻薄、透明、凉爽、柔韧"的风格。麦尔纱的经纬纱常用普梳纱,采用与一般纱相同的捻系数,线密度一般在 $10.5 \sim 14.5 \text{tex}$。巴厘纱的经纬多用精梳纱线,而且捻系数高于一般用纱。正因为用纱不同,使得麦尔纱与巴厘纱的成品性能有所区别。麦尔纱的布身稍软,其透气性、耐磨性、挺爽性及布纹清晰度不及巴厘纱。

(2)织物种类。

①按印染加工工艺不同,可分为漂白、染色、印花的麦尔纱和巴厘纱。

②按纱线结构可将巴厘纱分为精梳细特单纱巴厘纱和精梳细特股线巴厘纱。

③按原料不同可分为纯棉巴厘纱、涤棉巴厘纱。

(二)斜纹类织物

1. 织物的基本特征 斜纹织物在服用纺织品中占有较大的比重,其需求量仅次于平纹织物。

斜纹类织物的外观特征,是在织物表面具有明显的斜纹线条(俗称纹路)。斜纹织物要求纹路"匀、深、直"。所谓"匀"是指斜纹线要等距;所谓"深"是指斜纹线要凹凸分明;所谓"直"是指斜纹线条的纱线浮长要相等,且无歪斜弯曲现象。斜纹纹路的"匀"和"直"则是斜纹类织物的普遍风格。

2. 织物种类

(1)按纺纱工艺可分为梳棉纱织物、半精梳织物、全精梳织物。

(2)按纱线种类不同,可分为纱斜纹、半线斜纹、全线斜纹。

(3)按纤维原料不同,可分为纯棉斜纹布、涤棉混纺斜纹布、化纤斜纹布。

(4)按织物生产工艺可分为白织布和色织布。白织布包括斜纹布、哔叽、华达呢、卡其布,色织布包括礼服呢和劳动布。

①斜纹布。普通斜纹布一般采用2上1下斜纹组织,斜纹线条在正面较为明显,属于单面斜纹,其手感在斜纹织物中是最柔软的。这类织物在经纬线密度相同,经纬向紧度比例接近的条件下,斜线倾角约为45°。斜纹布按照使用纱线粗细的不同,分为粗斜纹和细斜纹。

②哔叽。哔叽是2上2下加强斜纹组织,正反面斜纹线条的明显程度大致相同,属于双面斜纹,哔叽经纬纱的线密度和经纬向紧度比较接近,斜纹线倾角约为45°。

③华达呢。华达呢也是 2 上 2 下加强斜纹组织,属于双面斜纹。其主要特点是经密高而纬密低,经向紧度为 90% ~ 100%,纬向紧度为 45% ~ 55%,两者之比为 2 : 1,斜纹倾角约为 63°,纹路细而深。华达呢织物的手感要比哔叽厚实,纹路明显、细致,富有光泽。

④卡其布。卡其织物的品种较多,按织物组织的不同,可分为单面卡其($\frac{3}{1}$组织)、双面卡其($\frac{2}{2}$组织)、人字卡其和缎纹卡其。双面卡其经向紧度为 100% ~ 110%,纬向紧度为 50% ~ 60%,两者之比约为 2 : 1,纹路最细、最深,织物比华达呢紧密而硬挺。

纱卡其多制作外衣、工作服等。半线卡其、全线卡其的布面比纱卡其光洁,光泽也好,可缝制各种制服。高密的双面卡其经防水工艺处理后,可制作雨衣、雨帽等。

人字卡其具有对称的人字外观,其组织为人字纹。

缎纹卡其(又称克罗丁)采有 $\frac{441}{122}$↗, $S_j = 2$ 和 $\frac{4142}{1111}$↗ $S_j = 2$ 急斜纹组织。缎纹卡其的布面纹路明显、突出而粗壮,布身厚实,手感柔软,光泽较强,富有弹性,但因经纱浮长,不耐磨,易起毛。

⑤劳动布。劳动布为粗厚的斜纹织物,经纱用色纱,纬纱用本白色或浅灰色,纱劳动布一般多采用 $\frac{3}{1}$ 斜纹组织;色线、半线劳动布常用 $\frac{2}{1}$ 斜纹组织。

哔叽、华达呢、双面卡其均采用 $\frac{2}{2}$ 斜纹组织,其区别主要在于织物的经纬向紧度不同,及经纬向紧度比的不同,见表 2 - 1 - 1。其中哔叽的经纬向紧度及经纬向紧度比均较小,因此,织物比较松软,布面的经纬纱交织点较清晰,纹路宽而平。华达呢的经向紧度及经纬向紧度比均较哔叽大,且华达呢的经向紧度较纬向紧度大 1 倍左右,因此,布身较挺括,质地厚实,不发硬,耐磨而不折裂,布面纹路的间距较小,斜纹线凸起,峰谷较明显。双面卡其的经纬向紧度,及经纬向紧度比为最大,因此,布身厚实,紧密而硬挺,纹路细密,斜纹线而较华达呢更为明显。

由此可知,这 3 种织物以双面卡其的质地最好,坚实耐穿,华达呢次之,哔叽则更次之。但有些紧度较大的双面卡其,则由于坚硬而缺乏韧性,抗折磨性较差,在外衣的领口、袖口等折缝处往往易于磨损折裂。同时由于布坯紧密,在染色过程中,染料往往不易渗入纱线内部,因此,布面容易产生磨白现象。

(三)贡缎

1. 织物的基本特征 贡缎织物是用缎纹组织织成的一种高档棉织物。贡缎织物有直贡缎(采用经面缎纹组织)和横贡缎(采用纬面缎纹组织)之分。在实际生产中,贡缎织物一般都采用五枚缎纹。

贡缎是一种缎纹组织织物,厚贡缎织物具有毛织物的外观效应,薄贡缎织物具有绸缎的外观效应。贡缎织物由于本身结构的特点(一完全组织中经纬纱的交织点少),组织紧密,质地柔软,表面平滑、匀整且有弹性,光泽较好,其优良织物应具有"光、软、滑、弹"的风格。贡缎中礼服呢又称二元六贡,其组织为五枚缎纹或变化缎纹组织,该织物的特征是:色泽乌黑、纹路陡直、布身厚实、略有毛型感。

2. 织物种类

(1)按织物组织不同,贡缎可分为经面缎纹(商业上称直贡缎)与纬面缎纹(商业上称横贡缎)。前者经密大于纬密,其经纬密度比为 3 : 2,后者纬密大于经密,其经纬密度比为 2 : 3。

(2)按纺纱工艺不同,贡缎可分为梳棉纱贡缎、半精梳纱贡缎、全精梳纱贡缎。

(3)按印染方法不同,贡缎可分为漂白贡缎、染色贡缎、印花贡缎。

由于贡缎织物是缎纹组织,在一个组织循环中,经纬纱的交织点较少,所以,既富有光泽,又质地柔软,布面精致光滑且富有弹性。经过加工整理后,这些特点就更加明显。因此,贡缎织物具有"光、软、滑、弹"的特点。

(四)麻纱

1. 织物基本特征 麻纱织物为细特低密织物,一般采用平纹变化组织——纬重平组织。由于其经纱在织物表面呈现宽窄不同的直条纹路,并具有挺爽、透气的特点,与苎麻织物的外观特征相似,因而得名"麻纱"。麻纱织物的外观别致,穿着凉爽舒适。其经纬密度比较稀疏,具有良好的透气性。一般麻纱织物具有经向紧度小于或接近纬向紧度的特点。其经向紧度为40%~50%,较一般平布低,纬向紧度在45%~55%,经纬向紧度接近1:1,其织物总紧度一般在67%~77%。

2. 织物种类

(1)按后加工工艺不同,麻纱可分为漂白麻纱、染色麻纱、印花麻纱。

(2)按组织结构不同,麻纱可分为普通麻纱、异经麻纱、柳条麻纱、变化麻纱和提花麻纱。

①普通麻纱。大多采用$\frac{1}{2}$纬重平组织织成,也有采用$\frac{1}{3}$纬重平组织的。

②异经麻纱。利用普通麻纱的组织,采用不同线密度的经纱间隔排列,为使布面条纹更清晰、更突出,通常以1根经纱和2根异特经纱间隔排列与纬纱交织。单根排列的经纱细,双根排列的经纱粗。

③柳条麻纱。柳条麻纱是具有空筘齿效应的稀疏平纹织物,其经纱采用细特精梳烧毛强捻股线,股线捻向与单纱相同(即ZZ捻)。经纱排列是每隔一定距离留有一定的空隙。这样,织物就有了由这些空隙形成的纵向条子。

④变化麻纱。采用各种变化组织,获得方格、条子、八字等各种外观的麻纱织物。变化麻纱经纱织缩率较普通麻纱为大,故纹路粗壮、突出。

⑤提花麻纱。提花麻纱是采用平纹地小提花组织的麻纱织物。布面呈有各种小花纹的外观。

(3)按原料不同,麻纱可分为纯棉麻纱、涤棉麻纱、涤麻麻纱、棉麻麻纱等。

(五)绒布

1. 织物的基本特征 绒布的布面具有由纤维形成的绒毛,布身柔软、松厚,有良好的保暖性、吸湿性。优良的绒面应该绒毛短而密,手感柔软、舒适。绒布一般用于冬季内衣,也可用于青少年、儿童的外衣。

2. 绒毛的形成 布面的绒毛是在起绒工艺中获得的,是用拉绒机械的起毛钢丝将纬纱的部分纤维勾出后形成的。

3. 织物种类

(1)按织物组织分。绒布可分为平纹绒、哔叽绒、斜纹绒、提花绒、凹凸绒等。

(2)按拉绒方法分。绒布可分为双面绒、单面绒。

(3)按厚度分。绒布可分为厚绒与薄绒。厚绒纬纱的线密度在58tex以上,纬密适当的织物,适宜做冬季衬衣用。薄绒纬纱的线密度在58tex以下,适宜做睡衣、内衣等。

（4）按生产工艺分。绒布可分为白织绒和色织绒。

（六）灯芯绒

1. 织物的基本特征　灯芯绒一般为纬起毛组织，经割绒工序后，织物表面具有清晰、圆润的经向绒条，灯芯绒织物美观、大方、厚实、保暖、手感柔软、光泽柔和，由于织物具有地组织与绒组织两部分，服用时与外界摩擦的大都是绒毛部分，地组织很少触及，所以，使用寿命和耐磨性较一般棉织物显著提高。灯芯绒一般用于制作春、秋、冬季大众化的衣服、鞋、帽，尤其适于制作儿童服装。

2. 织物种类

（1）按地组织不同可分为平纹地组织灯芯绒、斜纹地组织灯芯绒以及纬重平地组织灯芯绒等。

（2）按印染加工工艺不同，可分为印花灯芯绒和染色灯芯绒。

（3）按生产工艺不同，可分为白织灯芯绒和色织灯芯绒。

（4）按使用纱线不同，可分为全纱灯芯绒、半线灯芯绒和全线灯芯绒。

（5）按绒条宽狭不同可分为特细条、细条、中条、粗条、宽条灯芯绒。特细条灯芯绒一般是指 2.5cm 中有 19～21 条绒条；细条灯芯绒一般是指 2.5cm 中有 16～18 条绒条；中条灯芯绒是指 2.5cm 中有 9～11 条绒条，粗条灯芯绒是指 2.5cm 中有 6～8 条绒条；宽条灯芯绒是指 2.5cm 中的绒条数少于 6 条。此外，还有采用粗、细不同条型的混合，称作间隔条。

（七）羽绸

1. 织物的基本特征　羽绸是专做滑雪衣、登山服、羽绒被等御寒制品的。它与府绸织物一样，也是细特高密平纹织物，但它的纬密比府绸纬密高。因此，羽绸织物的紧度大、质地坚牢、透气量小、布面光洁匀整、手感柔滑。

2. 织物种类

（1）按印染加工工艺不同可分为漂白羽绸、染色羽绸、印花羽绸。

（2）按原料不同可分为纯棉羽绸、涤棉羽绸。

（3）按纺纱工艺不同可分为精梳羽绸、半精梳羽绸。

 任务实施

对所展示的布样进行分类并说明其风格特征。

 思考练习

1. 白坯织物常见品种有几类？
2. 说明棉型织物中平布、府绸、麻纱、泡泡纱、劳动布的风格特征。

 **知识拓展**

平布与府绸的区别与联系。

1. 平布　平布是我国传统的大众产品。其中又可根据纱线线密度（tex）的不同而分为粗平布、中平布、细平布、特细布或细纺布四类。其分类范围见表2-1-2。

表2-1-2　棉平布的分类范围

纱线线密度	粗平布	中平布	细平布	特细布或细纺
tex (英支)	32 以上 (18 以下)	31~20 (19~29)	19~9.5 (30~60)	9.5 以下 (60 以上)

(1)结构特点。多数棉平布的经纬纱线密度相等(如表2-1-3中的116#、140#平布等)或经纱略细于纬纱(如表2-1-3中的156#平布等),但也有经纱略粗于纬纱的(如表2-1-3中的180#细平布等)。多数棉平布的经纬向紧度均在45%~60%,比值接近于1,结构相约为5,属同支持面织物。

表2-1-3　几种棉平布的主要规格与结构特征

棉布名称 及编号	经纬线密度 tex(英支)	经纬纱密度 (根/10cm)	经向紧度 (%)	纬向紧度 (%)	经纬向 紧度比	总紧度 (%)
粗平布 116#	32×32 (18×18)	236×228	49.40	47.72	1.04	73.55
中平布 140#	29×29 (20×20)	236×236	47.02	47.02	1	71.94
中平布 156#	25×28 (23×21)	254×248	46.99	48.55	0.97	72.73
细平布 180#	19×16 (30×36)	283×271.5	45.64	40.18	1.13	67.87
特细布	7×6 (80×100)	590.5×633.5	57.81	57.41	1.01	82.03

(2)风格特征。棉平布的风格是布面平整光洁,均匀丰满,手感柔软,布边平直。其中粗、中、细各类平布又有各自的独特风格,以适应不同用途的要求。

2. 府绸　这也是一类应用广泛的平纹织物。

(1)结构特点。经纬纱均用细特纱,通常细度相等或经纱略细于纬纱,也有经纱略粗于纬纱的。经向紧度为60%~80%,纬向紧度为30%~50%。经、纬向紧度的比值约为5∶3~2∶1。结构相约为7。经向紧密率在85%~100%,可以说是一种经向紧密织物。纬向紧密率较小,在65%~85%,故织物仍较柔软。纬纱捻度略大于经纱捻度,纬纱刚度大而密度小,使经浮点突出于织物表面并受挤压变形而形成菱形颗粒。各颗粒间又呈整齐的菱形排列。

(2)风格特征。府绸是一种细特高经密平纹织物,具有丝绸风格。织物表面具有经浮点形成的均匀整齐、清晰丰满的菱形颗粒。府绸织物一般均经丝光处理,因而,织物具有"均匀洁净、纹粒清晰、薄爽柔软、色泽莹润、光滑如绸"的风格,或概括为:"滑、挺、爽、薄"。

比较平布与府绸的结构与风格,可以看出,它们虽然同属平纹组织,却在风格特征上有着显著的差别。关键在于平细布采用中等经纬密,经纬紧度比较接近于1,结构相接近于5,是同支持面织物;而府绸则采用高经密、高经纬紧度比,属高结构相、经支持面织物。

府绸有纱府绸、半线府绸、精梳线府绸、涤棉府绸等种类。此外,还有各种色织府绸,如文静大方的闪色府绸、绚丽多彩的金银丝交织府绸,以及仿绣府绸、隐条隐格府绸、大提花府绸等许多品种。府绸主要用作夏季衣着。

几种府绸的主要规格与结构特征见表2－1－4。

表2－1－4 几种府绸的主要规格与结构特征

织物名称	线密度 tex (英支)	经纬纱密度 (根/10cm)	经向紧度(%)	纬向紧度(%)	经纬向 紧度比
纱府绸	14.5×14.5 (40×40)	523.5×283	73.8	39.9	1.85
纱府绸	19.5×14.5 (30×40)	393.5×236	64.1	33.2	1.93
纱府绸	14.5×19.5 (40×30)	511.5×263.5	72.1	42.9	1.68
半线府绸	(14×2)×28 (42/2×21)	346×236	67.7	46.3	1.46
涤棉府绸	13×13 (45×45)	523.5×283	69.8	37.8	1.86
精梳 线府绸	(J9.5×2)× (J9.5×2)	472×236	76.1	38.1	2

<h1 align="center">任务二 织物几何结构</h1>

 学习目标

1. 了解织物的性能及其影响因素。
2. 掌握织物几何结构的特点。
3. 掌握织物的主要结构参数。
4. 了解紧密织物与紧密率的概念。
5. 不同组织、不同结构相织物的紧度计算以及紧密率的比较。

 任务描述

织造19.5/19.5tex,267.5/267.5根/10cm,160cm织物,通过分析可知该织物经纬用纱都为19.5tex的中等特数单纱,经纬密度均为267.5根/10cm,则该织物属于中等密度纯棉单纱细平布、第五结构相、同支持面织物。

相关知识

一、织物性能概述

(一)织物的性能及其影响因素

织物是一种实用美术,具有二重性,即实用性和装饰性。

织物的实用性包括两方面的内容:适用性和坚牢度。实用性是指某种织物必须适合于某种用途的要求。例如,一般来说,衣着用织物应具有保暖性、透气性和穿着舒适性;而内衣织物又应具有柔软性和吸湿性,对人体无刺激性;夏季衣着用织物应易于散热、散湿;床上用织物应具有柔软性和吸湿性。任何织物都应具有一定的坚牢度,包括强力、耐磨以及抗撕裂、抗顶破等内容。这些要求随织物用途的不同而不同。例如,外衣用织物对拉伸、耐磨、抗撕裂等都应有较高的要求;而内衣织物则不必要求过高。对坚牢度的要求还随社会发展和穿着对象而有所不同。

综合织物的外观与手感两方面就形成了织物的风格特征,也就是说织物的风格特征充分体现了织物的装饰性。各种织物都有自己的风格特征。例如,丝绸风格、棉毛风格等。不仅大类织物具有一定的风格特征,各个具体品种也都有自己的风格特征。例如,平布、府绸等。

由上述可知,织物的性能包括实用性和装饰性两个方面,也就是织物的使用性能与风格特征。在研究织物的结构,尤其是在进行织物设计和工艺计算时,必须兼顾织物的这两重属性。而织物的这两重性质是由许多因素所决定和影响的。这些因素有:纤维原料的性质、纱线的结构和细度、织物的组织和经纬纱密度、织物中经纬纱交织的几何结构、织造加工的工艺参数、织物的色彩和图案以及织物的印染和整理等。

(二)织物性能与风格形成综述

织物设计时应综合运用各种手段来实现本品种所要求的性能与风格。现在从织物的性能与风格要求出发,综述其一般形成方法,作为品种设计时的参考。

1. 织物常用性能的形成

(1)织物的轻重厚薄。织物的轻重厚薄可以运用纱线的粗细、密度的大小和组织的变化来调整。纱线细、密度小,织物轻薄;纱线粗、密度大,织物就厚重。轻薄织物常用平纹、透孔、纱罗等组织;中厚织物常用斜纹、缎纹、变化、联合等组织;厚重织物常用重组织、双层、起毛、起绒等组织。由于各类组织的紧密度不同,平纹织物无法达到斜缎纹织物那样的紧密、厚重程度;而斜缎纹织物过于稀薄则织物显得稀松、疲软。

(2)织物的强力。织物强力取决于纤维性质、纱线结构与经、纬密度。采用高强度纤维,提高原料等级,在一定范围内提高捻度,采用精梳纱、合股线,增加经纬密度等均可提高织物强力。

(3)织物的吸湿性与透气性。织物的吸湿性还关系织物的抗静电性。这些性能取决于纤维原料,也与织物的紧密程度有关。调节织物的这些性能,可以用不同的纤维混纺,并注意混纺比的选择。涤腈混纺与涤黏混纺,其吸湿性与抗静电性就有较大差别。降低合纤的混纺比,可以改善织物的吸湿性与透气性。低密度织物以及采用能在表面形成孔隙的组织,织物的透气性就好。

(4)织物的柔软性、弹性与身骨。这些性能首先取决于纤维性质,也与纱线结构、织物组织有关。混用涤纶、提高纱线捻度、增加织物密度、采用平均浮长较短的组织等均可提高织物的刚性,改善身骨。黏胶织物手感柔软、穿着舒适,但是黏胶织物如果紧度不够,则往往过于疲软、缺乏身骨。涤/黏织物则身骨大为改善。毛/涤织物更为有弹性、挺拾。巴厘纱虽是稀薄棉织物,但因采用强捻纱、平纹组织,故仍较挺爽,有一定身骨。毛织物若采用较粗的纤维,化纤织物采用较粗的单丝均可提高织物刚性、改善身骨。仿丝绸织物则应采用较细的单丝,改善织物的柔软性。

2. 织物表面状态与外观特征的形成　织物的表面状态与外观特征是多种多样的,它们的形成方法也各不相同。

(1)织物表面平整、平滑或斜路的形成。要求织物表面平整、不显纹路,就采用平纹组织;如果要求表面平滑,就采用缎纹组织;而采用各种斜纹组织,在织物表面就形成斜纹纹路。纹路的深浅、宽窄取决于纱线的粗细、经纬浮长的长短及经纬密度比与结构相。

(2)织物表面光泽的形成。采用光泽好的纤维、不加捻或少加捻、采用浮长较长的组织等能使织物表面光泽好,如棉织横贡缎、丝织有光纺、软缎等。纤维表面光泽柔和、纱线表面毛羽多、捻度大、采用绉组织、织物经缩绒等,就能使织物表面光泽柔和,如棉织中高特纱织物、丝织无光纺、各种绉织物、毛织物等。

(3)织物表面绉效应的形成。利用弹力纤维、弹力丝的弹性收缩可以使织物起绉,如氨纶织物;利用强捻纱收缩而起绉,如棉织绉纱、丝织乔其、双绉;采用绉组织可以使织物获得绉效应,如毛织苔茸绉,棉织、丝织中也常见;利用织造工艺也可以使织物表面皱缩形成泡泡状,如棉色织泡泡纱;在织物染整过程中,利用物理的或化学的方法也可以使织物起绉、起泡,如绉纹布、印染泡泡纱等。

(4)织物表面毛绒的形成。织物表面的绒毛可以有稀密、有长短,可以是直立的,也可以是卧伏的。它们的形成方法也各不相同。可以利用起毛组织,经开毛整理形成毛绒;利用毛巾组织形成毛圈;也可以是一般组织的织物经机械拉毛或磨毛使织物表面形成毛绒,如拉绒、磨毛、呢面织物等;此外,还可以利用机械作用将绒头纱栽植在基布上,也可以通过高压静电将绒毛栽植在织物表面上。前者如簇绒织物,后者为静电植绒织物。

(5)织物表面花纹效应的形成。织物表面的花纹可以是素色的,也可以是彩色的,可以是小花纹,也可以是大花纹;可以是平面的,也可以是凹凸立体的;还可以是起绒起圈的。各种花纹形成的方法可以应用织物组织的变化,还可以采用其他方法。前者如轻薄织物中的平地小提花、花式纱罗,中厚织物中的花式灯芯绒、经(纬)起花织物,配色花纹、表里交换组织、提花毛巾、织锦缎等,形成花纹的其他方法有烂花、剪花、拷花、轧花、印花以及用手工按图案栽植等。

(6)织物表面条格效应的形成。形成条格效应可以采用条格组织;也可以由色经、色纬排列形成彩条、彩格;配色花纹也可以形成纵、横条格;缎条、缎格也是常用的方法;精纺毛花呢、棉织男线呢常用嵌条线来形成纵条效应;采用不同捻向纱线间隔排列,则可以形成隐条、隐格效应。

(7)织物表面透孔效应的形成。轻薄织物往往需要在表面形成细小孔眼或空隙。纱罗组织、透孔组织、麻纱组织、稀薄平纹以及采用花筘穿法等均可达到目的。

(8)织物表面闪光、闪色效应的形成。闪光、闪色也是织物常见的外观效应。要获得闪光效应,在原料上可以采用光泽纤维,如闪光锦丝、金银铝皮等进行色织,在组织上可以采用缎纹地起纬花或其他变化组织。要获得闪色效应,经、纬纱应采用对比配色,织物组织采用经、纬浮长较短而比较接近的平纹、$\frac{2}{1}$斜纹,工艺上可以采用白织、也可以采用色织。白织时,使用两种不同染色性能的原料,如黏胶纤维与醋酯丝,黏胶纤维与桑蚕丝,织成后,经练染而得经、纬异色。色织时,经、纬先染成对比色,然后制织。

(9)织物的仿毛、仿麻与仿丝绸效应的形成。首先,要在原料与纱线上"仿型",常用各种异形纤维、改性纤维、复合纤维来取得与所仿纤维相似的效果。例如,用涤纶三叶丝、细旦丝来仿丝绸;用网络丝、膨体纱来仿毛;用扁平中孔纤维、多角形纤维、疙瘩纱来仿麻。在织物组织与经纬密度上也应采取相应措施。例如,化纤仿毛织物的密度应略低于纯毛织物。棉织麻纱是一种仿麻织物,在织物组织上就有所变化。整理是织物"仿型"技术的重要方面。例如,仿毛织物要进行松式整理、树脂整理、定形等;仿麻整理有挺爽整理、树脂整理等;仿丝绸整理有碱减量处理、柔软整理等。这些织物一般还需进行抗静电整理。

二、织物几何结构

在织物内,经纱和纬纱相互交错与配置的空间关系称为织物的几何结构。

织物的几何结构在不考虑纱线变形的情况下,取决于纱线线密度、经纬纱密度和织物组织。而这些因素可以有各种不同的配合。因此,织物内经、纬纱的相互关系比较复杂,织物的几何结构影响织物的使用性能与外观风格。

因纱线在织物内的截面形态受到纤维原料、织物组织、织物密度等因素的影响,因此,在讨论织物几何概念时,常常假设纱线为柔软而不变形的圆柱体,但应充分考虑纱线在织物内被压扁的实际情况(图2-1-1)。

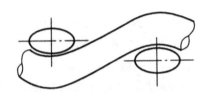

图2-1-1 织物中纱线截面的压扁状态

因此,其压扁系数计算如下:

$$压扁系数 \eta = \frac{纱线在织物切面图上垂直于布面方向的直径}{利用理论公式计算的纱线直径} \qquad (2-1-1)$$

η 的大小与织物组织、密度、纱线原料、成纱结构、织造参数等因素有关,一般为 0.8 左右。

(一)织物中经、纬纱的屈曲波高

经、纬纱在织物中相互屈曲,其屈曲的程度可以用屈曲波高这个概念来描述。经、纬纱在织物中屈曲状态如同波纹一样,假设以纱的中心线为代表,可以得到一条波纹状曲线。这条波纹曲线的波峰到波谷之间的高度差称为屈曲波高。如图2-1-2所示的 h_j 为经纱屈曲波高,h_w 为纬纱屈曲波高。由于经、纬纱在织物中是相互密接的。因此,一个方向的纱线如果伸直一些,那么另一个方向的纱线就必然要多屈曲一些。换言之,一个方向纱线屈曲波高减小一些,那么另一个方向纱线的屈曲波高就要增大一些。可见,经、纬纱屈曲波高之间是相互关联的。再进一步说,如果一个方向的纱线完全伸直,那么另一个方向的纱线就会达到最大的屈曲波高。图2-1-3中(a)所示为经纱呈完全伸直状态,而纬纱具有最大的屈曲;如图2-1-3中(b)所示,则为纬纱呈完全伸直状态,而经纱具有最大的屈曲。这两种结构状态为织物中经、纬纱相互配置关系的极端状态,在实际织物中是不存在的。实际上,各种织物的几何结构必定处于这两种极端状态之间,如图2-1-3中(c)所示。

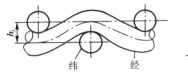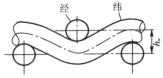

图 2 - 1 - 2　经纬纱屈曲波高示意图

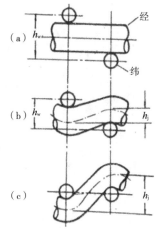

　　根据经、纬纱屈曲波高之间的这种变化关系，经研究，得到如下一条重要规律：织物中经、纬纱屈曲波高之和始终保持为一常数，且恒等于经、纬纱直径之和。这是织物几何结构中的一项重要性质，

　　即 $\qquad h_j + h_w = d_j + d_w$ $\qquad\qquad$ (2 - 1 - 2)

式中：h_j——经纱屈曲波高；

$\qquad h_w$——纬纱屈曲波高；

$\qquad d_j$——经纱直径；

$\qquad d_w$——纬纱直径。

(二) 织物的几何结构相与支持面

1. 结构相　经、纬纱的屈曲波形是在两种极端状态之间变化的。这种变化对织物的性能与外观有着重要的影响。经纬纱的屈曲波形在这两种极端状态之间可以连续地变化，可以有无数种屈曲状态。但是，为了便于研究和比较，需要设定一些特殊的波形状态。经、纬纱在特定波形时的几何结构状态称为织物的几何结构相，简称结构相。

图 2 - 1 - 3　经纬纱相互
屈曲的几种状态

　　由于 $h_j + h_w = d_j + d_w =$ 常数，规定经纬纱屈曲波高每变动 $\frac{1}{8}(d_j + d_w)$ 的几何结构状态，称

为变动一个结构相。织物结构相图解如图 2 - 1 - 4 所示。

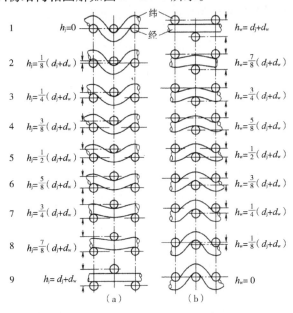

图 2 - 1 - 4　织物结构相图解

表 2 - 1 - 5 列出了经纬纱屈曲波高的比值与几何结构相的关系(设 $d_j = d_w = d$)。

表 2 - 1 - 5　经纬纱屈曲波高的比值与几何结构相的关系

结构相	h_j	h_w	h_j/h_w	τ	结构相	h_j	h_w	h_j/h_w	τ
1	0	$2d$	0	$3d$	6	$1\frac{1}{4}d$	$\frac{3}{4}d$	$\frac{5}{3}$	$2\frac{1}{4}d$
2	$\frac{1}{4}d$	$1\frac{3}{4}d$	$\frac{1}{7}$	$2\frac{3}{4}d$	7	$1\frac{1}{2}d$	$\frac{1}{2}d$	3	$2\frac{1}{2}d$
3	$\frac{1}{2}d$	$1\frac{1}{2}d$	$\frac{1}{3}$	$2\frac{1}{2}d$	8	$1\frac{3}{4}d$	$\frac{1}{4}d$	7	$2\frac{3}{4}d$
4	$\frac{3}{4}d$	$1\frac{1}{4}d$	$\frac{3}{5}$	$2\frac{1}{4}d$	9	$2d$	0	∞	$3d$
5	$1d$	$1d$	1	$2d$	0①	d_w	d_j	$\frac{d_w}{d_j}$	d_j+d_w

注　①结构相为直径不等的经纬纱构成同支持面的织物几何结构。

由上可见,经纬纱的屈曲波高是与结构相密切相关的。结构相越高,经纱的屈曲波高越大,而纬纱的屈曲波高越小。结构相与屈曲波高之间的关系还可以定量地表达如下:

$$h_j = \frac{f-1}{8}(d_j + d_w) \tag{2-1-3}$$

$$h_w = \frac{9-f}{8}(d_j + d_w) \tag{2-1-4}$$

式中:f——几何结构相,$f \neq 0$。

2. 支持面　织物置于一平面时,织物中的一些纱线与平面相接触的点所构成的平面称为织物的支持面。当 $d_j = d_w$ 时,对 1~4 结构相,$h_w > h_j$,首先接触的是纬纱,则称为纬支持面织物;对 6~9 结构相,$h_j > h_w$,则这些织物称为经支持面织物;第 5 结构相,$h_j = h_w$,则称为同支持面织物。

当 $d_j \neq d_w$ 时,同支持面织物必须满足如下条件:

$$h_j + d_j = h_w + d_w = d_j + d_w \tag{2-1-5}$$

即

$$h_j = d_w$$

$$h_w = d_j \quad 或 \quad \frac{h_j}{h_w} = \frac{d_w}{d_j} \tag{2-1-6}$$

这样的结构相,定义为"0"结构相。在这种条件下的织物切面图如图 2 - 1 - 5 所示。

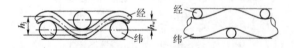

图 2 - 1 - 5　经纬纱直径不同的同支持面织物的几何结构

织物的几何结构相不同或支持面不同时,其性能与风格也就不同。在许多传统的织物产品中,对应于织物的风格特征,都具有相应的几何结构相。例如,府绸或卡其布等织物,都是经纱支持面,必须具有较高的几何结构相;麻纱、横贡缎和拉绒坯布,都是纬纱支持面,必须具有较低的几何结构相;各类平布、涤/棉织物和胶管帆布类织物,经纬纱在织物的使用过程中,同时承受外力的作用,都需要构成同支持面的织物。因此,这些织物的几何结构相,一般都处于第 5 结构相或者 0 结构相附近。

了解各种产品应该属于的几何结构相范围,通过对织物进行切片检查,将有助于研究及探讨影响织物品质的因素。

一般,高相位或低相位几何结构的织物,仅由经纱或纬纱构成织物的支持表面。高结构相的织物,经纱的屈曲波高大,需要较大的经纱密度,织物的经向织缩大,经向断裂伸长大。对于要求经纬向力学指标差异小,耐穿耐用的织物,一般采用第 5 结构相或 0 结构相的几何结构。

(三)织物的厚度

织物的厚度是指正反两个支持表面之间的距离,如图 2 - 1 - 6 各分图中的 τ 所示,织物的厚度是随纱线细度与结构相的变化而变化的。

在低结构相(1、2、3、4 相)时,如图 2 - 1 - 6(a)所示:

$$\tau_{低相} = h_w + d_w$$

在高结构相(6、7、8、9 相)时,如图 2 - 1 - 6(b)所示:

$$\tau_{高相} = h_j + d_j$$

当织物为第 1 与第 9 结构相时,织物厚度为最大。第 1 结构相时,如图 2 - 1 - 3(a)所示:

$$\tau_{1相} = h_w + d_w = d_j + 2d_w$$

同理,第 9 结构相时,如图 2 - 1 - 3(c)所示:

$$\tau_{9相} = h_j + d_j = 2d_j + d_w$$

当经纬纱直径相等时,即 $d_j = d_w$,则:

$$\tau_{1相} = \tau_{9相} = 3d$$

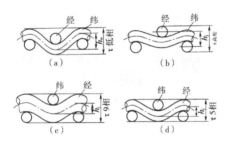

图 2 - 1 - 6 不同结构相的织物厚度

当织物在"0"结构相与第 5 结构相时,其织物厚度为最小。

"0"结构相时,如图 2 - 1 - 6(c)所示:

$$\tau_{0相} = d_j + d_w$$

当 $d_j = d_w$ 时,即为第 5 结构相,如图 2 - 1 - 6(d)所示:

$$\tau_{5相} = 2d$$

可见,各类织物的厚度在 $2d \sim 3d$。

考虑到织物中纱线被压扁的情况,计算织物厚度时也应乘以压扁系数 η。即织物的实际厚度范围为 $\eta(2d \sim 3d)$。各类织物厚度的一般范围见表 2 - 1 - 6。

表2－1－6　各类织物的厚度　　　　　　　　　　　　　　单位:mm

织物厚度类型	棉织物	丝织物	精梳毛织物	薄型粗梳毛织物
轻薄型	<0.24	<0.14	<0.40	<1.10
中厚型	0.24~0.40	0.14~0.28	0.40~0.60	1.10~1.60
厚重型	>0.40	>0.28	>0.60	>1.60

三、织物的紧度与织物几何结构相的关系

(一)织物的相对紧度

当比较两种组织相同,而经、纬纱线密度不同的织物时,不能单用织物经、纬纱的绝对密度 P_j 和 P_w 来评定织物的紧密程度,而应采用织物的相对指标即织物的紧度来评定。

织物的经向紧度 E_j、纬向紧度 E_w 和织物总紧度 E,是以织物中的经纱或纬纱的覆盖面积,或经、纬纱的总覆盖面积对织物全部面积的比值表示的。在织物组织相同的条件下,织物紧度越大,表示织物越紧密。

设:E_j——织物经向紧度;

$\quad$ E_w——织物纬向紧度;

$\quad$ E——织物总紧度;

$\quad$ d_j——经纱直径,mm;

$\quad$ d_w——纬纱直径,mm;

$\quad$ Tt_j——经纱线密度,tex;

$\quad$ Tt_w——纬纱线密度,tex;

$\quad$ P_j——织物的经向密度,根/10cm;

$\quad$ P_w——织物的纬向密度,根/10cm。

图2－1－7所示为织物中经纬纱交织情况的示意图,现仅取图2－1－7(a)中的一个小单元 ABCD,在图2－1－7(b)中予以放大。其中 ABEG 表示一根经纱,AHID 表示一根纬纱,AHFG 表示经纱和纬纱相交重叠的部分,EFIC 为织物的空隙部分。

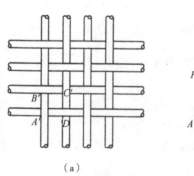
(a)

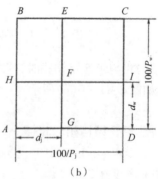
(b)

图2－1－7　织物中经纬纱交织情况示意图

$$织物的经向紧度 E_j = \frac{ABEG\ 面积}{ABCD\ 面积} \times 100\% = P_j d_i$$

$$= CP_j \sqrt{Tt_j} \qquad\qquad (2-1-7)$$

$$织物的纬向紧度 E_w = P_w d_w = CP_W \sqrt{Tt_w} \qquad\qquad (2-1-8)$$

$$织物总紧度 E = \frac{ABEFID\ 面积}{ABCD\ 面积} \times 100\% = E_j + E_w - \frac{E_j E_w}{100} \qquad (2-1-9)$$

式中：C——纱线的直径系数，见表 $2-1-7$。

各类织物经纬向紧度的具体情况、规格等，尚需根据织物的风格特征、成本大小等因素规定。

表 2 - 1 - 7　几种纱线的直径系数

纱线类别	直径系数 C	纱线类别	直径系数 C
棉纱	0.037	65/35 涤棉纱	0.039
精梳毛纱	0.040	65/35 涤黏纱	0.039
粗梳毛纱	0.043	50/50 涤腈纱	0.041
苎麻纱	0.038	65/35 毛黏粗纺纱	0.041
丝	0.037		

由上述这些公式可见，紧度中既包括经、纬纱密度，也考虑到纱线直径的因素，因此，能比较真实地反映经纬纱在织物中排列的紧密程度。

各种织物，即使原料、组织均相同，如果紧度不同，就会引起使用性能与外观风格的不同。实验表明，经、纬向紧度过大的织物，其刚性增大，抗折皱性下降，耐平磨性增加，而耐折磨性降低，手感板硬。而经纬向紧度过小，则织物过于稀松，缺乏身骨。

还应该指出，经向紧度、纬向紧度和总紧度三者之间存在一定的制约关系。在总紧度一定的条件下，以经、纬向紧度比为 1，即经向紧度等于纬向紧度时，织物显得最紧密，刚性最大；当经、纬向紧度比大于或小于 1 时，织物就比较柔软，悬垂性也好。织物中经、纬向紧度大小不同，还影响织物中经、纬向的断裂强度。

（二）经纬同支持面紧密织物的紧度与紧密率

1. 紧密结构织物　织物紧度主要讨论的是在只考虑经、纬纱的投影面积，而不考虑经、纬纱交错的情况下给出的，因而，严格来说，尚不能真正代表织物中经纬纱交织下排列的紧密程度。因为经、纬纱的相互交错妨碍了经纱或纬纱之间的相互靠拢。例如，按照紧度的概念，任何织物的经向紧度均可达到 100%。但是，如果考虑经、纬纱之间的交错，那么，100% 的经向紧度并非在任何结构相都可以达到，下面以图 2 - 1 - 8 中的例子进行比较说明。在这三个图中，以经纱为例，均已达到交织与排列的最大紧密状态，即经纱之间再也无法靠拢。但是可以看出，它们的经向紧度是不相同的。图 2 - 1 - 8(a) 为平纹组织，经向紧度达到 100%；图 2 - 1 - 8(b) 也是平纹组织，但经向紧度不足 100%，其结构相低于图 2 - 1 - 8(a)。图 2 - 1 - 8(c) 为非平纹组织，其经向紧度也不足 100%，其结构相与图 2 - 1 - 8(a) 和 (b) 均不同。

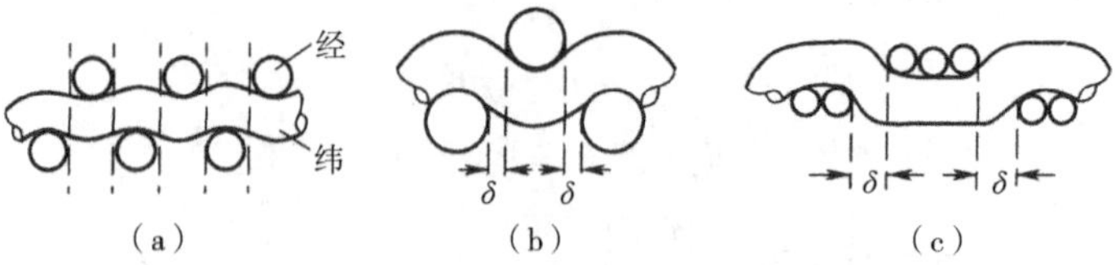

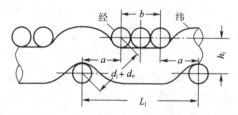

图 2-1-8　织物中经纱排列紧密程度的比较

从图 2-1-8 可以看出,在某些结构相的条件下,与经纱交错的一段纬纱,占去了部分空间,妨碍了经纱之间的进一步靠拢,使相邻两根经纱之间产生了间隙,如图 2-1-8(b)、(c)中的"δ"所示。同理,纬纱也存在这种现象。

经纱在不与纬纱交错时互相紧密排列(纬纱成直线段),在与纬纱交错处,纬纱弯曲而无直线段。这种状态,表明织物中的经纱在与纬纱交织的情况下,其排列达到了最大紧密状态,称这样的织物为经向紧密织物。同理,可以定义纬向紧密织物。某种织物,如果经向和纬向达到紧密织物状态,此种织物就称为经、纬向紧密织物,简称紧密织物,紧密状态下的织物紧度称为紧密织物紧度,随织物组织与结构相不同而不同。通过分析可以证明,在经、纬纱线密度相同的条件下,不论何种组织,只有结构相大于或等于7.9时,才能达到经向紧度100%。

以 $\dfrac{3}{1}$ 斜纹织物为例,其织物结构如图 2-1-9 所示,可由此推导出规则织物中计算经、纬纱同支持面紧密织物紧度的公式,找出经纬纱配合条件,以确定织物应有的经向与纬向紧度(E_j,E_w)。

图 2-1-9 是经纬同支持面紧密织物 $\dfrac{3}{1}$ 斜纹织物纬向切面图。由图可知:

$$L_j = a + b + a = b + t_w a \tag{2-1-10}$$

$$a = \sqrt{(d_j + d_w)_2 - h_j^2} \tag{2-1-11}$$

式中:L_j——一个组织循环中经纱所占有的距离,mm;

　　　t_w——纬纱在一个组织循环内与经纱的交错次数。

　　　a——经纬纱交错处,相邻两经纱中心之间的水平距离(相邻两纬纱中心之间的垂直距离记为 a_w)

图 2-1-9　$\dfrac{3}{1}$ 斜纹"0"结构相织物切面图

因为该织物是经纬同支持面,所以由式(2-1-4)$h_j = d_w$ 得:

$$\therefore a = \sqrt{(d_j + d_w)^2 - d_w^2} = \sqrt{d_j^2 + 2d_j d_w}$$

$$b = (R_j - t_w)d_j$$

得 $\qquad$ $L_{\mathrm{j}} = (R_{\mathrm{j}} - t_{\mathrm{w}})d_{\mathrm{j}} + t_{\mathrm{w}}\sqrt{d_{\mathrm{j}}^2 + 2d_{\mathrm{j}}d_{\mathrm{w}}} = d_{\mathrm{j}}\left[R_{\mathrm{j}} + t_{\mathrm{w}}\left(\sqrt{1 + 2\dfrac{d_{\mathrm{w}}}{d_{\mathrm{j}}}} - 1\right)\right]$ $\qquad$ (2-1-12)

同理 $\qquad$ $L_{\mathrm{w}} = (R_{\mathrm{w}} - t_{\mathrm{j}})d_{\mathrm{w}} + t_{\mathrm{j}}\sqrt{d_{\mathrm{w}}^2 + 2d_{\mathrm{j}}d_{\mathrm{w}}}$

$$= d_{\mathrm{w}}\left[R_{\mathrm{w}} + t_{\mathrm{j}}\left(\sqrt{1 + 2\dfrac{d_{\mathrm{j}}}{d_{\mathrm{w}}}} - 1\right)\right] \qquad (2-1-13)$$

则 $\qquad$ $E_{\text{紧j}} = \dfrac{R_{\mathrm{j}}d_{\mathrm{j}}}{L_{\mathrm{j}}} \times 100\% = \dfrac{R_{\mathrm{j}}}{R_{\mathrm{j}} + t_{\mathrm{w}}\left(\sqrt{1 + 2\dfrac{d_{\mathrm{w}}}{d_{\mathrm{j}}}} - 1\right)} \times 100\%$ $\qquad$ (2-1-14)

$$E_{\text{紧w}} = \dfrac{R_{\mathrm{w}}d_{\mathrm{w}}}{L_{\mathrm{w}}} \times 100\% = \dfrac{R_{\mathrm{w}}}{R_{\mathrm{w}} + t_{\mathrm{j}}\left(\sqrt{1 + 2\dfrac{d_{\mathrm{j}}}{d_{\mathrm{w}}}} - 1\right)} \times 100\% \qquad (2-1-15)$$

由于大多数织物经纬纱线密度相等，即 $d_{\mathrm{j}} = d_{\mathrm{w}} = d$，所以，各种组织织物的 $E_{\text{紧j}}$ 与 $E_{\text{紧w}}$ 值可以计算如下。

$\dfrac{1}{1}$ 平纹织物：$R_{\mathrm{j}} = R_{\mathrm{w}} = 2$，$t_{\mathrm{w}} = t_{\mathrm{j}} = 2$

$$E_{\text{紧j}} = E_{\text{紧w}} = \dfrac{2}{2 + 2 \times (\sqrt{3} - 1)} \times 100\% = \dfrac{1}{\sqrt{3}} \times 100\% = 57.8\%$$

$\dfrac{2}{1}$ 或 $\dfrac{1}{2}$ 斜纹：$R_{\mathrm{j}} = R_{\mathrm{w}} = 3$，$t_{\mathrm{j}} = t_{\mathrm{w}} = 2$

$$E_{\text{紧j}} = E_{\text{紧w}} = \dfrac{3}{3 + 2 \times (\sqrt{3} - 1)} \times 100\% = \dfrac{3}{2\sqrt{3} + 1} \times 100\% = 67.2\%$$

$\dfrac{2}{2}$ 或 $\dfrac{3}{1}$ 斜纹：$R_{\mathrm{j}} = R_{\mathrm{w}} = 4$，$t_{\mathrm{j}} = t_{\mathrm{w}} = 2$

$$E_{\text{紧j}} = E_{\text{紧w}} = \dfrac{4}{4 + 2 \times (\sqrt{3} - 1)} \times 100\% = \dfrac{2}{\sqrt{3} + 1} \times 100\% = 73.2\%$$

五枚缎纹：$R_{\mathrm{j}} = R_{\mathrm{w}} = 5$，$t_{\mathrm{j}} = t_{\mathrm{w}} = 2$

$$E_{\text{紧j}} = E_{\text{紧w}} = \dfrac{5}{5 + 2 \times (\sqrt{3} - 1)} \times 100\% = \dfrac{5}{2\sqrt{3} + 3} \times 100\% = 77.4\%$$

2. 紧密率　以上研究的是紧密织物（"0"结构相）的紧度。实际上，许多织物是达不到如此紧密的程度的。为了确切地比较各种实际织物的紧密程度，引入紧密率的概念。实际织物的紧度对相同组织、相同结构相织物的紧密织物紧度之比值称为该织物的紧密率。

$$K = \dfrac{E_{\text{实}}}{E_{\text{紧}}} \times 100\% \qquad (2-1-16)$$

式中：K——织物的紧密率；

$\quad E_{\text{实}}$——该织物的实际紧度；

$\quad E_{\text{紧}}$——相同组织、相同结构相织物的紧密织物紧度。

例1　某平纹织物的经纬纱细度相等的、第 5 结构相平纹织物的实际紧度为 50%。求该织物的紧密率。

由紧度定义计算可知，平纹组织、第 5 结构相的紧密织物紧度为 57.8%，故该织物的紧密率为：

$$K = \dfrac{50}{57.8} \times 100\% = 86.5\%$$

例2 某 $\dfrac{2}{2}$ 斜纹织物,经纬细度相等,第5结构相,实际紧度为 60%。试问它与例1中的平纹织物相比,何者更为紧密?

若只从紧度来比较,似乎本例中的织物比例1中的织物要紧密些。但是,从织物的紧密率来看,则不然。由紧度定义计算可知,$\dfrac{2}{2}$ 斜纹组织、第5结构相时,紧密织物紧度为 73.3%,故本例织物的紧密率为:

$$K = \frac{60}{73.3} \times 100\% = 81.9\%$$

由此可以看出,本织物的实际紧密程度不及例1中的平纹织物。

因此,紧密率比较确切地反映了织物的实际紧密程度。

(三)不同组织、任意结构相织物的紧度与紧密率

现在研究不同组织在任意结构相条件下的紧密率。

在任一结构相的情况下,将式(2-1-3)代入式(2-1-11)可得:

$$a = \sqrt{(d_j + d_w)^2 - h_j^2}$$
$$= \sqrt{(d_j + d_w)^2 - \left[\frac{(f-1)}{8}(d_j + d_w)\right]^2}$$
$$= \frac{d_j + d_w}{8}\sqrt{(9-f)(7+f)} \qquad (2-1-17)$$

将式(2-1-17)代入式(2-1-9),得:

$$L_j = (R_j - t_w)d_j + \frac{d_j + d_w}{8}t_w\sqrt{(9-f)(7+f)} \qquad (2-1-18)$$

将式(2-1-18)代入式(2-1-15),得某种组织织物在任意纱线密度、任意结构相条件下的紧密织物经向紧度:

$$E_{\text{紧}j} = \frac{R_j d_j}{L_j} \times 100\% = \frac{R_j}{(R_j - t_w) + \frac{1}{8}\left(1 + \dfrac{d_w}{d_j}\right)t_w\sqrt{(9-f)(7+f)}} \times 100\% \qquad (2-1-19)$$

同样可以求得在任意结构相条件下的紧密织物纬向紧度。

$$a_w = \frac{(d_j + d_w)}{8}\sqrt{(17-f)(f-1)} \qquad (2-1-20)$$

$$L_w = (R_w - t_j)d_w + \frac{(d_j + d_w)}{8}t_j\sqrt{(17-f)(f-1)} \qquad (2-1-21)$$

$$E_{\text{紧}w} = \frac{R_w \cdot d_w}{L_w} \times 100\% = \frac{R_w}{(R_w - t_w) + \frac{1}{8}\left(1 + \dfrac{d_j}{d_w}\right)t_j\sqrt{(17-f)(f-1)}} \times 100\% \qquad (2-1-22)$$

这就可以对任何织物的紧密程度进行比较了。

例3 214# 精梳府绸的规格为 $J14.5 \times 547 \times 283$,经向紧度为 77.1%,纬向紧度为 39.9%,结构相为7,试求该织物的紧密率。

解:平纹组织的 $R_j = R_w = 2$,$t_j = t_w = 2$,按题意,$d_j = d_w$,将这些已知条件代入式(2-1-19),得此种织物的紧密织物经向紧度:

$$E_{\text{紧}j} = \frac{2}{(2-2) + \frac{1}{8} \times (1+1) \times 2\sqrt{(9-7)(7+7)}} \times 100\% = 75.5\%$$

将已知条件代入式(2-1-22),得此种织物紧密织物纬向紧度。

$$E_{\text{紧w}} = \frac{2}{(2-2) + \frac{1}{8} \times (1+1) \times 2 \sqrt{(17-7)(7-1)}} \times 100\% = 51.7\%$$

故该织物的经纬向紧密率分别为:

$$K_j = \frac{77.1}{75.5} \times 100\% = 102.1\%$$

$$K_w = \frac{39.9}{51.7} \times 100\% = 77.2\%$$

经向紧密率超过100%,是由于在实际织物中纱线有挤压变形。可以认为,该织物为经向紧密织物。

例4　546#半线华达呢的规格为 $14 \times 2 \times 28 \times 484 \times 236$,经向紧度为94.9%,纬向紧度为46.3%,结构相以6.5计。求经纬向紧密率。

解:该织物的组织为 $\frac{2}{2}$ 斜纹,经、纬纱细度可视为相等。故有: $R_j = R_w = 4$, $t_j = t_w = 2$, $d_j = d_w$。将这些已知值代入式(2-1-19)和式(2-1-22),可分别求得该织物的经、纬向紧密织物紧度。

$$E_{\text{紧j}} = \frac{4}{(4-2) + \frac{1}{8} \times (1+1) \times 2 \sqrt{(9-6.5)(6.5+7)}} \times 100\% = 81.6\%$$

$$E_{\text{紧w}} = \frac{4}{(4-2) + \frac{1}{8} \times (1+1) \times 2 \sqrt{(17-6.5)(6.5-1)}} \times 100\% = 69\%$$

于是,该织物的径、纬向紧密率分别为:

$$K_j = \frac{94.9}{81.6} \times 100\% = 116\%$$

$$K_w = \frac{46.3}{69} \times 100\% = 67.1\%$$

可见,这种织物为经向紧密组织,而且纱线之间发生较多的挤压变形。

比较例1与例4还可以看出,即使是相同的经纬纱细度、相同组织的织物,当结构相不同时,其紧密织物的紧度(经向与纬向)是不相同的,即织物的可密性是不同的。

(四)织物的紧度与织物几何结构相的关系

规则组织紧密织物的紧度可根据规则织物紧度计算公式计算,计算结果与各结构相的 h_j/h_w 值列于表2-1-8($d_j = d_w = d$)。

表2-1-8　规则组织紧密织物的紧度和各结构相的 h_j/h_w 值

组织				紧度(%)							
				平纹		三页斜纹		四页斜纹		五枚缎纹	
结构相	h_j/h_w	h_j	h_w	E_j'	E_w'	E_j'	E_w'	E_j'	E_w'	E_j'	E_w'
1	0	0	$2d$	50.0	(∞) 100	60.0	(300) 100	66.7	(200) 100	71.4	(166.6) 100
2	1/7	$0.25d$	$1.75d$	50.3	(103) 100	60.4	(102) 100	67.0	(101.6) 100	71.8	(102.2) 100

续表

组织				紧度(%)							
				平纹		三页斜纹		四页斜纹		五枚缎纹	
结构相	h_j/h_w	h_j	h_w	E_j'	E_w'	E_j'	E_w'	E_j'	E_w'	E_j'	E_w'
3	1/3	0.5d	1.5d	51.6	75.6	61.6	82.3	68.1	86.0	72.8	88.6
4	3/5	0.75d	1.25d	54.0	64.0	63.8	72.8	70.1	78.0	74.6	81.6
5	1	1d	1d	57.7	57.7	67.2	67.2	73.2	73.2	77.4	77.4
6	5/3	1.25d	0.75d	64.0	54.0	72.8	63.8	78.0	70.1	81.7	74.6
7	3	1.5d	0.5d	75.6	51.6	82.3	61.6	86.0	68.1	88.6	72.8
8	7	1.75d	0.25d	(103)/100	50.3	(102)/100	60.4	(101.6)/100	67.0	(101.2)/100	71.8
9	∞	2d	0	(∞)/100	50.0	(300)/100	60.0	(200)/100	66.7	(166.6)/100	71.4

注 表中数值是假设纱线在织物内不受任何挤压,截面为圆形的前提下进行计算的,纱线轴心不产生左右横移,故极限紧度为100%。凡紧度大于100%的也用100%表示,其计算数值列于括号内。

表 2 - 1 - 8 可画作图 2 - 1 - 10,图中各组织相同的结构相的结构点连成等结构相线。

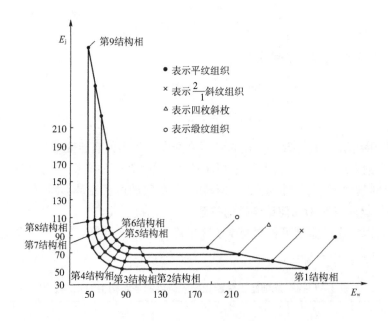

图 2 - 1 - 10 紧密织物结构相与紧度的关系($d_j = d_w = d$)

由表 2 - 1 - 8 和图 2 - 1 - 10 可以得出下列有关组织特性的概念。

(1)位于等支持面附近的结构相(第 5 结构相左右)以平纹组织的紧度最小,在此情况下,平纹组织易于使织物达到紧密的效应。

(2)在第 9 结构相和第 1 结构相中,缎纹组织织物的经(纬)向紧度最小,在此情况下,缎纹组织易于使织物获得经(纬)支持面的效应。

(3)由图2-1-10可知,对于经支持面结构的织物(纬支持面结构的织物也可以作类似分析),结构相由第5相升到第6相,与由第8相变到第9相比较,虽都是变动一个结构相,但经向紧度变化的大小却相差很大。在高结构相附近每变动一个结构相需要改变较大的经向紧度才能达到,这种现象称为至相效应迟钝。以 $\frac{2}{2}$ 斜纹织物为例:结构相由第5相变到第6相,仅需加经向紧度4.8%。而对结构相由第8相变到第9相,却需增加经向紧度19.3%。由此可知:对于经支持面的各类织物,增加经向紧度并不是等比例地促使结构相增加,而且经向紧度过大,必然会增加原料的消耗和生产的困难,甚至使织物的手感过于硬挺。根据图2-1-10提供的结构相与紧度的关系,对于棉织物设计提出以下的几何结构概念,供设计织物规格时参考。

①府绸类织物的经向紧度<83.4%(接近第7结构相)。

②华达呢织物经向紧度<91%(接近第8结构相)。

③卡其类织物的经向紧度<107%(第9结构相)。

④直贡类织物的经向紧度<105%(第9结构相)。

 **任务实施**

织物紧度与紧密率计算

$$E_j = E_w = 0.037\sqrt{Tt} \times P = 0.037 \times \sqrt{19.5} \times 267.5 = 43.6\%$$

$$E_{总} = E_j + E_w - \frac{E_j \times E_w}{100} = 43.6 + 43.6 - \frac{43.6 \times 43.6}{100} = 68.2\%$$

由经纬向紧度比为1可知本织物结构相为5,根据公式可求得其紧密织物紧度:

$$E_{紧j} = E_{紧w} = 57.8\%$$

故其经纬向紧密率 $K_j = K_w = \dfrac{43.6}{57.8} \times 100\% = 75.4\%$

 思考练习

1. 何谓经、纬纱线的屈曲波高?性质如何?
2. 什么是织物的几何结构相,有何作用与意义?
3. 什么是支持面?有哪几种?其织物特征如何?
4. 何谓紧密织物?何谓紧密率?
5. 反映织物紧密程度的参数有哪些?适应范围如何?试分别进行阐述。

任务三 织物密度与紧度的设计与计算

 **学习目标**

1. 掌握织物密度与紧度的设计方法。

2. 会根据织物组织选择布边。

 任务描述

织造 19.5/19.5tex、267.5/267.5 根/10cm,160cm 织物,通过分析可知该织物属于纯棉单纱织物、中等密度细平布,需要设计布边以提高强度,利于织造。密度与紧度的设计方法对织物的性能有直接影响,因而对设计方法必须有全面的了解。

 相关知识

一、织物密度与紧度的设计方法

织物的经纬密度的大小和经纬密度之间的相对关系是影响织物结构最主要的因素之一,它直接影响织物的风格和力学性能。显然,经、纬纱密度大,织物就显得紧密、厚实、硬挺、耐磨、坚牢;经、纬纱密度小,则织物稀薄、松软、通透性好。而经密与纬密之间的比值,对织物性能影响也很大,织物中密度大的一方纱线屈曲程度大,织物表面即显现该纱线的效应。此外,经、纬密度比值的不同,则织物风格也不同,如平布与府绸、斜纹、哔叽、华达呢和卡其布等。确定织物密度与紧度应根据织物的性能与风格来确定,例如,原料性质、纱线结构以及织物厚薄、组织、结构相等。其确定方法有很多,一般常用的有以下几种,不论何种方法均需通过生产试织加以修正。

(一)理论计算法

根据织物中经纬纱的交错情况,在一定的纱线密度、织物组织和结构相的条件下,假设纱线为不可压缩的圆柱体,由紧密织物的基本计算公式,可以求出织物的最大紧度和密度。经、纬纱最大理论密度可按下式计算。

$$P_{jmax} = \frac{R_j}{L_j} = \frac{R_j}{(R_j - t_w)d_j + \frac{(d_j + d_w)}{8}t_w \sqrt{(9-f)(7+f)}} = \frac{E_{j紧}}{d_j} \qquad (2-1-23)$$

同理:

$$P_{jmax} = \frac{R_w}{L_w} = \frac{R_w}{(R_w - t_j)d_w + \frac{(d_w + d_j)}{8}t_w \sqrt{(17-f)(7+f)}} = \frac{E_{w紧}}{d_w} \qquad (2-1-24)$$

式中:P_{jmax}、P_{wmax}——织物的最大理论经、纬密。

式中其他符号的意义与有关公式相同。

在求得最大经、纬密度后,分别乘以设计所要求的经向紧密率和纬向紧密率,即得所设计织物的经密与纬密。

$$P_j = P_{jmax} \cdot K_j \qquad (2-1-25)$$

$$P_w = P_{wmax} \cdot k_w \qquad (2-1-26)$$

式中:K_j、K_w——所设计织物的经、纬向紧密率。

以上是根据织物结构理论计算求得的经纬密度。对于具有相同平均浮长的不同组织之间的差别,以及纱线性质、织造工艺的影响均未考虑,因而与实际情况有一定的出入。在产品设计时,需做适当调整,更需要在产品试织中做进一步修正。

（二）经验公式法

应用勃莱依里经验公式可以求得在正常织造条件下的织物最大经纬密度。这种方法可以分为四种情况来计算。

1. 方形织物的经纬密度　经纬纱同细度、等密度的织物称为方形织物。方形织物的最大经纬密可按下式计算：

$$P_{jmax} = P_{wmax} = \frac{C}{\sqrt{Tt}} \cdot F^m = P_{max} \qquad (2-1-27)$$

式中：P_{jmax}、P_{wmax}、P_{max}——方形织物的最大经、纬密度，根/10cm；

　　　　Tt——纱线线密度；

　　　　F——织物组织的平均浮长，应用此经验公式时须设 $F_j = F_w$；

　　　　m——随组织而不同的系数；

　　　　C——随织物的种类而不同的系数。

几种织物的 F^m 值见表 2-1-9 所列。

表 2-1-9　几种常见织物的 F^m 值

平均浮长 F	1.5	2	2.5	3	3.5	4
斜纹 $m=0.39$	1.17	1.31	1.43	1.54	1.63	1.72
缎纹 $m=0.42$	—	1.34	7	1.59	1.69	1.78
其他 $m=0.45$	—	1.37	—	1.64	—	1.87

不同织物种类的系数：棉织物 $C=1321.7$；精梳毛织物 $C=1350$；粗梳毛织物 $C=1296$；生丝织物 $C=1296$；熟丝织物 $C=1246$。

2. 经纬纱细度不等而密度相等的织物　这类织物的经纬密度仍可按上述公式计算，只需将经纬纱细度的平均线密度代入即可。

$$P_{max} = P_{jmax} = P_{wmax} = \frac{C}{\sqrt{Tt}} \cdot F^m \qquad (2-1-28)$$

$$\overline{Tt} = \frac{Tt_j + Tt_w}{2}$$

式中：$\overline{Tt}$——经纬纱的平均线密度。

3. 经纬纱细度相等而密度不等的织物　在多数情况下，总是织物的经密大于纬密，即 $P_j > P_w$。这时，经纬纱密度间的关系，可用下式表示：

$$P_w = KP_j^{-0.67} \qquad (2-1-29)$$

式中：P_j、P_w——经、纬纱密度；

　　　　K——方形织物结构时的系数。

为了求出 K 值，设将此织物转化为相应的方形织物，即 $P_w = P_j = P$，于是：

$$P = KP_j^{-0.67}$$

$$K = \frac{P}{P^{-0.67}} = P^{1.67} \qquad (2-1-30)$$

应该注意的是，所设计的织物转化为相应的方形织物时，并非一定具有最大密度。为此，引入一个相对密度的概念。所设计织物转化为方形织物时的实际密度 P 对此方形织物的最大密

度 P_{max} 之比值称为相对密度,以 x 表示。即:

$$x = \frac{P}{P_{max}} \times 100\%$$

或:

$$P = P_{max} \cdot x \tag{2-1-31}$$

将(2-1-30)式代入(2-1-29)式,有:

$$K = (P_{max} \cdot x)^{1.67} \tag{2-1-32}$$

将(2-1-29)式代入(2-1-28)式,即可有:

$$P_w = (P_{max} \cdot x)^{1.67} \times P_j^{-0.67} \tag{2-1-33}$$

此式中的 P_{max} 可以很方便地由(2-1-28)式求得。可见,在织物的经纬纱细度相等而密度不等的情况下,只要确定了其相对密度,并在 P_w 与 P_j 两者中确定了其中之一,就可以确定另一个了。

4. 经纬纱细度与密度均不相等的织物 此类织物,在已经确定了经、纬纱线密度的情况下,经、纬纱密度之间的关系可由下式表示:

$$P_w = K P_j^{-0.67q} \tag{2-1-34}$$

式中:$q = \sqrt{Tt_j / Tt_w}$

为了求得 K 值,可如第三种情况那样,将所设计的织物转化为相应的方形织物,即:

$$P_j = P_w = P$$

可得:

$$K = P^{1+0.67q}$$

再设所设计织物的相对密度为 x,即有:

$$P = P_{max} \cdot x$$

将此两式代入式(2-1-34),即可得:

$$P_w = (P_{max} \cdot x)^{1+0.67q} \times P_j^{-0.67q} \tag{2-1-35}$$

运用这一经验公式,不仅可以求得所设计织物的经纬密度,还可以在拟定了纱线细度与密度之后,预测织物的紧密程度,从而预测其织造难易程度和织物的外观风格。

例1 设计一全毛啥味呢,其经纬细度为 (17.9×2) tex $\times (20 \times 2)$ tex $(56/2$ 公支 $\times 50/2$ 公支 $)$,上机经纬密度为 276 根/10cm $\times$ 272 根/10cm,问此织物的紧密程度如何?

解:此织物的相应方形织物的最大密度为:

$$P_{max} = \frac{1350}{\sqrt{\dfrac{Tt + Tt_w}{2}}} \times F^m = \frac{1350}{\sqrt{\dfrac{17.9 \times 2 + 20 \times 2}{2}}} \times 1.31 = 287.4 \text{ 根/10cm}$$

该织物为精纺毛织物,织物组织为 $\frac{2}{2}$ 斜纹。故式中取 $C = 1350$,$F^m = 1.31$。

按式(2-1-35)有:

$$272 = (287.4 \cdot x)^{1 + 0.67\sqrt{\frac{17.9}{20}}} \times 276^{-0.67\sqrt{\frac{17.9}{20}}}$$

对此式两端取对数,可解得

$$x = 0.95$$

即该织物的相对密度为 0.95。

由相对密度可以判断织物的紧密程度。如果相对密度过大,如超过 100%,则说明该织物过于紧密,织造将发生困难;如果相对密度过小,则织物将过于松软,缺乏身骨。

(三)参照设计法

由于影响织物经纬纱紧度与密度的因素很多,上述几种计算公式均无法全部加以概括,计算所得结果总会有某些偏差。实际上,在产品设计时,往往先参照类似品种来初步确定,然后通过生产试织加以修正。而且,一定品种的织物总有自己特定的紧度范围,这是由它的性能与风格所决定的。即使是新的织物品种也往往是在类似品种的基础上发展而来的。因此,设计者应该熟悉各种织物的紧度范围和产品规格。

在确定织物经、纬密度(或紧度)时,还有一个问题必须重视和掌握。那就是,在紧密程度上决定织物性能与风格的,不仅是经向紧度、纬向紧度和总紧度的值的大小,而且经向与纬向紧度之比值也有着重要的影响。各类织物经、纬向紧度之间的关系有以下三种情况。

(1)经向紧度大于纬向紧度,即 $E_j > E_w$。

(2)经向紧度约等于纬向紧度,即 $E_j \approx E_w$。

(3)经向紧度小于纬向紧度,即 $E_j < E_w$。

大多数织物属于上述第一、第二类情况,但也有少数织物,由于其结构与风格的需要,纬向紧度大于经向紧度,例如,棉织物中的横贡缎、灯芯绒,毛织物中的某些大衣呢、提花毛毯,丝织物中的织锦缎等。在第一、第二类情况中,还要注意经纬密度比的大小。经纬密度比的差异会引起织物紧密程度与外观风格的变化。

棉织物的紧度范围比较宽广,从紧度很小的巴厘纱到紧度特大的卡其等。经纬密度比的差异也很大。常见本色织物的一般紧度范围见表2-1-10。

表2-1-10 常见原色棉织物的紧度范围

织物品种	织物组织	织物紧度(%)				结构相
		经向紧度 E_j	纬向紧度 E_w	$E_j:E_w$	总紧度 E	
平布	1/1	35~60	35~60	1:1	68~80	5左右
府绸	1/1	61~80	35~50	5:3	75~90	7左右
斜纹	2/1	60~80	40~55	3:2	75~90	5~6
哔叽	2/2	55~70	45~55	6:5	纱85以下 线90以下	5左右
华达呢	2/2	75~95	45~55	2:1	纱85~90 线90以上	7左右
卡其	3/1	80~110	45~60	2:1	纱85以上 线90以上	7~8
	2/2				线97以上	
直贡	5枚缎纹	65~100	45~55	3:2	80以上	6~7
横贡		45~55	65~80	2:3	80以上	3~4
麻纱	2/1经重平	40~50	45~55	1:1	60以上	3左右
绒坯布	平纹、斜纹	30~50	40~70	2:3	60~85	4左右
巴厘纱	1/1	22~36	20~34	1:1	38~60	5左右
羽绒布	1/1	70~82	54~62	3:2	88~92	6左右

(四)相似织物设计法

组织相同的两种织物,当其纱线线密度、密度、缩率和单位面积质量等方面都存在一定的比例关系时,在仿制与改进设计中,常常希望在织物的外观风格保持大致不变的情况下,改变织物的纱线线密度、密度与重量,使织物变得轻薄或者厚重。这就需要通过相似织物计算来解决。经、纬紧度与织物组织相同,而纱线线密度、密度与重量不同的两块织物称为相似织物。

设有两块相似织物 A 与 B,则:

$$E_{Aj} = P_{Aj} \times d_{Aj}$$
$$E_{Bj} = P_{Bj} \times d_{Bj}$$

根据相似织物的定义:$E_{Aj} = E_{Bj}$

$$P_{Aj}d_{Aj} = P_{Bj}d_{Bj}$$

而 $d_{Aj} = C_A\sqrt{Tt_{Aj}}$,$d_{Bj} = C_B\sqrt{Tt_{Bj}}$

$$\frac{P_{Bj}}{P_{Aj}} = \frac{C_A\sqrt{Tt_{Aj}}}{C_B\sqrt{Tt_{Bj}}} \tag{2-1-36}$$

如果两块织物使用的原料相同,则:

$$C_A = C_B$$

$$\frac{P_{Bj}}{P_{Aj}} = \frac{\sqrt{Tt_{Aj}}}{\sqrt{Tt_{Bj}}} \tag{2-1-37}$$

同理,纬向也存在同样的关系:

$$\frac{P_{Bw}}{P_{Aw}} = \frac{C_A\sqrt{Tt_{Aw}}}{C_B\sqrt{Tt_{Bw}}} \tag{2-1-38}$$

当 $C_A = C_B$ 时,

$$\frac{P_{Bw}}{P_{Aw}} = \frac{\sqrt{Tt_{Aw}}}{\sqrt{Tt_{Bw}}} \tag{2-1-39}$$

两块相似织物重量之间的关系,可表达如下式(设经纬纱细度相同):

$$\frac{W_B}{W_A} = \frac{\sqrt{Tt_{Bj}}}{\sqrt{Tt_{Aj}}} \tag{2-1-40}$$

或

$$\frac{W_B}{W_A} = \frac{\sqrt{Tt_{Bw}}}{\sqrt{Tt_{Aw}}} \tag{2-1-41}$$

式中:$W_A(W_B)$——分别为相似织物的单位面积质量(重量);

$\quad P_A(P_B)$——分别为相似织物的密度;

$\quad Tt_A(Tt_B)$——分别为相似织物的线密度;

$\quad C_A(C_B)$——分别为相似织物的纱线直径系数。

根据上述这些关系,就可以进行相似织物设计。相似织物设计在织物中用得较多。

(五)仿制法

该方法在色织物仿样设计时较常采用。

在仿样过程中,由于附样和产品在纱线线密度、密度、原料、组织等方面变化较大,所以需做好以下几方面的分析工作,才能着手仿制。

(1)认真仔细地看清仿制品种的技术规格和仿样要求。

(2)分析仿制产品和样品在技术规格上的差异程度,掌握影响仿制效果的主要因素。

(3)仿样要从实际的生产条件出发,既要保证仿制的质量,又要兼顾生产的可能性和生产的顺利进行。仿样一般是以一个完整的配色和组织循环即一花为单位。

现将仿样中几个基本内容分述如下。

1. 条形、格形的仿制 对样品的条形和格形进行仿制分以下两种情况。

(1)每筘经纱穿入数相等的产品。

①对照法。这是一种最简单的仿制方法,在仿样时,只要选择一块和产品的技术规格相同的成品布,将其置于被仿样品的旁边,取出样品一个花型循环,将此花型循环内的各色排列顺序分别和成品布对照,记下与各色条形、格形相对应的成品布的根数即可。

用这种方法仿制样品的条形、格形方法简单、准确,还可以不考虑产品在各加工过程中的加工系数。但一定要有符合规格要求的产品布,才能采用这种方法。

②比值法。这种仿制方法的具体工作步骤如下所述。

a. 记下样品一花的排列顺序和各色的根数。

b. 分别求出样品的经密和产品经密(成品密度)的比值,样品的纬密和产品纬密的比值。

c. 比值与样品各色根数相乘之积,即为产品一花的排列根数,有小数时予以修正。

例 2 仿制产品的技术规格为:线密度为 28tex × 28tex,密度为 303 根/10cm × 260 根/10cm,成品门幅为 91.4cm 的色织布,样品的密度为 362 根/10cm × 236 根/10cm。求仿制条型。一花排列见表 2 – 1 – 11。

求得 产品与样品经密比值 $\dfrac{303}{362} = 0.837$ 纬密比值 $\dfrac{260}{236} = 1.1$

将上述求出的比值与样品各色根数相乘之积即为样品的排列根数。

用比值仿制条型、格型准确性高。要求格型方正的产品在修正一花排列根数时,要考虑各色根数增减数量能满足格型方正的要求,仿样结果见表 2 – 1 – 11。

用比值仿制条形、格形准确性高。要求格形方正的产品在修正一花排列根数时,要考虑各色根数增减数量能满足格形方正的要求。验证方法可按下式计算:

$$\frac{产品每花经纱根数}{成品经密} = \frac{产品一花的引纬数}{成品纬密}$$

③测量推算法。纸板样和大格型的样品仿制时,一般采用这种方法。仿制步骤如下。

a. 量出样品一花内各色宽度,精确到 1mm。

b. 将各色的宽度乘以产品的成品密度,求出各色根数。

c. 修正计算的经、纬纱根数。

采用这种仿制方法测量要准确,否则就会影响仿样效果,同时在修正经、纬纱排列根数时,同样要考虑产品格型的方正要求。

例 3 产品的线密度为 13tex × 13tex,密度为 422 根/10cm × 267.5 根/10cm,成品门幅 91.4cm,格形照纸样。仿制结果见表 2 – 1 – 11。表 2 – 1 – 12 为测量推算法仿制结果。

表 2 – 1 – 11 花型排列及比值法仿制结果

经向	白 22	橘黄 6	白 8	橘黄 6	白 22	竹绿 10	黄豆 4	竹绿 4	黄豆 4	竹绿 20	橘黄 4	黄豆 10	橘黄 4	黄豆 10	橘黄 4	竹绿 20	黄豆 4	竹绿 4	黄豆 4	竹绿 10
A	18.4	5	6.7	5	18.4	8.4	3.3	3.3	3.3	16.7	3.3	16.7	3.3	8.4	3.3	16.7	3.3	3.3	3.3	8.4
B	18	5	6	5	18	8	4	4	4	16	4	8	4	8	4	16	4	4	4	8

续表

纬向	白 20	橘黄 6	白 6	橘黄 6	白 20	竹绿 6	黄豆 4	竹绿 4	黄豆 4	竹绿 20	橘黄 4	黄豆 8	橘黄 4	黄豆 8	橘黄 4	竹绿 20	黄豆 4	竹绿 4	黄豆 4	竹绿 6
A	22.0	6.6	6.6	6.6	22.0	6.6	4.4	4.4	4.4	22.0	4.4	8.8	4.4	8.8	4.4	22.0	4.4	4.4	4.4	6.6
B	24	6	6	6	24	6	4	4	4	24	4	10	4	10	4	24	4	4	4	6

注 经向是样品一花经纱排列,纬向是样品一花纬纱排列。

A 是产品一花排列(样品一花内各色纱线根数×比值:经向×0.837,纬向×1.1)。

B 是修正后的纱线根数。

表2-1-12　测量推算法仿制结果

		白	元	白	元	蓝	元	蓝	元	蓝	元
经向	A	3.2	12.7	3.2	4.8	4	6.4	9.5	3.2	4	4.8
	B	13.5	53.6	13.5	20.3	4	27	40.1	13.5	4	20.3
	C	14	52	14	22	4	26	40	14	4	22
		白	元	白	元	蓝	元	蓝	元	蓝	元
纬向	A	3.2	15.9	83.2	4.8	4	4.8	12.7	3.2	4	4.8
	B	8.6	42.5	8.6	12.8	4	12.8	34	8.6	4	12.8
	C	8	42	8	14	4	14	34	8	4	14

注 A 是纸样一花内各色纱线宽度,单位:mm。

B 是各色纱线宽度乘以产品的成品密度得出的一花纱线根数。

C 是修正后的一花纱线根数。

(2)各组织间每筘穿入数不相等的产品。即所谓花筘穿法的产品。如色织精梳泡泡纱,地组织通常是采用每筘3穿入,起泡组织是采用2穿入;色织缎条府绸地组织采用2穿入或3穿入,缎纹组织采用4穿入或5穿入等。由于,这类产品各组织之间密度不相同,因此,对样品条形、格形仿制时可采用下述方法。

①密度推算法。这种方法主要用于来样复制,对一些非自行设计的色织样品进行测试时,先确定其各组织的每筘穿入数,随后再定筘号。使产品保持样品的条(格)形。

例4　某色织物组织特征如图2-1-11所示,对其条形进行复制。

a. 量得缎纹宽度为6.4mm,经纱是25根。

b. 在平纹处也量出6.4mm的宽度,数得经纱是15根。

c. 用相同宽度的缎纹经纱数和平纹经纱数作比较得25∶15＝5∶3,这样就可推算到原样缎纹是每筘5穿入,平纹每筘3穿入。

图2-1-11　某色织物组织特征

d. 量得花纹宽度是9.5mm,纱线根数30根。

e. 在平纹处也量出9.5mm,数得经纱根数为22根。

f. 用同样宽度的花纹经纱数和平纹经纱作比较得:30∶22＝4∶3,推算出原样花纹处每筘是 4 穿入。

原样中各组织的每筘穿入数是平纹为 3 穿入,花纹为 4 穿入,缎纹为 5 穿入,样品的条格形即可复制。采用这种方法复制样品,测量时一定要精确。

②方程法。用方程法进行仿制,所采用的公式为

$$Ax + Bfx = (A + B) \times P \qquad (2-1-42)$$

式中:A——样品一花内代表地组织的各色总宽度;

$\quad\quad B$——样品一花内代表花组织的各色总宽度;

$\quad\quad P$——产品的成品平均密度;

$\quad\quad x$——产品的地组织处密度;

$\quad\quad f$——地组织与花组织穿筘数比值。如地组织每筘穿入数为 3,花组织每筘穿入数为 5,则 $f=5/3$。所以 fx 就是产品花组织处的密度。

例 5 欲生产线密度为 13tex × 13tex,密度为 471 根/10cm ×276 根/10cm,成品幅宽为 91.4cm 的色织布,花型为平纹地缎纹格子(图 2-1-12)。

a. 仿制时需做如下工作。

测量纸样一花内各组织及各色的宽度,并依顺序排列和累计平纹组织和缎纹组织的总宽度。经测量经向平纹总宽度 $a_j = 44.5$mm;缎纹总宽度 $b_j = 12.8$mm;纬向平纹总宽度 $a_w = 44.5$mm;缎纹总宽度 $b_w = 12.8$mm。见表 2-1-13。

表 2-1-13 纸样一花内各组织及各色的排列与宽度

	组织	缎纹	平纹			缎纹	平纹		
经向	排列	蓝	白	黄	白	红	白	黄	白
	宽度(mm)	4.8	6.35	4.8	6.35	8	11.1	4.8	11.1
	组织	缎纹	平纹			缎纹	平纹		
纬向	排列	蓝	白			红	白		
	宽度(mm)	4.8	17.5			8	27		

由于织物是经纬向都有平纹和缎纹组织,则经向缎纹区和平纹区的每筘穿入数分别为 4 穿入和 2 穿入,而纬向缎纹要求采用停卷,其停卷比例为 1∶1(即卷一纬停卷一纬)。

设平纹处密度为 x,则缎纹处的密度为 $fx = 2x$(因为 $f = 4/2 = 2$)。

由上式,则有经纱方向:

$$44.5x + 12.8 \times 2x = (44.5 + 12.8) \times 471$$

得 平纹处密度 $x = 385($根/10cm$)$

缎纹处密度 $fx = 384.5 \times 2 = 769$ 根/10cm

求出经纱一花排列与根数。

将 $x = 385$(根/10cm)分别乘以平纹处的各色宽度,$fx = 2 \times 385 = 770$ 根/10cm 分别乘以缎纹处各色宽度,即得经纱一花排列与根数,见表 2-1-14。最后将计算出的平纹密度、缎纹密度分别乘以织物上各自的宽度,即得纱线排列根数。

表 2 – 1 – 14　经纱排列

组织	缎纹	平纹			缎纹	平纹		
排列顺序	蓝	白	黄	白	红	白	黄	白
经纱计算根数	37	24.4	18.5	24.4	60.8	42.7	18.5	42.7
修正后产品一花的排列根数	36	25	18	25	60	43	18	43
穿筘数	9×4 入	34×2 入			15×4 入	52×2 入		
全花 268 根、110 筘								

纬向计算的方法与经向基本相同。

纬向密度计算。设纬向平纹处密度为 x_1，则纬向缎纹处密度为 $f_1x_1 = 2x_1$（纬缎纹处以 1:1 停卷，则 $f_1 = \dfrac{1+1}{1} = 2$）。由式（2 – 1 – 42），则有纬纱方向：

$$44.5x + 12.8 \times 2x = (44.5 + 12.8) \times 275.5$$

得　　　　　　　　　　纬向平纹处密度 $x_1 = 225$ 根/10cm

纬向缎纹处密度 $f_1x_1 = 2 \times 225 = 450$ 根/10cm

最后将计算出的平纹密度、缎纹密度分别乘以织物上各自的宽度，即得纬纱一花排列与根数，见表 2 – 1 – 15。这类纬缎格产品须注意纬向花纹循环不应破坏缎条的外观质量，所以，每花引纬数去掉停卷重复数外，余数应是偶数又是经缎纹的组织循环的倍数。

表 2 – 1 – 15　纬纱排列

组织	缎纹	平纹	缎纹	平纹
排列顺序	蓝	白	红	白
纬纱计算根数	21.6	39.3	35.6	60.8
修正后产品一花的排列根数	20	40	36	62
修正后产品一花的排列 158 根				

b. 用方程法仿样的几点说明。

用方程法仿样不仅可以仿制布面上有两种不同密度的样品的条形、格形，若以公式 $Ax + Bfx = (A + B) \times P_j$ 进行引申，即能对一花中有 3 种或 4 种，甚至多种不同密度的样品进行仿制。如样品一花内有 3 种密度，则其仿制公式为 $Ax + Bf_1x + Cf_2x = (A + B + C) \times P_j$。

用方程法仿样的关键是算出地组织处的密度 x。x 是随着样品组织的变化而变化的，还随各组织每筘穿入数的变化而变化。由于 x 值的变化对产品的内在质量影响很大，所以在确定 x 值的时候既要使产品保持样品的条格形，又要保证产品的内在质量和生产条件的许可。

用方程法仿样时，不考虑各种组织在织造过程中的收缩或伸长之间差异，因此，仿制大条（格）形样品，修正计算根数时应有 2% 的调整。

在实际仿样过程中，根据样品的特点，方程法计算方法还可以简化。

2. 花型的仿制　使产品在外观上保持样品花型特征的工作称作花型的仿制。花型的特征一般由大小和形态两个方面来描述。花型仿制的主要方法有移植法、调整穿筘法、调整花经法及综合调整法等数种。

（1）移植法。在样品和产品的经纬密度相近的条件下，把样品花型特征照搬到产品上的方法，即为移植法。

例6 产品是 14.5tex × 14.5tex，472 根/10cm × 267 根/10 cm 精梳府绸，样品是 13tex × 13tex，440.5 根/10cm × 283 根/10cm 涤/棉府绸，产品与样品的经纬密度相近。

经分析可以采用移植法仿制。仿制时，只要对附样花型进行组织分析，配以相应的穿综法、穿筘法及纹板图，即能使样品的花型特征在产品上得到移植，移植法仿样简单、易做，但经仿制后的花型有变异。

（2）调整穿筘法。当样品与产品经密差异甚大，而纬密接近的条件下，可以采用调整花区与地区的穿筘方法，对样品花型进行仿制。调整穿筘法的目的是使产品花区的经密接近样品花区的经密，达到花型仿制的目的。

其具体仿造步骤如下。

①对样品花型作组织分析。

②测量花区宽度，推算样品花区的密度。样品花区密度 = 花区根数/花区宽度。

③根据样品花型的组织特点，并参照实际生产中类似花型的穿筘方法，确定产品花区及地区的每筘穿入数。

④参照前述方程法对花型仿制的效果进行验算。

⑤为了掌握花型仿造的效果，防止事故，须对花型进行验证。

例7 生产 (14×2) tex × 17tex，成品密度为 370 根/10cm × 252 根/10cm，坯布密度为 346 根/10cm × 259.5 根/10cm 的色织府绸，花型如图 2 - 1 - 13 所示。

图 2 - 1 - 13 色织府绸花型

解 ①图 2 - 1 - 13 所示的样品是经起花型，组成花区的经纱是 32 根。

②样品花区的宽度为 6.4mm，推算得花区密度 = 花区根数/花区宽度 = 504 根/10cm。

③根据样品花区的密度，产品只有采用花筘穿法，使产品花区的密度接近 504 根/10cm，才能仿造上图花型。参照实际生产中类似花型的穿筘方法分别由花经 4 穿入、地经 3 穿入；花经 5 穿入、地经 3 穿入，及花经 3 穿入、地经 2 穿入三种不同花筘穿法。这三种花筘穿法花型仿造效果见表 2 - 1 - 16。

表 2 - 1 - 16 不同花筘穿法花型仿造结果比较

穿筘方法		产品花区成品密度 （根/10cm）	样品花区密度 （根/10cm）	产品与样品花型的 差异率（%）
花经	地经			
4 入	3 入	456		10.3
5 入	3 入	527	504	−4.5
3 入	2 入	496		1.4

由此可知，仿造上述花型，产品宜采用花经 3 穿入、地经 2 穿入的花筘穿法效果最好。但在实际生产中，除了考虑仿制效果以外，还应适当考虑产品在穿综及织造中的方便，也就是说，在不太影响仿制效果的前提下，选择有利于各道加工工序的花筘穿法。

仿制花型差异率是表示产品与样品在花型上的变化程度,其计算式为:

$$仿制差异率 = \frac{附样花区的密度 - 产品花区的密度}{产品花区的密度} \times 100\%$$

仿制差异率有正值、负值,正值表示产品的花型比样品的花型大,负值表示变小。

调整穿筘法不能适用于满地花和类似满地花的组织等各类花型的仿制。

(3)调整花经法。对样品花型中的花经做适当的变化来达到仿样的目的的方法称为调整花经法。这种方法只适用于花型较大,并列花经2根以上的样品进行花型仿制。

仿制步骤如下。

①对样品作组织分析。

②算出产品与样品的花、地经密之间的比值。

③根据求得的比值及花型的组织结构对花经作适当的调整。

(4)综合调整法。当产品与样品的经、纬密度均有很大差异的情况下,在仿样时综合运用调整穿筘法和调整花经法来保持样品花型的宽度,用改变花经组织点的方法来保持样品花型的长度,这种仿造花型的方法简称综合调整法。

3. 色泽仿照 色织产品色泽的仿照,即是保持样品的外观色泽。

色织物所表现的色彩是织物表面经浮点与纬浮点色彩的空间混合效应。

引起织物表面色泽变化的因素很多,如产品与样品在紧度比值上的差异(紧度比值是以经向紧度/纬向紧度来表示的)、组织结构的变化、色纱染色上的级差等,因此,在色泽仿照时,必须分析和估计上述因素在色泽仿照中的作用。

基于上述原理,在色彩仿样时,必须仔细分析样品的色、纱、组织和紧度等条件,并与所设计产品进行对比研究。根据设计产品与样品的异同,进行色彩仿样设计,以求逼真。

如织物经纱用蓝色,纬纱用灰色,织物表面就是介于经纬二色之间的灰蓝色。实验证实,在织物经纬向紧度的比值为1的时候,仅加深经纱之蓝色,则织物表面就会偏蓝。仅加深纬纱之灰色,织物就会偏灰。实际生产中,对一些色花、色差的纱线使用不妥时,就容易产生条花或色档疵布。其原因就是纱线的色泽不稳定,忽深、忽浅。由实验还可以证实,若保持上述蓝经、灰纬的色泽不变,仅增加织物的经向紧度,则织物的色泽就偏蓝。仅增加织物的纬向紧度,则织物的色泽就偏灰。花筘穿法的产品,即使其经纱色泽相同,但成布后各经条的色泽就有差异,其原因就是紧度不同所致。

可见织物表面的色泽变化不仅与经纬纱线的颜色有关,而且和织物经纬向紧度的比值有关。

色泽仿照的注意事项如下。

①限于色织生产的特点,对格子样品的色泽仿照只能以主要面积处的色泽为准。

②在色泽仿照时,要注意样品与产品组织有否变化。组织上的变化,结果就是紧度上的变化,必然会引起产品表面色泽的变化。应做相应的选色措施。如原样是纬缎格的样品,现改成平纹格型,那原纬缎处用色应偏深1~2级。

4. 风格模仿 使用不同原料制成的各种织物,如毛织物、丝织物、麻织物等;采用不同加工方式的产品,如针织品、色织布、白织印染产品等,这些织物都有其独特的风格。仿样时,使产品尽可能地保存上述各类样品原有的风格称为风格的模仿。

织物的风格主要是通过风度和品格这两个标志来反映的。风度是指给人的感觉,如毛型感、丝绸感等。品格是指厚度、质地等。工艺设计时,对样品风格的模仿方法如下。

①选用适当的纤维,使产品所用的纤维性能具有类似或接近样品纤维的性能,如仿毛织物就可选用中长纤维原料,使产品富有毛型感。

②做必要的纱线选择,如仿丝绸织物选用细特(高支)纱,仿毛产品用粗特(低支)纱,使产品厚度接近样品厚度,达到手感相同。

③确定产品的组织和经纬密度,使之与样品的紧度相同或接近,以达到和样品相同的质地。

④选择合适的整理工艺,使织物通过整理以后,模仿风格突出。如仿丝绸织物一般选择仿丝绸整理,仿毛织物就采用毛型整理。

风格模仿时,由于各类样品的风格大不相同,因此,模仿工作较为复杂,必要时还须重新进行组织设计和制订染整工艺。

5. 仿样注意事项 仿样是一项比较复杂而且要求较高的工作,为了避免仿样效果不理想或加工生产复杂,因此,在仿样时必须注意以下几个方面。

(1)样品能不能进行仿制。如下列样品就不能进行仿制。

a. 经、纬向色纱排列杂乱无章的样品,找不出排列规律的就无法仿样。

b. 组织特征和用纱要求超过生产设备能力的样品,如目前国内定型织机用综不超过 16 片,纬纱用色不多于四色。

(2)仿样效果能不能达到要求。如某些深色底纸样中嵌有白色的经条,组织要求平纹,这种纸样仿制效果不容易达到预期要求。因为色织物表面的色泽是经纬色纱混合色,该样品如果纬纱用深色,则经向白嵌条的色泽大大变深,不成白条。如纬纱用白色,白经条的要求达到,但深色底变成了中色底,甚至浅色底,总之顾此失彼,达不到仿样要求。

又如,样品与产品所用的染料不同,染色性能也不同,出现某些染色不良或不能染的色泽,仿样效果也达不到要求。

(3)样品是否符合生产的要求。如某些样品花经特别少,花经浮长又较长,若用双轴生产,无法整经。若采用单轴生产织造时,会发生空关车。

又如样品的色纬排列要有较多的自 1 到 4 或 4 到 1 的隔梭箱跳跃等要求。诸如这类仿样都难以生产。

二、布边设计

(一)布边的作用与要求

布边设计是织物设计的重要组成部分。

1. 布边的作用

(1)增加织物边部强度,防止织物在织造过程中幅宽方向的过分收缩,既可使布面平整,又可减少边部经纱与筘齿的摩擦,减少边纱断头。

(2)在染整过程中保持布幅,防止撕裂或卷边。

(3)布边有一定的美化与装饰作用,布边平直是织物外观的重要方面。

2. 布边的要求 为了使布边达到上述作用,应对布边提出如下要求。

(1)布边需坚牢,外观平直整齐。

(2)布边组织尽量简单,与布身组织配合协调,缩率一致。

(3)在达到布边作用的前提下,尽量减少边经根数,能不用布边的,尽量不用。

(二)布边的宽度与密度

在保证布边作用的前提下,布边宽度应尽量窄些。在各类织物中,布边宽度一般为布幅的 $0.5\% \sim 1.5\%$ 。棉织物的布边较窄,通常每边为 $0.5 \sim 1\text{cm}$;由于布幅的收缩作用,同时也为了加强布边,以有效地抵抗摩擦,布边经密往往高于布身。但布边过紧会引起布边与布身的织缩差异和卷边。故在可能条件下,应尽量保持与布身经密一致或略高于布身。棉织的中平布,布边经密比布身高一倍;高经密的府绸与斜卡织物可与布身相同;斜纹织物布边比布身提高 $10\% \sim 20\%$;缎纹织物则相同。

(三)布边组织

布边组织应与布身组织相适应,保持缩率相近,防止发生卷边现象。为此,应尽可能采用同面组织,其平均浮长与布身相同或接近。布边组织还应力求简单,尽可能利用布身的综框。

常用的布边组织有以下几种。

1. 平纹组织　平纹布边在棉、毛、丝各类织物中均有应用。棉织府绸不另设布边,即边部组织与布身组织相同。密度不大的平纹地小提花织物,毛织平纹薄花呢,中等以下密度的平纹丝织物(如双绉有光纺、尼丝纺)等也常采用平纹布边。平纹布边,组织简单,交织点多,坚牢度好,适用于纬密小的平纹织物,纬密大时,织制困难。

2. 纬重平组织　纬重平布边的性质与平纹布边相同。织制一般棉平布时,常将两根边经穿入同一综眼内,当作一根经纱使用,从而形成纬重平布边。这种布边在毛、丝织物中也常采用。

3. 经重平组织　织制纬密较大的各种织物时,布边常用 $\frac{2}{2}$ 经重平组织。由于在经纱方向较之平纹与纬重平减少了交织点,可以防止布边过紧,缩率过大,从而获得平整的布边。采用经重平组织应注意左右两侧布边的组织点应错开一纬,并注意投纬方向,以防"锁不上边"。棉、毛、丝各类斜纹织物,纱罗织物以及丝织线绨、软缎被面等常采用经重平组织。

4. 方平组织　方平组织是使用最广泛的一种布边组织。采用方平组织做布边时,像经重平一样,两侧需错开一纬,并注意投纬方向。

单面卡其正反面组织不同,若采用反斜纹布边,在印染加工中还有可能出现卷边现象(布的两边向反面卷),故宜采用方平组织做布边,不过,需另设边综。

其他一些变化组织和联合组织也常采用方平组织做布边,如棉织中的纱罗织物、四纬毛巾织物,毛织物中的巧克丁等。

5. 变化重平组织　五枚缎纹组织的织物可以采用方平组织布边。这对直贡缎比较合适,对横贡一类单纱纬面缎纹织物,布身单薄,纬密较大,若采用方平布边,断边经较多,布较紧,这时可以采用"多经二纬变化纬重平组织"布边。

采用这种布边组织,由于可以将多根经纱穿入同一片综或同一筘齿中,织造时抗曲折能力大,使经纱与筘片摩擦减少,纬向浮长也较长,故纬缩减小,布边较松,断边较少,印染加工中亦不易卷边。

有些织物为了使布边与布身组织相协调,可直接利用布身的几片综框,形成变化重平组织。例如,三纬毛巾织物采用变化重平组织做布边。

6. 斜纹组织　斜纹组织布边常用于各种斜纹织物,有以下几种情况。

（1）与布身组织相同的布边或者说无布边，适用于$\frac{2}{1}$、$\frac{2}{2}$等正反面浮长线相等或接近的、密度中等的斜纹织物，如紧度不大的哔叽等。这种布边组织也需注意投纬方向，这种布边容易发生卷边现象。

（2）反斜纹布边组织，采用斜纹布边时，为了防止卷边，常令其斜纹方向与布身斜纹方向相反。

（3）人字斜纹布边组织，如采用反斜纹布边仍发生卷边现象，则可采用方平组织布边，或采用人字斜纹布边。

7. 其他布边组织 从上述各种布边组织可以看出，布边组织应随布身组织及经纬密度大小而定。在确保布边平直、交织良好的情况下，尽量利用布身综框，必要时才另选边组织，另设边综或改变穿综方法及边纱根数。所用布边组织也不限于上述几种。

 任务实施

一、不同品种的密度与紧度的设计计算

（一）理论计算法设计经纬密度

拟设计某种精梳府绸，其经、纬纱线密度采用 J14.5tex×J14.5tex。结构相设为7，其经向为最大紧密状态，纬向紧密率为77%，求其经纬密度。

解：已知 $R_j = R_w = 2, t_j = t_w = 2, d_j = d_w, K_j = 100\%, K_w = 77\%$。则由式（2-1-23）、式（2-1-24）分别得：

$$P_{j\text{紧}} = \frac{R_j}{(R_j - t_w) + \frac{1}{8}\left(1 + \frac{d_w}{d_j}\right) \times t_w \ \sqrt{(9-f)(7+f)}}$$

$$= \frac{2}{(2-2) + \frac{1}{8} \times (1+1) \times 2 \ \sqrt{(9-7)(7+7)}}$$

$$= 75\%$$

$$P_{w\text{紧}} = \frac{R_w}{(R_w - t_j) + \frac{1}{8}\left(1 + \frac{d_j}{d_w}\right) \times t_j \ \sqrt{(17-f)(f-1)}}$$

$$= \frac{2}{(2-2) + \frac{1}{8} \times (1+1) \times 2 \ \sqrt{(17-7)(7-1)}}$$

$$= 51.7\%$$

由式（2-1-25）、式（2-1-26）得该织物的经纬密度分别为：

$$P_j = \frac{E_{j\text{紧}}}{d_j} \cdot K_j = \frac{E_{j\text{紧}}}{0.037 \ \sqrt{Tt_j}} \cdot K_j = \frac{0.755}{0.037 \ \sqrt{14.5}} \times 100\% = 536 \ \text{根}/10\text{cm}$$

$$P_w = \frac{E_{w\text{紧}}}{d_w} \cdot K_w = \frac{E_{w\text{紧}}}{0.037 \ \sqrt{Tt_w}} \cdot K_w = \frac{0.517}{0.037 \ \sqrt{14.5}} \times 77\% = 283（\text{根}/10\text{cm}）$$

（二）经验公式法设计经纬密度

（1）设计某种棉织$\frac{2}{2}$斜纹织物，经、纬纱线密度均为 28tex。拟定经密为 335 根/10cm，相

对密度为 0.84，求该织物的纬密。

解：先求出转化为方形织物时的最大密度：

$$P_{max} = \frac{1321.7}{\sqrt{28}} \times 1.31 = 325（根/10cm）$$

式中，1.31 为斜纹织物的 F^m 值。

当该织物的经密为 335 根/10cm 时，纬密应为：

$$P_w = (325 \times 0.84)^{1.67} \times 335^{-0.67} = 239（根/10cm）$$

（2）设计一棉贡缎织物。初步拟定经纬纱细度为 29tex×36tex，织物的相对密度为 0.92，当经密为 504 根/10cm 时，其纬密应为多少？

解：此织物转化为方形织物时的最大密度为：

$$P_{max} = \frac{C}{\dfrac{Tt_j + Tt_w}{2}} \times F^m = \frac{1231.7}{\dfrac{29+36}{2}} \times 1.47 = 340.8（根/10cm）$$

式中：1321.7——棉织物的 C 值；

1.47——贡缎织物的 F^m 值。

现设织物的相对密度为 0.92，经密为 504 根/10cm，则由式（2−1−35）得：

$$P_w = (P_{max} \cdot x)^{1+0.67q} \times P_j^{-0.67q} = (340.8 \times 0.92)^{1+0.67\sqrt{\frac{29}{36}}} \times 504^{-0.67\sqrt{\frac{29}{36}}}$$
$$= 235.9（根/10cm）$$

故可确定该贡缎织物的纬密为 236 根/10cm。

（三）相似织物设计法设计经纬密度

设有一棉织物，经纱用 18.2tex，经密为 307 根/10cm，纬纱用 13.3tex，纬密为 358 根/10cm。现拟将纬纱改用 9.7tex，经纱线密度及织物密度不变。问若要保持织物原有风格，纬密应为多少？

解：保持织物原有风格，即织物的紧度保持不变。利用公式（2−1−40）得：

$$P_{BW} = P_{AW} \cdot \frac{\sqrt{Tt_{Bw}}}{\sqrt{Tt_{Aw}}} = 358 \times \frac{\sqrt{13.3}}{\sqrt{9.7}}$$
$$= 419（根/10cm）$$

二、任务中品种的布边确定

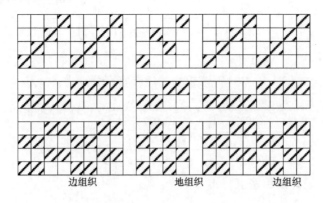

边组织　　　　　　　地组织　　　　　　　边组织

思考练习

1. 阐述织物密度设计的基本方法和各自的特点。

2. 今设计一纱直贡织物,其经、纬纱密度为 26tex×34tex,织物组织为六枚经面缎纹,经向密度为 524 根/10cm。求其纬向最大密度。

3. 相同规格的腈纶比棉织物紧密厚实的原因是什么? 与 32.4tex 棉纱同样粗细的腈纶纱线密度应为多少? (若腈纶直径系数 $C=0.074$)

4. (27.8tex×2)×(27.8tex×2),293 根/10cm×169 根/10cm 的纯棉劳动布,现改用相同线密度股线的纯维纶生产,如欲基本保持其原来的结构特征,概算织物的经纬密度。(若维纶的直径系数 $C=0.041$)。

5. 织物规格为 27.8tex×27.8tex,338.5 根/10cm×251.2 根/10cm 纯棉绉纹呢织物,若改用纯维纶织制,如果纱线的线密度与经纬纱密度都不变,试预计两者的区别。(若维纶直径系数 $C=0.041$)

6. 设有一棉织物,经纱用 18.2tex,经密为 307 根/10cm,纬纱用 13.3tex,纬密为 358 根/10cm。现拟将纬纱改用 9.7tex,经纱线密度及织物密度不变。问若要保持织物原有风格,纬密应为多少?

7. 一出口产品规格为 14tex×2×17tex×2(42 英支/2×34 英支)346 根/10cm×260 根/10cm[88 根/英寸×66 根/英寸]的纯棉府绸,现改用涤/棉(65/35)13tex×2×21tex×2(45 英支/2×28 英支)纱生产,如欲保持织物的原有风格(提示:经纬向紧度不变),试概算新织物的经纬向密度为多少? [若涤/棉(65/35),$C=0.038$]

8. 布边设计要注意哪些问题?

项目二 织物规格设计与计算

 **学习目标**

- 织物技术条件。
- 织物的规格项目。
- 织物的规格设计计算。包括织物的幅宽和匹长、经纬纱织缩率、总经根数等的计算。
- 织物的重量和用纱量的计算。
- 织物断裂强度的计算。
- 穿经工艺的计算,包括综、筘及停经片的计算。

重点难点

- 织物的规格项目内容。
- 筘号与筘幅的设计计算。
- 总经根数的计算。

学习要领

- 掌握织物的主要规格计算方法。
- 常见织物各相关参数的选择原则。

教学手段

多媒体教学法、情境教学法、案例教学法、实物样品展示法。

任务一 织物技术设计计算

学习目标

1. 掌握织物规格主要内容。
2. 掌握织物的主要规格计算方法。
3. 织物断裂强度的计算。

任务描述

在制定工艺规格之前,首先应详细分析、了解任务书的内容。如织造 19.5tex × 19.5tex, 267.5 根/10cm × 267.5 根/160cm,匹长 45m × 3 细平布,对纱线线密度、坯布密度、幅宽及匹长等项目一般都有明确规定,这些项目是设计的主要依据和要求。

相关知识

为使织物满足使用要求和具有某种独特的风格,各种织物均需达到规定的技术条件。在确定织物品种、所用原料、纱线结构和织物组织之后,就需要进一步确定织物经、纬织缩率、总经根数、筘号、筘幅等项目。上述各项中,有些项目之间是互相联系的,因此,要结合产品的实际情况综合考虑,并经反复计算后才能确定。所以,上机计算是一项比较复杂的工作,它直接影响产品质量的优劣,同时对降低产品成本、加速资金周转、减少呆滞纱、保质保量地为产品供应原材料、稳定生产秩序等都有极大的作用。

一、经、纬纱线密度

(一)经、纬纱线密度的配置

一般经、纬纱采用相同或较接近的线密度相搭配,经纬纱线密度配制有以下三种方法。

1. 经纬纱线密度相同 如平布经纬纱线密度为 42tex × 42tex、29tex × 29tex、19.5tex × 19.5tex;府绸经纬纱线密度为 14.5tex × 14.5tex、J10tex × 2/J10tex × 2 等,生产管理方便,使用广泛。

2. 经粗纬细 如平绒织物经纬纱线密度为 19.5tex × 14.5tex、10tex × 2 × 14.5tex 等,此种织物生产率较小,较少采用。

3. 经细纬粗 如绒布织物的经、纬纱线密度为 29tex × 58tex、18tex × 42tex、21tex × 28tex 等。这些织物的织机生产率较高。

(二)经、纬纱线密度的选择

经、纬纱线密度一般根据织物的特征和用途而定。

1. 平布类 粗平布选用 32tex 及以上(18° 及以下),布身厚实。中平布选用 21 ~ 32tex (28 ~ 19°)的纱线,柔软舒适。细平布选用 11 ~ 20tex(55 ~ 29°),细薄光洁。

2. 府绸类 一般选用 9.7 ~ 14.5tex(60 ~ 40°),细薄有丝绸感。

3. 华达呢 一般选用 14tex × 2 × 28tex(42°/2 × 21°),股线与单纱相交织,一般采用相近的线密度进行配置。

(三)线密度、英制支数的换算

线密度、英制支数的换算见表 2 - 2 - 1、表 2 - 2 - 2,公式如下:

$$线密度 = \frac{换算常数}{英制支数} \times \frac{100 + 特数制公定回潮率}{100 + 英制公定回潮率} = \frac{换算常数}{英制支数} \tag{2-2-1}$$

表2-2-1　常用纯纺、混纺纱线密度与英制支数的换算常数

原料	混纺比	英制公定回潮率(%)	线密度公定回潮率(%)	换算常数
纯棉	100	9.89	8.5	583
纯化纤	100			590.5
涤/棉	65/35	3.72	3.2	587.5
棉/维	50/50	7.45	6.8	586.9
棉/腈	50/50	5.95	5.3	586.9
棉/黏	75/25	10.67	9.6	584.8
涤/棉/锦	50/33/17	4.23	3.8	588.1

表2-2-2　线密度、支数、旦数的定量换算

代号	tex(Tt)	旦(D)	英支(Ne)	公支(Nm)
公定回潮率(%)	8.5	8.5	9.89	8.5
定量	g/1000m	g/9000m	840Yds/P	1000m/kg
Tt(tex)	1Tt	0.111D	583/Ne	1000/Nm
D(旦)	9Tt	1D	5247/Ne	9000/Nm
Ne(英支)	583/Tt	5427/D	1Ne	0.5813/Nm
Nm(公支)	1000/Tt	9000/D	1.715Ne	1Nm

二、织物的幅宽与匹长

(一)幅宽

织物设计所规定的幅宽是公称幅宽,它是指工艺设计的标准幅宽。织物幅宽以 cm 为单位(精确到0.5cm的整数倍)。织物的幅宽随织物类型、用途及销售地区等因素而不同。国家对某些类型的织物规定有系列幅宽标准,织物设计时,根据需要与本厂机械设备条件来确定。

本色棉布的幅宽,优先在棉本色布技术条件制定规定(GB/T 406—2018)或普梳涤与棉混纺本色布技术条件制定规定(FZ/T 13012—2014)中选用,有特殊要求时,可另作规定。国家标准中,本色棉布常用的幅宽系列有中幅与宽幅两个系列。

1. 中幅 81.5cm、86.5cm、89cm、91.4cm、94cm、96.5cm、98cm、99cm、101.5cm、104cm、106.5cm、122cm。

2. 宽幅 127cm、132cm、137cm、142cm、150cm、162.5cm、167cm。

色织物的幅宽系列有76.2cm、81.2cm、86.2cm、86.3cm、91.4cm、111.7cm、121.9cm 等。

(二)匹长

织物匹长应根据用户要求、织物用途、单位面积重量、织物厚度和织物卷装容量等因素以及产品类型而定。匹长分单匹长和联匹长两种。织物匹长以 m 或码(yds)为单位,内销产品以米计长;外销产品往往以码计长,带一位小数。一般原色棉布成品匹长在27~40cm,每折幅为1m,市销布一般匹长为40m。为了提高生产率,便于印染加工,从织机上落布时,往往将几匹布一起落下,通常称为联匹。联匹长随织物种类而不同,厚织物一般采用2~3联匹,一般织物采

用 3 ~ 4 联匹,薄型织物采用 4 ~ 5 联匹。

在织物技术计算中,公称匹长是指工艺设计的标准匹长;规定匹长是指叠布成包匹长。两者之间关系可按下式确定:

$$规定匹长 = 公称匹长 + 加放布长$$

产品成包后,由于储存时间、气候及织物性质等方面的影响,到拆包使用时,会产生自然回缩。为了保证拆包使用时的成品长度符合规定长度,往往在成包时,需加放一定长度。各种织物的加放长度随织物品种、存放时间和温湿度而定,即织物的自然缩率,一般为 0.5% ~ 1.5%。加放长度通常在下机整理规定折幅时确定。每幅(1m)加放 2 ~ 10mm(色织与白织大致相同)。即:

$$加放布长 = 折幅加放布长 + 布端加放布长 = 规定匹长 × 自然缩率$$

$$规定匹长 = \frac{公称匹长}{1 - 自然缩率} \qquad (2-2-2)$$

三、经、纬纱织缩率

经、纬纱织缩率的大小将影响用纱量、墨印长度、筘幅、筘号等的计算。

由于经、纬纱在织物中屈曲,因此,所织成的织物长度必然比其中的纱线长度要短。织物中纱线长度与坯布长度之差对纱线长度之比称为织缩率。经纱织缩率与纬纱织缩率分别按以下两式计算,一般取 2 位小数。

$$a_j = \frac{L_j - L_{bj}}{L_j} \times 100\% \qquad (2-2-3)$$

$$a_w = \frac{L_w - L_{bw}}{L_w} \times 100\% \qquad (2-2-4)$$

式中:a_j、a_w——经、纬纱织缩率;

L_j、L_w——织物中的经、纬纱长度;

L_{bj}、L_{bw}——织物的经向和纬向长度。

各种织物的经纬纱织缩率差异较大,影响因素也比较多。重要的有以下几项。

1. 纤维原料 不同原料的纱线在外力作用下的变形能力不同,对织造缩率的影响也不同。一般来说,易于屈曲的纱线,其织缩率较大;易于产生塑性变形的纱线,其织缩率较小。

2. 经、纬纱细度 一般来说,粗特纱织物的缩率大,细特纱织物的缩率小。在同一织物中,经、纬纱细度不同时,细特纱易于屈曲,织缩率大,粗特纱不易屈曲,织缩率小。

3. 经、纬纱密度 一般来说,密度大的织物,其织缩率大于密度小的织物。同一织物中,经、纬纱织缩率与织物结构密切相关。在纱线细度相同的情况下,密度大的方向的纱线,屈曲波高大、织缩率大;反之,则织缩率小。对某一织物来说,经、纬纱织缩率之和接近于一常数。当经密增大、纬密减小时,结构相提高,经纱织缩率增大、纬纱织缩率减小;反之,则纬纱织缩率增大、经纱织缩率减小。

4. 织物组织 平均浮长小的织物,纱线屈曲次数多,织缩率就大。故一般来说,平纹织物的织缩率大。

5. 纱线结构 纱线捻度的大小、上浆率高低等因素都会影响纱线的刚度,刚度大的纱线不易屈曲,织缩率就小。

6. 织造工艺参数 上机张力、开口迟早、后梁高低等织造工艺参数都会影响经、纬纱的张力,从而影响它们的织缩率。车间温湿度对织缩率也有影响。

织物设计时,确定经、纬纱缩率的方法有几种。可以采用一些理论公式或经验公式来计算。但由于影响缩率的因素很复杂,理论计算的结果往往与实际有较大的出入。如果是仿制某种产品,则可从分析样品中求得其织缩率,然后通过试织来修正。在设计新产品时,也往往先参考类似品种,确定缩率,待产品试织后再加以修正。

本色棉布各种织物的经纬缩率见表2-2-3。

表2-2-3 常见本色棉布织造缩率参考表

织物名称	原纱线密度(tex)		密度(根/10cm)		织缩率(%)	
	经纱	纬纱	经纱	纬纱	经纱	纬纱
粗平布	58	58	181	141.5	11.20	5.44
	48	36	228	232	12.50	6.90
	36	36	228	228	9.70	6.81
中平布	29	29	188.5	188.5	5.00	8.34
	29	29	236	236	8.00	6.66
	28	28	236	228	7.50	6.66
细平布	19.5	19.5	267.5	236	6.50	5.87
	18	18	288.5	314.5	7.00	7.19
	14.5	14.5	354	314.5	7.65	5.00
	J10	J10	283	283	3.2	5.76
纱府绸	29	29	326.5	188.5	9.10	3.58
	19.5	14.5	393.5	236	8.50	3.99
	J14.5	J14.5	523.5	283	11.00	2.21
	J14.5	J14.5	547	283	11.30	2.13
半线府绸	10×2	14	543	255.5	16.01	1.45
线府绸	J10×2	J10×2	472	236	11.00	1.66
	6×2	6×2	610.0	299	11.34	1.86
纱斜纹	32	32	346	236	9.50	4.53
	18	18	342.5	421	6.60	7.60
半线斜纹	18×2	36	287	220	7.00	5.41
纱哔叽	28	28	283	248	5.50	6.95
半线哔叽	18×2	36	354.5	220.5	12.40	3.50
纱华达呢	28	28	484	236	9.73	1.23
半线华达呢	18×2	36	416	216.5	11.00	3.00
	14×2	28	456.5	251.5	9.20	2.17
全线华达呢	14×2	14×2	470.5	267.5	11.00	3.03
纱卡其(单)	29	29	425	228	9.20	3.70

织物名称	原纱线密度(tex)		密度(根/10cm)		织缩率(%)	
	经纱	纬纱	经纱	纬纱	经纱	纬纱
	32	32	409	236	11.00	3.80
半线卡其(单)	14×2	28	481.5	236	8.50	1.95
半线卡其(双)	14×2	28	543	269	11.50	1.45
全线卡其	J10×2	J10×2	614	299	12.00	2.57
直贡	14×2	28	354	240	4.80	5.15
横贡	14.5	14.5	389.5	551	4.80	5.30
羽绸	18	18	456.5	314.5	7.00	4.30
麻纱	18	18	275.5	314.5	2.00	7.87
绉纹布	28	28	337	251.5	6.61	5.48
涤/棉细布	13	13	378	342.5	9.00	5.00
涤/棉府绸	13	13	523.5	283	10.6	2.34

常见色织产品的经纬织缩率可以参考表2－2－4。

表2－2－4 部分色织物的经纬纱织缩率

织物名称	组织	经纬细度(tex)	经纬密度(根/10cm)	经缩率(%)	纬缩率(%)
素花呢		(14+14+14)×36	318.5×228	11.8	3.8
格花呢	绉地	(18×2)×36	263.5×236	10	4.1
色织府绸	平纹地小提花	J14.5×J14.5	472×267.5	9.6	3.3
缎条府绸	平纹、缎条	(14×2)×17	346×259.5	10	5~5.2
涤/棉府绸	平纹地小提花	13×13	440.5×283	10	5
色织绒布	$\frac{1}{3}$斜纹	28×42	251.5×283 (64×72)	6.9	7.7
被单布	平纹	29×29	279.5×236	10	3.6
家具布	缎纹	29×29	354×157	7.3	3.9
细纺布	平纹	14.5×14.5	314.5×275.5	6.5	5.9
涤黏中长布	平纹	(18×2)×(18×2)	228×204.5	10.4	4.1

四、浆纱墨印长度

浆纱墨印长度表示织成一匹布所需的经纱长度。以 m 为单位,保留两位小数。

$$墨印长度 = \frac{规定匹长}{1 - 经纱织缩率} \tag{2-2-5}$$

浆纱墨印长度的校正应注意以下几点。

(1)每缸纱浆后宜测定浆纱墨印长度一次,如不正确应及时校正。

（2）织物品种翻改时，或浆纱工艺条件（如浆纱速度、上浆率、伸长率等）改变时须调整浆纱墨印长度。

五、筘号与筘幅

(一)筘号

筘号有公制筘号和英制筘号两种表示方法。公制筘号是以每10cm内的筘齿数表示，其筘号范围为40~240号；英制筘号是以5.08cm（2英寸）内的筘齿数表示。织物设计时，确定筘号的方法根据经纱密度、纬纱织缩率、每筘穿入数以及生产的实际情况而定。常用的计算方法如下：

$$N_k = \frac{P_j(1-a_w)}{Z_{ch}} \qquad (2-2-6)$$

式中：N_k——公制筘号，齿/10cm；

P_j——经纱密度，根/10cm；

a_w——纬纱织缩率，%；

Z_{ch}——每筘齿经纱穿入数，根。

英制筘号与公制筘号的换算关系如下：

$$公制筘号 = 1.97 \times 英制筘号 \qquad (2-2-7)$$
$$英制筘号 = 0.508 \times 公制筘号 \qquad (2-2-8)$$

公制筘号取0.5的整数倍；英制筘号除取整数外，还有0.25、0.5、0.75。当小数小于0.125时，舍去取整数；0.125~0.375时取0.25；依此类推。

(二)筘幅

经纱在织机上的穿筘幅宽也称上机筘幅，可按下式计算：

$$筘幅(cm) = \frac{总经根数 - 边纱根数 \times \left(1 - \frac{布身每筘穿入数}{布边每筘穿入数}\right)}{布身每筘穿入数 \times 筘号} \times 10 \qquad (2-2-9)$$

计算结果以cm表示，取两位小数，第三位四舍五入。确定穿筘幅宽时，应尽量利用织机筘幅，适当留有余筘。最大筘幅和织机公称筘幅关系见表2-2-5。

表2-2-5　最大筘幅与织机公称筘幅关系　　　　　　　　单位：[cm(英寸)]

织机公称筘幅	111.8 (44)	142.2 (56)	160 (63)	190 (75)
经纱最大穿筘幅度	105 (41.3)	133 (52.3)	150 (59)	180 (71)
最大坯布幅宽	98 (38.5)	126 (49.5)	142 (56)	175 (69)

六、总经根数的计算

总经根数是根据经纱密度、幅宽和边纱根数来决定的。

当织物中地经和边经均匀地穿入筘齿时，总经纱根数 $M_总$ 可按下式计算：

$$M_{总} = 标准幅宽 \times \frac{经密(根/10cm)}{10} + 边纱根数\left(1 - \frac{布身每筘穿入数}{布边每筘穿入数}\right) \quad (2-2-10)$$

根据上述公式在计算和选择总经根数时应注意以下几点。

(1)总经根数不计小数,若计算结果有小数,由四舍五入取整数。

(2)总经根数应为每筘穿入数的整数倍,并尽可能成为组织循环和穿综循环的整数倍。

每筘穿入经纱数是织物工艺计算中的一个基本数据。它随纱线线密度、织物组织和经、纬纱密度等条件而定。每筘穿入根数少,经纱排列均匀,开口清晰,跳花和筘痕少。但是,筘号增大,筘齿间隙小,经纱与筘齿摩擦大,断头多。相反,若每筘穿入数多,可减少摩擦和断头,但经纱排列不匀,容易移位或翻滚,开口不清,筘痕明显。选择筘号时,应使筘齿间隙掌握在等于纱线直径的2~3倍。每筘穿入数最好等于完全组织经纱数或其约数,或其倍数。某些组织对穿入数还有特殊要求。透孔组织应将每束经纱穿入同一筘齿。三纬毛巾每筘穿入3根;四纬毛巾每筘穿入4根。经二重、双层组织等应使同一组的表、里经穿入同一筘齿等。

一般平纹织物采用2穿入(两根经纱穿入同一筘齿),高经密平纹也可采用3穿入和4穿入。三枚或四枚斜纹组织分别采用3穿入和4穿入。五枚缎纹以采用3穿入或5穿入为多,也有4穿入的。八枚缎纹采用4穿入。

对于联合组织,可以在不同的部位采用不同的穿入数。如缎条手帕,在平纹处采用2穿入,缎纹处用4穿入。这种在同一筘幅中采用不同穿入数的穿筘方式称为花筘穿法。在花筘穿法中,原则上每筘穿入数最多不超过6根。因为穿入数过多,会使筘齿内的经纱密度加大,使经纱开口不清而造成跳花、筘路及纬纱起圈等织疵。

边纱每筘穿入数常常大于布身穿入数。高密织物边纱每筘穿入数可等于布身每筘穿入数。例如,中密平纹织物布身每筘穿入数为2,边纱往往为4。有些中密毛织物,布身用2穿入,布边用3穿入;布身用3穿入者,布边用4穿入。

几种本色棉布的边纱根数可参考表2-2-6确定。

表2-2-6 原色棉布边纱根数

幅宽	127cm 以下				127cm 以上	
经纱线密度(tex)	12 及以下	13~15	16~19.5	20 以上	12 及以下	12 以上
平纹	64	48	32	24	64	48
府绸、哔叽	无边纱	无边纱	无边纱	无边纱	无边纱	无边纱
斜纹布						
华达呢、卡其	64	48	48	48	64	48
直贡	80	80	80	64	80	64
横贡	72	72	64	64	无边纱	无边纱

拉绒坯布每档再加8根,麻纱织物在平纹织物边纱根数上每档再加16根。上表中边经根数只供计算总经根数作为参考。

涤棉平纹织物边纱根数按表2-2-7确定。

表 2 - 2 - 7　涤棉平纹织物边纱根数确定参考表

幅宽		127cm 以下		127cm 以上
经纱线密度(tex)	12 及以下	13 ~ 19.5	20 以上	无边纱
边纱根数	48	32	48	48

七、织物断裂强度的计算

织物的断裂强度是衡量织物使用性能的一项重要指标,经、纬纱的纤维成分和线密度、织物密度、纺纱方法等均与织物的断裂强度有着密切的关系。织物的断裂强度以 5cm × 20cm 布条的断裂强度来表示。计算结果取整数。棉布断裂强度指标以计算为准,通常以单纱、股线一等品的断裂强度为计算数值,特殊品种计算强力与实际强力差异过大者,可参照实际强力,另作规定生产,计算公式如下:

$$Q_j = \frac{P_j \times M_j \times K \times Tt_j}{2 \times 100} \tag{2 - 2 - 11}$$

$$Q_w = \frac{P_w \times M_w \times K \times Tt_w}{2 \times 100} \tag{2 - 2 - 12}$$

式中:Q_j,Q_w——经、纬向的断裂强度,N/(5cm × 20cm);

P_j,P_w——经、纬纱密度,根/10cm;

M_j,M_w——经、纬纱一等品单纱、股线的断裂强度,cN/tex;

Tt_j,Tt_w——经、纬纱线密度,tex;

K_j,K_w——纯棉纱线在织物中的强度利用系数。

强度利用系数根据织物组织而定,其数值见表 2 - 2 - 8。表中粗、中、细线密度纱线的区别:粗特为 32tex 及以上(18 英支及以下),中特为:21 ~ 31tex(19 ~ 28 英支),低特为:11 ~ 20tex(29 ~ 55 英支)。

表 2 - 2 - 8　纯棉纱线在织物中的强度利用系数

织物名称		经向		纬向	
		紧度(%)	k_1	紧度(%)	k_2
平布	粗特	37 ~ 55	1.06 ~ 1.15	35 ~ 50	1.10 ~ 1.25
	中特	37 ~ 55	1.01 ~ 1.10	35 ~ 50	1.05 ~ 1.20
	细特	37 ~ 55	0.98 ~ 1.07	35 ~ 50	1.05 ~ 1.20
纱府绸	中特	62 ~ 70	1.05 ~ 1.13	33 ~ 45	1.10 ~ 1.22
	细特	62 ~ 75	1.13 ~ 1.26	33 ~ 45	1.10 ~ 1.22
线府绸		62 ~ 70	1.00 ~ 1.08	33 ~ 45	1.07 ~ 1.19
哗叽 斜纹	粗特	55 ~ 75	1.06 ~ 1.26	40 ~ 60	1.00 ~ 1.20
	中特及以上	55 ~ 75	1.01 ~ 1.21	40 ~ 60	1.00 ~ 1.20
	线	55 ~ 75	0.96 ~ 1.12	40 ~ 60	1.00 ~ 1.20
华达呢 卡其	粗特	80 ~ 90	1.27 ~ 1.37	40 ~ 60	1.04 ~ 1.24
	中特及以上	80 ~ 90	1.20 ~ 1.30	40 ~ 60	0.96 ~ 1.16
	线	90 ~ 110	1.13 ~ 1.23	40 ~ 60	1.04 ~ 0.96

续表

织物名称		经向		纬向	
		紧度(%)	k_1	紧度(%)	k_2
直贡	纱线	65~80	1.08~1.23	45~55	0.97~1.07
		65~80	0.98~1.13	45~55	0.97~1.07
横贡		44~52	1.02~1.10	70~77	1.18~1.27

注 1. 紧度在表定的范围内,k 值按比例增减,小于表定紧度范围,就按比例减小,但若大于表定紧度范围,就按最大值计算。

2. 表内未规定的股线,按相应单纱线密度取 k 值。

3. 麻纱按平纹取值。

4. k 值与紧度 E 可按以下相关方程式求得:

经纱:$k_1 = 0.951 + 0.00224E_j$;纬纱:$k_2 = 1.071 + 0.00049E_w$;

经向股线:$k_1 = 0.634 + 0.00565E_j$

运用以上公式,就能根据棉布的断裂强度设计经、纬纱的断裂强度。当已知经、纬纱的断裂强度时,也就能相当准确的计算出棉布的断裂强度。

 任务实施

任务显示该织物主要规格如下:原料为纯棉,经、纬纱线密度为 C19.5×C19.5tex,经、纬密度为 267.5 根/10cm×267.5 根/10cm,组织为平纹,联匹长为 40m×3,坯布幅宽为 160cm。

1. 初选经、纬纱缩率 参考表 2-2-3 类似品种,选取本产品的经纱缩率为 7.0%,纬纱缩率为 5.88%。

2. 织物的幅宽和匹长

(1)白坯织物公称幅宽即为坯布幅宽:160cm。

(2)规定匹长。公称匹长:40m×3,则:

$$规定匹长 = \frac{公称匹长}{1-自然缩率} = \frac{40}{1-0.6\%} = 40.24(m)(自然缩率取 0.6\%)$$

(3)浆纱墨印长度 L_m。

$$L_m = \frac{规定匹长}{1-经纱织缩率} = \frac{40.24}{1-7.0\%} = 43.27(m)$$

3. 确定总经根数 本产品是平纹织物,根据织物结构设计要求,参考表 2-2-6,选边纱根数为 48 根,地经每筘穿入数为 2,边经每筘穿入数为 4。则:

$$总经根数 = 布幅×\frac{经密}{10} + 边纱根数×\left(1-\frac{地经每筘穿入数}{边经每筘穿入数}\right)$$

$$= 160×\frac{267.5}{10} + 48×\left(1-\frac{2}{4}\right)$$

$$= 4304(根) \quad 取 4304 根$$

4. 确定筘号

$$筘号 = \frac{经密×(1-纬纱织缩率)}{地经每筘穿入数} = \frac{267.5×(1-5.88\%)}{2}$$

$$= 125.9(齿/10cm) \quad 取 126 齿/10cm$$

5. 确定筘幅

$$筘幅 = \frac{(总经根数 - 24) \times 10}{地经每筘穿入数 \times 筘号} = \frac{(4304 - 24) \times 10}{2 \times 125.5}$$

$$= 170.52\text{cm}$$

6. 织物断裂强度计算　由已知条件和查表所得：$P_j = P_w = 267.5$ 根/10cm，$k_1 = 1.05$，$k_2 = 1.10$，19.5tex 的单纱一等品的断裂强度为 12.7cN/tex，利用公式(2-2-11)、式(2-2-12)分别得：

$$Q_j = \frac{P_j \times M_j \times k_1 \times \text{Tt}_j}{2 \times 100} = \frac{267.5 \times 12.7 \times 1.05 \times 19.5}{2 \times 100}$$

$$= 348(\text{N/5cm} \times 20\text{cm})$$

$$Q_w = \frac{P_w \times M_w \times k_2 \times \text{Tt}_w}{2 \times 100} = \frac{267.5 \times 12.7 \times 1.10 \times 19.5}{2 \times 100}$$

$$= 364(\text{N/5} \times 20\text{cm})$$

 **知识拓展**

色织物规格设计

色织物规格中的密度一般是指坯布的密度，而幅宽一般指成品幅宽。

对于一些平筘(每筘经纱的穿入数相等)穿法的织物，其各处经密相同，因此，产品单位长度中经纱根数即为经密。对于一些花筘(经纱稀密不均的穿筘)穿法的织物，其各处经纱密度是不等的。生产任务书上的经密应是织物一花内的平均密度，应测织物一花经纱根数和织物一花坯布的宽度，然后求其平均密度。

经、纬密度是织物的主要规格，对织物的内在和外观质量起决定作用。工艺设计时，要特别注意任务书上所要求的经、纬密度是成品密度，还是坯布密度。

对于色织物，除了具有白坯织物的一些规格计算外，还需进行花纹及每花经纱根数，经、纬纱配色循环，劈花等的计算。

一、幅宽

成品织物的幅宽是根据织物用途、销售地区和生产设备条件而定。常用的织物幅宽有四种：91cm(36 英寸)、112~114cm(44~45 英寸)、140~150cm(55~59 英寸)、280~300cm(110~118 英寸)等。

色织物有直接成品和间接成品之分。直接成品是指下机坯布不经任何处理或只经过简单的小整理(如冷轧、热轧)加工即可销售的产品，如男、女线呢、被单布、直贡呢等。其坯布幅度接近成品幅宽，或比成品幅度略大 0.635~1.27cm。间接成品是指坯布下机后还需经过拉绒、丝光、印染等后整理加工的产品，如涤/棉细纺、色织绒布、中长花呢等。间接成品的产品幅缩率较大，坯布幅度比成品幅宽要宽 3.8~7.62cm。因后整理工艺的不同，产品的幅缩率也不一样。

确定幅缩率后，在产品设计时，需由成品幅宽求得坯布幅宽。

$$坯布幅宽 = \frac{成品幅宽}{1 - 染整幅缩率} = \frac{成品幅宽}{幅宽加工系数} \qquad (2-2-13)$$

式中的"1-染整幅缩率"也称为"幅宽加工系数",染整幅缩率随织物品种及染整工艺而定。

二、幅缩率

坯布通过整理以后,纬向的收缩程度,称幅缩率。

由于整理工艺不同,使产品有不同的幅缩率。整理工序多,幅缩率大。织物的密度和组织结构对幅缩率也有影响。如用同样粗细的纱线织成的织物,密度稀则幅缩率大。浮线长的织物松软,幅缩率比平纹组织的织物大。织物原料不同,幅缩率也不尽相同。

$$幅缩率 = \frac{坯布幅宽 - 成品幅宽}{坯布幅宽} \times 100\% \qquad (2-2-14)$$

实际生产中,影响幅缩率变化的因素有以下几点。

(1)不同的整理工艺,会使产品的幅缩率发生变化。如漂白整理与不漂整理,前者整理工序多,幅缩率大;后者整理工序少,幅缩率小。

(2)织物的技术规格会对幅缩率产生影响。如相同线密度的织物,由于密度不同,幅缩率也不同。一般密度稀的织物幅缩率大,密度高的织物幅缩率小。

(3)织物的组织结构对幅缩率也有影响。松软的组织,如透孔组织、灯芯条组织等织物,其幅缩率较平纹组织的织物大。

(4)织物的原料不同,幅缩率也不同。如纯棉产品的幅缩率和涤/棉混纺产品的幅缩率就不同。

(5)整理工序多,幅缩率大。幅缩率还与织物的原料、组织和密度等因素有关。一般来说,密度稀,幅缩率大。浮长长的组织,织物松软,幅缩率就比平纹大。

部分色织物的幅缩率见表2-2-9。

表2-2-9　部分色织物的幅缩率

织物名称	组织	经纬纱线密度 [tex(英支)]	经纬密度 [根/10cm(根/英寸)]	整理工艺	幅缩率 (%)
精梳府绸	平纹 平纹地小提花	14.5/14.5 (40×40)	472/267.5 (120×68)	漂白大整理	6.5
缎条府绸	平纹、 缎条	(14×2)/17 (42/2×34)	346/259.5 (88×66)	烧毛、丝光 漂白、加白	8.6
涤/棉府绸	平纹	13/13 (45×45)	440.5/283 (112×72)	漂白大整理	6.5
细纺布	平纹	14.5/14.5 (40×40)	314.5/275.5 (80×70)	大整理	11.7
双面绒布	斜纹	28/42 (21×14)	251.5/283 (64×72)	起绒整理	11.1
被单布	平纹	29/29 (20×20)	279.5/236 (71×60)	轧光整理	1.1
涤黏中长布	平纹	(18×2)/(18×2) (32/2×32/2)	228/204.5 (58×52)	松式整理	2.7

本色棉布经印染加工后也会产生幅缩。其幅缩率也随织物品种和染整工艺而定。幅宽加工系数在 0.87 ~ 0.95。几类品种的幅宽加工系数见表 2 - 2 - 10。

表 2 - 2 - 10　几类印染棉布的幅宽加工系数

织物种类	花色平布类、漂白类、花色麻纱	漂白平布类、漂白及花色贡呢、哔叽、斜纹、卡其、纱华达呢织物类	漂白、花色府绸、丝光漂白、染色平布织物类	丝光染色、纱卡其、纱华达呢、纱斜纹织物类	漂白、染色线卡其、线华达呢织物类
系数	0.870 ~ 0.885	0.885 ~ 0.895	0.90 ~ 0.920	0.925 ~ 0.940	0.940 ~ 0.955

三、总经根数

(一)初算总经根数

总经根数、每花经纱根数、劈花、上机筘幅、筘号、每花穿入数等项技术条件是彼此密切相关的,变动其中一项,与之相关的某些项目将随之变动,所以,在设计中可能需要反复计算。一般对总经根数先进行初算,而确切的总经根数宜待有关项目确定后再决定。初算总经根数公式如下:

$$总经根数 = \frac{坯布幅宽(cm) \times 坯布经密(根/10cm)}{10} \tag{2-2-15}$$

(二)每花经纱根数

每花经纱根数即每花的配色循环。如果是本厂设计的样品,可从设计人员处查得。对来样可由分析来样或先量出色条经纱幅宽,再乘以成品经密求得。

$$各色条经纱根数 = 成品色条宽度(cm) \times 成品经密(根/cm)$$

或　　　　$$各色条经纱根数 = 成品色条宽度(cm) \times \frac{坯布幅宽}{成品幅宽} \times 坯布经密(根/cm)$$

由上式算得的根数应根据组织循环纱数、穿综、穿筘要求作适当的修正。

同样,可用分析和计算的办法求得纬纱的各色纬纱根数。

(三)全幅花数

总经根数除以每花根数等于全幅花数,遇多余或不足的经纱数时,可采用加减经纱数补足处理。

$$全幅花数 = \frac{初算总经根数 - 边纱根数}{每花经纱根数} + 多余经纱数$$

或　　全幅花数 $$= \frac{初算总经根数 - 边纱根数}{每花经纱根数} - 不足经纱数 \tag{2-2-16}$$

(四)劈花和排花

1. 劈花　确定经纱配色循环起讫点的位置称为劈花。劈花以一花为单位。目的是保证产品在使用上达到拼幅与拼花的要求,同时利于浆纱排头、织造和整理加工。

(1)劈花的原则。

①劈花一般选择在织物中色泽较浅、条型较宽的地组织造位,并力求织物两边在配色和花型方面保持对称,便于拼幅、拼花和节约用料。

②缎条府绸中的缎纹区、联合组织中的灯芯条部位、泡泡纱的起泡区、剪花织物的花区等松

软织物,劈花时要距布边一定距离(2cm 左右),以免织造时花型不清,大整理拉幅时布边被拉破、卷边等。

③劈花时要注意整经时的加(减)头。

④经向有花式线时,劈花应注意避开这些花式线。

⑤劈花时要注意各组织穿筘的要求。

(2)劈花举例。

例 1　某织物的色经排列见表 2 - 2 - 11(a) ~ (c)。

表 2 - 2 - 11(a)

黄	元	红	元	红	元	红	元	黄	白	
4	40	8	9	4	9	8	40	4	60	共 186 根/花

第一种劈花方法为:从 40 根元色 1/2 处劈花。

表 2 - 2 - 11(b)

元	红	元	红	元	红	元	黄	白	黄	元	
20	8	9	4	9	8	40	4	60	4	20	共 186 根/花

第二种劈花方法为:从 60 根白色 1/2 处劈花。

表 2 - 2 - 11(c)

白	黄	元	红	元	红	元	红	元	黄	白	
30	4	40	8	9	4	9	8	40	4	30	共 186 根/花

上述劈花方法中,第一种方法,织物两边虽对称,但元色太深,拼花时造成织物外观不美观,第二种方法是合理的劈花方法。

例 2　某女线呢,总经根数为 2648 根,其中边经 38 根,每花 180 根,其中红 8 及黑 18 是提花组织,其余都是凸条组织。色经排列见表 2 - 2 - 12(a) ~ (d)。

表 2 - 2 - 12(a)

红	血牙	红	血牙	红	血牙	姜黄	血牙	姜黄	血牙	姜黄	血牙
30	1	2	2	1	3	1	2	1	1	1	1

表 2 - 2 - 12(b)

姜黄	黑	姜黄	黑	姜黄	黑	姜黄	黑	红	黑	黑	红	合计
2	1	2	2	1	3	1	14	8	54	16	30	180 根

根据上述资料,算出全幅花数为:(2648 - 38) ÷ 180 = 14 花 + 90 根。因对女线呢品种拼花要求高,花数最好为整数。如果保持总经数及筘幅不变,可将每花根数适当改变。一般可在色经纱数较多的色条部分适当减少或增加少量经纱数。在上例色经排列中,可将左边 30 根经纱

的红色凸条组织减去一个凸条(6根),即每花根数改为174根,这时全幅花数正好为15花,调整后的色经排列见表2-2-12(c)、表2-2-12(d)。

表2-2-12(c)

红	血牙	红	血牙	红	血牙	姜黄	血牙	姜黄	血牙	姜黄	血牙
24	1	2	2	1	3	1	2	1	1	1	1

表2-2-12(d)

姜黄	黑	姜黄	黑	姜黄	黑	姜黄	黑	红	黑	黑	红	合计
2	1	2	2	1	3	1	14	8	54	16	30	174根

2. 排花 工艺设计时,为把总经根数和上机筘幅控制在规定的规格范围内,使产品达到劈花的各项要求和减少整经时的平纹及加(减)头,需对经纱排列方式进行调整,即排花。

平纹、$\frac{2}{2}$斜纹及平纹夹绉地等每筘穿入数相等的织物,调整时只要在条(格)型较宽的配色处减去或增加适当的排列根数,来改变一花是奇数的排列,并尽量调整为4的倍数,同时把整经时的加(减)头控制在20根以内。

例3 某色织物总经根数为2776根(包括边纱28根),原排列见表2-2-13,每花215根,全幅13花减头47根,织物左右两边不能达到拼幅要求,同时,其一花排列是奇数,产生平纹,不利整经,且穿综时不宜记忆。若把原排列改为每花212根,则全幅13花减头8根,如此调整后,一花排列为4的倍数,两边对称,有利整经、穿筘等。

表2-2-13 某织物的色经排列

色经排列	A	B	C	D	C	D	A	D	C	D	C	B	A	加减头	每花总根数
原排列	31	41	6	18	6	4	12	4	6	18	6	41	22	减47	215
调整后	22	40	6	18	6	4	12	4	6	18	6	40	30	减8	212

各种花筘穿法的产品调整经纱排列的方法有以下几种。
(1)保持经纱一花总筘齿数不变,而对经纱一花排列根数做适当的调整。
(2)保持经纱一花总的排列根数不变,而一花总筘齿数适当变动。
(3)对原样一花的排列经纱根数和筘齿数同时进行调整。

(五)每花筘齿数和全幅筘齿数

1. 每花筘齿数

$$每花筘齿数 = 每花地经用筘齿数 + 每花提花部分筘齿数$$

2. 全幅筘齿数

(1)当产品的全幅经纱每筘穿入数相同时:

$$全幅筘齿数 = \frac{布身经纱根数}{每筘穿入数} + 边纱筘齿数 \qquad (2-2-17)$$

(2)当产品采用花筘穿法时:

$$全幅筘齿数 = 每花筘齿数 \times 全幅花数 + 加头的筘齿数 + 边纱筘齿数 \qquad (2-2-18)$$

例 4 仍以例 2 女线呢可知:每花 174 根经纱,穿筘齿数:凸条部分 3 穿入,提花部分 4 穿入,凸条组织共用 50 齿(150/3 = 50 齿);提花部分用 6 齿[(8 + 16)/4 = 6 齿];边经用 12 齿。因此:

$$每花筘齿数 = 50 + 6 = 56(齿/花)$$
$$全幅筘齿数 = 56 齿/花 \times 15 花 + 12 齿 = 852(齿)$$

(六)总经根数

1. 全幅穿入数相同 总经根数的计算方法和白坯织物计算方法相同。

2. 全幅穿入数不同

$$总经根数 = 一花经纱根数 \times 全幅花数 \pm 余数 + 边纱$$

 思考练习

1. 棉织物的规格设计包括哪些内容?

2. 分别将 40 英支棉纱和 40 英支涤/棉(65/35)纱换算成线密度表示。

3. 将 J14.5tex × J14.5tex,547 根/10cm × 283 根/10cm,纱府绸换算成英制表示。

4. 将 40 英支 × 40 英支,133(根/英寸)× 72(根/英寸)棉府绸换算成公制表示。

5. 欲设计一纯棉直贡,经、纬纱线密度分别为 J27.8tex × J58.3tex,经、纬密度 456.5 根/10cm × 215.5 根/10cm,三联匹长为 90m,布幅 160cm,地组织、边组织每筘穿入数均为 4 根,边经 44 根 × 2,喷气织机织造。试进行相关的规格技术设计和计算。

6. 色织物的规格设计包括哪些内容?

7. 何谓劈花?劈花时应注意哪些原则?

8. 全棉色织泡泡纱织物规格:276 根/10cm × 268 根/10cm,经、纬纱线密度(18.2tex + 18.2tex × 2)× 18.2tex,成品幅宽 150cm,平纹组织,边纱 24 根 × 2,色经纱排列为[深蓝(1)为 18.2tex × 2]如下所示,如何进行劈花?

黄	红	漂白	灰绿	漂白	红	黄	深蓝	深蓝(1)	深蓝	黄	深蓝	灰绿	深蓝	深蓝	深蓝(1)	深蓝
16	7	5	6	5	7	2	6	16	6	3	3	4	3	6	16	6

9. 某色织物采用斜纹组织,总经根数为 3633 根(其中边纱 36 根),其色经排列如下,试对其进行劈花。

浅蓝	漂白	浅绿	漂白	浅蓝	漂白	深蓝	漂白	浅绿	漂白
24	6	45	12	45	6	18	33	276	33

10. 全棉提花色织物的规格为 440 根/10cm × 283 根/10cm,经纬纱线密度为 13tex × 13tex,成品幅宽为 119.5cm,成品匹长为 30m。边纱 24 根 × 2,剑杆织机织造,色经纱排列如下,试进行相关的规格设计计算。

平纹			提花缎条		平纹							提花缎条		平纹			
白	咖	白	白	黄	白	咖	白	红	白	咖	白	白	黄	白	咖	白	红
14	2	8	(1×1)×12		12	2	6	10	2	2	14	(1×1)×12		10	2	2	10

任务二　穿经工艺的计算

学习目标

1. 开口机构的选择。
2. 综丝的选择和计算。
3. 钢筘的选择和计算。
4. 停经片的选择和计算。

任务描述

　　穿经工艺包括内容有以下几个方面:开口机构的选择,综丝的选择和计算,钢筘的选择和计算,经停片的选择和计算。

相关知识

一、开口机构的选择

　　常见的开口机构有踏盘开口、多臂开口和提花开口三种。平纹织物常采用二页四列单踏盘开口,穿综方式为1、3、2、4;细纺织物一般采用二页六列单踏盘开口,穿综方式为1、4、2、5、3、6;府绸织物采用二页八列单踏盘和四页八列双踏盘两种开口方式,后者采用较多;哔叽、华达呢、卡其采用四页八列单踏盘开口,穿综方式为1、3、5、7、2、4、6、8;小提花织物则常用多臂开口机构。

二、综、筘、经停片的选择与计算

(一)综的选择和计算

　　棉织用的综是金属制的,普通型金属综有两种式样,一种是钢丝综,另一种是钢片综。目前,我国绝大多数织机仍沿用钢丝综,无梭织机用钢片综。钢丝综是由两根钢丝焊合而成。综框上综丝排列复列式和单列式两种,踏盘开口机构常采用复式综丝排列;多臂开口机构常采用单式综排列。如踏盘开口机构织制平纹织物和府绸织物时,常采用2~4列综丝。

1. 综丝的长度和线密度的选择

$$综丝长度 \ L = 2.7H + e \qquad\qquad (2-2-19)$$

式中:L——综丝长度,mm;

H——后综的梭口高度,mm;

e——综丝眼长度,mm。

综丝的长度有多种,各类织物、开口机构使用综丝长度,见表 2-2-14。

表 2-2-14 各类开口机构综丝长度

机型 项别	1511 型[mm(英寸)]	1515 型、GA615 型[mm(英寸)]
	综丝长度	
平纹类织物(单踏盘开口)	280(11)	302(11⅞)
府绸类织物(双踏盘开口)	302(11⅞)	305(12)
斜纹类织物(2/1、2/2、3、1)	280(11)	305(12)
小提花织物(多臂开口)	305(12)	330(13)

2. 每片综框上综丝数的计算 综框的片数和每片综框上的地经综丝数,随织物的组织和经密而定。当穿综方式为顺穿或飞穿时,每片综框上的综丝数等于地经总根数,除以所用综框的片数,余数可按次均匀分配到所有综框上去。如采用山形穿法或照图穿法时,则每片综框上的地经综丝数可按下式计算:

$$X = \frac{M}{R_j} \times m + t + T \qquad (2-2-20)$$

式中:X——某片(列)综框上综丝数;

M——织物的地经根数;

R_j——织物每一完全组织中地经根数;

m——织物每一完全组织中,某片综框上应穿的经纱根数;

t——某片综边经综丝数;

T——综框的备用综丝数。

综丝的号数和棉纱的细度之间的关系见表 2-2-15。

表 2-2-15 综丝号数和棉纱线密度的关系

普通眼和 中眼的形状	综丝号数 (S. W. G)	综丝直径 (mm)	普通眼 A×B×C(mm)	中眼 A×B×C(mm)	适用的棉纱细度	
					线密度 (tex)	英支
原教材 p172 表 4-41	28	0.38	5.4×1.7×3.5	4.76×1.7×2.6	7~14.5	80~40
	27	0.42	6.5×2×4	4.76×1.7×2.6	14~19	40~30
	26	0.46	7×2.2×4.2	4.76×1.7×2.6	19~36	30~16
	25、24	0.51~0.55			28×2	21/2

注 综眼的角度一般与综框平面成 45°。

综丝密度可按以下公式计算:

$$P_H = \frac{M}{B \times m} \qquad (2-2-21)$$

式中:P_H——综丝密度,根/cm;

M——织物总经纱根数;

B——经纱穿综幅度(B = 经纱穿筘幅宽 + 2cm);

m——综片列数。

综丝允许密度随经纱线密度而异,见表2-2-16。

表2-2-16 综丝允许密度

纱线线密度[tex(英支)]	综丝允许密度(根/cm)
36~19(16~30)	4~10
19~14.5(30~40)	10~12
14.5~7(40~80)	12~14

当每列综丝超过允许密度时,为了减少经纱断头,须增加综片数或综丝杆列数。

(二)钢筘的选择和计算

钢筘有单层筘、双层筘、异形筘等几种。在棉织生产中常用的单层筘,在毛织生产中采用双层筘,在喷气织机上常采用异形筘。

钢筘内侧高度由开口高度决定,它必须比经纱在筘齿处的开口高度大,筘的全高有115mm、120mm、125mm、130mm、140mm五种,在棉织生产中,筘片的宽度一般采用2.5mm和2.7mm两种。筘片厚度随筘号而异,钢筘长度和高度随机型而定(表2-2-17)。

表2-2-17 钢筘规格

钢筘规格	1515型、GA615-135型	GA74-180型
钢筘长度(mm)	1394	1873
钢筘全高(mm)	120	120

(三)经停片的选择和计算

经停片有开口式和闭口式两种,前者常用于毛巾织机、长丝织机及无梭织机等,后者常用于棉织机。

1. 棉织用停经片规格(mm) 长×宽×厚×眼子直径 = 120×11×d×5.5。

其中,d根据纱线密度不同而不同,纱14.6tex(40英支)以下:d = 0.2mm,28tex(21英支)、19.4tex(30英支):d = 0.25mm;股线18tex×2(32英支/2):d = 0.30mm。

2. 经停片穿法 一般织物按1、2、3、4顺穿法。高经密织物按1、1、2、2、3、3、4、4穿法,或1、2、3、4、4、3、2、1穿法。

3. 经停片的密度 经停片在铁梗上的允许密度与经纱线密度有关,纱线越细,经停片密度越大。

$$P_T = \frac{M}{(B+2) \times m} \qquad (2-2-22)$$

式中:P_T——停经片密度,根/cm;

M——织物总经纱根数;

B——经纱穿综幅度;

m——经停片铁梗根数。

经停片密度与纱线线密度的关系见表 2-2-18。

表 2-2-18 经停片密度与纱线线密度的关系

纱线线密度[tex(英支)]	停经片允许密度(片/cm)
48 以上(12 以下)	8~10
42~21(14-18)	12~13
19~11.6(30-50)	13~14
11 以下(52 以上)	14~16

当每列停经片排列超过密度时,宜增加经停片列数,GA615 型及 1515 型等有梭织机采用 4 列,而新型无梭织机上大多用 6 列。重量差异允许 ±0.2g。

 任务实施

该织物中等经密,开口机构宜采用 2 页 4 列复式综飞穿。

1. 综丝

(1)综框的形式。采用金属综框。

(2)综框长度。1406mm。

(3)综丝号数:26#。

(4)综丝长度:260mm。

综框的页数与列数:2 页 4 列综丝,则:

$$综丝密度(根/cm) = \frac{总经根数}{(穿筘幅宽 + 2cm) \times 综丝列数} = \frac{4304}{(170.52 + 2) \times 4}$$
$$= 6.24$$

根据表 2-2-16 校核可知综丝密度在允许范围内。

2. 钢筘

(1)筘号。125.5#。

(2)钢筘长度×高度:1394mm×120mm。

3. 经停片

经停片的规格:经停片的长×宽×厚为 120mm ×11mm ×0.2mm。

经停片的排列:经停片的排数为 4,则:

$$经停片密度(根/cm) = \frac{总经根数}{(穿筘幅宽 + 4cm) \times 经停片的排数} = \frac{4304}{(170.52 + 4) \times 4}$$
$$= 6.16$$

根据表 2-2-18 校核可知停经片的密度在允许范围内。

4. 织物上机图 该细平布上机图如图 2-2-1 所示。

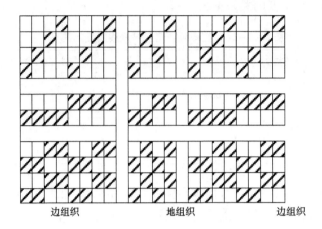

图 2 - 2 - 1 细平布上机图

 思考练习

1. 试设计一纱府绸主要规格如下:原料为纯棉,经、纬纱线密度为 J14.5tex × J14.5tex,经、纬密度为 547 根/10cm × 283 根/10cm,组织为平纹,联匹长为 40m × 3,坯布幅宽为 122cm。试进行穿经工艺计算。

2. 仿制某色织缎条府绸织物,规格为 14tex × 2 × 17tex,346 根/10cm × 259.5 根/10cm,成品幅宽为 114.3cm,色经排列如下所示,纬纱一色漂白。试对其进行上机计算。

平纹	缎条	平纹	缎条
漂白	浅蓝	漂白	浅黄
120	40	60	20/共 240 根

项目三　织造生产工艺与设计计算

 **学习目标**

- 了解织造生产工艺流程的选择原则。
- 了解各工序机器的主要规格。
- 掌握织造各工序卷装形式。
- 掌握各工序的卷装参数的选择以及计算方法。

重点难点

- 织造工艺流程选择中考虑的因素。
- 卷装参数的选择。
- 织轴、整经轴的卷装计算。

学习要领

- 熟练掌握典型织物工艺流程的确定。
- 了解各工艺流程相应设备及其技术特点。
- 熟练掌握织造卷装形式及参数选择及其计算方法。

 **教学手段**

多媒体教学法、情境教学法、案例教学法、实物样品展示法。

任务一　生产工艺流程与机器选择

学习目标

1. 了解工艺流程的选择原则与依据。
2. 掌握典型织物的生产工艺流程以及应考虑的因素。
3. 掌握织造设备的选择原则。

任务引入

有一份 1 万 m 的白坯布订单,织物规格为 C19.5tex×19.5tex、267.5 根/10cm×267.5 根/10cm,幅宽为 160cm,匹长为 40m,织物组织为平纹。试根据其特点确定其工艺流程。

 任务描述

工艺流程的选择,在整个工艺设计中占有重要的地位。它不仅影响投产后产品的产量与质量,同时会影响生产管理和各项技术经济指标。在棉纺织工艺设计中,须根据产品的用途、结构、风格特征和原料特性,选择合理的工艺流程和机器型号,以便妥善确定机器的配备。

 相关知识

一、工艺流程的选择原则与依据

工艺流程的选择必须按照"技术先进、成熟可靠、经济合理"的原则,在充分了解机器性能、特征及供应状况的基础上,有针对性地选购经过鉴定的符合企业产品加工需要的合适的定型机器设备。条件许可的大中型企业,可考虑引进成熟进口新型设备。在具体设备选型时,还要考虑在保证产品质量的前提下,尽可能缩短工艺流程,设计合理的工艺路线,一方面可节约基建投资,另一方面可提高生产效率。另外,为适应市场竞争的需求和提高产品的技术含量,机器的工艺流程要考虑具有一定的通用性、较广泛的品种适应性和可扩展性。

随着纺织科学的不断发展,新产品、新工艺、新技术、新设备不断出现,自动化、连续化的单机效能不断提高,工艺流程不断发生新的变化。不同的工艺流程和高效能的单机,对设计方案的经济技术指标越来越起着重大的作用。

为了更好地保证新厂设计方案在投产后收到预期的经济技术效果,在选择织造工艺流程时,应按以下原则。

(1)工艺流程必须先进合理,成熟可靠。根据纺织工艺原理和实际生产经验以及国家定型机器的鉴定资料,尽量采用新技术、高效能的机器,以保证设计方案投产以后能够获得较高的产品质量和劳动生产率。

(2)在保证产品质量的前提下,尽量缩短工艺流程。可减少机器的设备数量,节省基建投资,减少消耗,降低生产成本。

(3)工艺流程的选择要有一定的灵活性和适应性,应能在一定范围内适应不同产品的加工要求。

(4)应能改善劳动条件,减轻劳动强度。如采用自动清洁、挡车工座车,加大卷装容量,实际操作和运输机器化等。

织造工艺流程选择的依据如下所述。

一是原料特性、产品种类和用途。例如,纯棉织物、不同纤维混纺织物和纯化纤织物等须采用不同的工艺流程。由于各种纤维具有不同的物理性能和化学性能,为了使织物显示各种纤维的特征(例如,某些合成纤维的热塑性,各种纤维对某些染料不同的亲合性等),克服其加工过程中的不利因素(例如,由于反复摩擦而产生静电,以及由于捻度不稳定而产生的纬缩等),对于不同的产品,往往需要选择不同的工艺流程。

二是机器设备型号、特性和加工条件。例如,大、小卷装,整浆联合的采用等。

三是技术操作水平和生产管理水平。

二、典型织物的生产工艺流程

对于棉型纺织机械设备,国内已有系列成熟产品,且该类设备对棉型化纤和中长纤维的制织也具有一定的通用性,所以,只要知道加工坯布的技术规格,如幅宽、经纬纱线的种类、经纬密度、原料特性和产品的质量要求等,即可制订出相应的织造工艺流程。对于市销布,若要提高其外观质量,有必要增加刷布工序以去除坯布表面的棉结杂质,而远销的坯布为了防霉,通常要经烘布工序加工。

色织物通常由经、纬色纱交织而成。色织物的外观特征决定了色织物小批量、多品种的生产特点。色织工艺流程的制订相比前面棉本色织物生产的情况复杂些,其流程选择应考虑产品的批量、色纱的染色方法、织造顺序等,根据企业实际情况,尽量选用新工艺、新技术,确保织物质量。

(一)本色纯棉、维棉混纺织物的织造工艺流程

本色纯棉织物有纱织物、半线织物和全线织物三种,也可分成成品和坯布。在选择工艺流程时,应对这些因素加以考虑。本色纯棉、纯棉混纺织物的织造工艺流程如下:

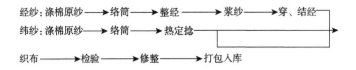

(二)涤/棉、中长混纺织物的织造工艺流程

棉与化学纤维混纺织物的穿着日益广泛,在棉纺织厂的产品结构中占据着越来越大的比例。混纺常用的化学纤维有涤纶、维纶、腈纶、丙纶和黏胶纤维。涤纶具有良好的服用性能,在纺织物中用量很大,棉与涤纶混纺织物的工艺流程如下:

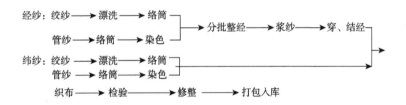

(三)色织物

色织物所用纱线一般须经过漂练和染色,经纬纱,一般可省去漂白过程。色织物所用经、纬纱卷装通常为染色(或漂白)筒纱或绞纱。

1. 分批整经工艺流程

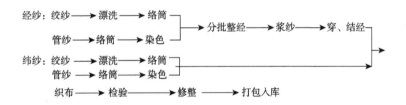

2. 分条整经上浆工艺流程

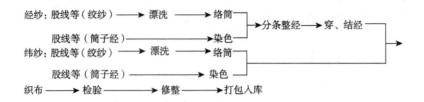

三、织造工艺流程选择过程中考虑的因素

(一)稳定捻度

织造时,纬纱退解张力较小,由于纱线松弛、易回弹而造成纬缩等疵点。纯棉纱由于抗捻能力弱,一般经自然给湿即可使捻度稳定。但化纤混纺如涤/棉、中长等织物,为了保证织物的滑、挺、爽风格,减少起球现象,常配置较高纱线捻度,再加上涤纶本身弹性大,抗捻性强,织造时纬纱易产生扭结、纬缩现象。因此,一般涤/棉纱线宜经热湿定捻后才能使捻度稳定。

(二)经纱上浆

单纱表面通常有较多的毛羽,织造时,经纱在反复拉伸和承受摩擦的情况下,容易产生缠结、起球或断头。通过上浆工艺,不仅可大大改善其外观,而且能提高其拉伸性能和耐磨程度,故单纱作经纱须经过上浆工序。

合股经纱由于具有较高的拉伸性能和耐磨强度,一般可不上浆或上薄浆。

经纱上浆的依据是:纱线原料种类;织物组织结构和特性。纯棉织物一般采用淀粉或混合浆上浆,化纤混纺织物一般采用混合浆或化学浆(表2-3-1)。

表2-3-1　各种织物的上浆率

织物种类	原纱特数 [tex(英支)]	上浆率(%)		
		纯淀粉浆	混合浆	纯化学浆
粗平布	58~32(10~18)	7~9	4~5.5	2.5~3.5
中平布	29~22(20~26)	7~11	4.5~7	3~4
细平布	19~13(30~44)	10~15	6~10	4~6
细特细平布	12~19.5(48~60)	15~17	—	—
稀薄织物	12~7(48~80)	13~16	7~10	—
纱府绸	29~14.5(20~40)	10~15	6~12	4~9
纱斜纹	42~25(14~23)	7~10	4.5~6	3~4
纱哔叽	32~28(18~21)	7~9	4.5~6	2.5~4
纱华达呢	32~28(18~21)	7~10	5~6	3~4
半线华达呢	16×2~14×2(36/2~42/2)	0.5左右	—	0.5左右
纱卡其布	48~28(12~21)	8~11	4~7.5	3~4
半线卡其布	16×2~9.5×2(36/2~60×2)	0.5左右	—	0.5左右
全线卡其布	J9.5×2~J7×2(J60/2~J80/2)	0.5~1.0	—	0.5左右

续表

织物种类	原纱特数 [tex(英支)]	上浆率(%)		
		纯淀粉浆	混合浆	纯化学浆
纱直贡	29~18(20~23)	9~11	6~7	—
横贡	J14.5(J40)	12~14	7~8	5~6
麻纱	18~16(32~36)	10~13	5.5~7	—

注　①纯淀粉浆是指100%玉米淀粉、小麦淀粉、米淀粉或橡子淀粉等。

②纯化学浆是指100%PVA、CMC及丙烯酸类。

③混合浆是指PVA或褐藻酸钠与淀粉按40%~60%不同百分比例混合使用。

(三)卷装形式

不同的纱线卷装形式,使工艺流程有所差异。

1. 筒子　棉织厂中有圆锥形和圆柱形两种,须注意蒸纱筒子和染色筒子的容量,卷装密度不宜过大,筒子成形要求也较高。

2. 织轴　织轴盘片直径为 $\phi550mm$、$\phi600mm$ 和 $\phi800mm$ 等多种,在有可能的条件下,尽量采用大卷装织轴。

(四)烘布与刷布

在潮湿地区或梅雨季节,为了防止产品在储存及运输过程中发霉,须采用烘布工序。刷布工序是为了减少布面棉结杂质,使布面光洁,用于某些市销本色棉布,一般混纺或纯化纤产品不采用刷布工序。

工艺流程的选择与产品质量、生产效率等方面密切相关,在制订工艺流程时,应综合考虑原料、织物用途、织物类别、织造设备和车间环境等,甚至要考虑企业工人技术水平、责任意识等因素,只有本着实事求是的科学态度,才能制订科学合理的产品生产工艺流程。

四、织造设备的选择原则

当产品品种和织造工艺流程确定以后,接着对织造各工序机器进行选型。机器的选型是一项十分重要和复杂的工作,它不仅影响织造能否正常顺利生产,同时直接影响产品质量。因此,在新厂设计时,首先要深入调查研究各工序机器的特性和使用,掌握机器的供应情况,对新型机器必须了解有关鉴定资料,以便选择的机器在技术上是可行的,经济上是合理的,而供应上又是有保证的。为此,机器选择应按以下原则。

(1)机器设备的选择,应能适应产品加工的技术要求,并具有一定灵活性。设备选型要注意标准化、通用化、系列化。

(2)选择产品高、质量好,有利于提高劳动生产率的高效能机台。

(3)机器结构简单耐用,噪声低,震动小,耗电少,便于看管和维护零部件具有互换性,以便减少物料的备件数量。

(4)机器占地面积小,有利于节约厂房面积和基建投资。

(5)新型的机器设备必须是技术上成熟,并且经过定型和鉴定的。在个别情况下,由于产品加工的特殊要求,而有必要对机台设备的部分零部件进行改装时,技术上必须经鉴定证明是成熟可靠的。

我国现有的成套棉型织造机器设备,第一次编码使用 4 位阿拉伯数字作代号,如 1511 型织机,后改用 G 加 3 位数作机型代号,如 G142 型浆纱机,现在已基本确定棉织设备以 GA 加数字的表示方法。工厂应根据产品特征和工艺流程选用合适的机型,实践中应优先选用推荐国产定型设备。当然,若要引进国外新机,则选型应另行考虑,但不宜盲目追求外国设备,应坚持实用为先,兼顾效益的原则。

配置织造机器,通常先根据织物幅宽选定某一公称筘幅的织机,然后选购与之配套的准备工序设备、整理工序设备。具体可参考织造机器幅宽对照表 2－3－2,确定生产的工艺流程和具体的设备型号。

表 2－3－2　织造设备幅宽对照表

		GA74 系列剑杆织机	JAT710 型喷气织机
织机公称筘幅(cm)		180	190
相当于织机(英制)筘幅(英寸)		75	80
经纱穿筘幅宽	踏盘式(cm)	180	190
	多臂式(cm)	177	190
整经机工作宽度(cm)		180	190
浆纱机工作宽度(cm)		200	200
穿筘架工作宽度(cm)		180	180
验布机	型号 GA801 规格(cm)	180	180
	最大工作宽度(cm)	170	170
刷布机	型号 G321 规格(cm)	180	180
	最大工作宽度(cm)	170	170
烘布机	型号 G331 规格(cm)	180	180
	最大工作宽度(cm)	170	170
折布机	型号 G841 规格(cm)	180	180
	最大工作宽度(cm)	170	170

 任务实施

一、订单中织物的规格要求

织物规格:经纬用纱都为 19.5tex 的全棉纱;织物的经、纬密度均为 267.5 根/10cm;织物组织为平纹;幅宽为 160cm,匹长为 40m。

二、订单中织物的类型和特点

根据织物订单得知:织物经纬用纱都为 19.5tex 的中等特数单纱,织物属于全棉单纱织物。织物的组织为平纹,由织物规格可以判断该织物为细平布。

三、订单中织物的加工流程

由于该织物的经纱为中等线密度的单纱,其加工流程如下:

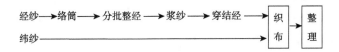

 思考练习

1. 织造工艺流程的选择原则和确定依据是什么?

2. 选择织造工艺流程应考虑的因素有哪些?

3. 机器的选择应注意哪些问题?

4. 有一订单,规格为 40 英支 ×40 英支 ×110×70,幅宽为 58~59 英寸,说明该布的特点和规格要求,确定其加工流程。

5. T65/C35,13tex×13tex,523.5 根/10cm×283 根/10cm,122cm 涤棉府绸,说明该布的特点和规格要求,确定其加工流程。

任务二 织造卷装形式与计算

 学习目标

1. 了解织造的卷装形式与卷装参数。

2. 掌握各卷装的计算方法。

 任务描述

在织造生产中,确定经纬纱的卷装及卷装容量,对配备筒管、经轴和织轴的数量,确定半制品的储存量、周转和运输方案,综合考虑机器的排列方式,改善工作条件,降低劳动强度,提高劳动效率,意义重大。设计时,为了充分发挥织机的效率,应使准备车间的生产能力大于织布车间的生产能力,以便织造在日常生产管理中不发生半成品脱节的现象。同时,这也为多品种、快交货创造了一定的物质条件。整理车间的机器配备和车间面积要适当留有余地,方便管理。

相关知识

一、织造卷装形式和参数

织造工艺参数的设计和选择是项重要工作,它和产品质量、劳动生产率有着密切的关系,和工人的劳动强度也有一定的关系,故必须根据具体情况,合理确定有关参数。

织造使用的卷装形式有经纱管、纬纱管、筒子、经轴和织轴等。这些卷装的长度和直径在机型和规格选定后,基本上就被确定,而卷装的绕纱长度及有些卷装的绕纱根数或卷绕直径,则由工艺所确定,这些参数选择恰当,则产品质量较好,管理方便,工人的劳动强度也较轻。故要根据生产品种的特点,合理选择相关参数。

二、织造各卷装的计算

在计算各卷装上的绕纱长度及重量时,可用式(2-3-1)及式(2-3-2)。

$$L = G \times \frac{1000}{\text{Tt}} \tag{2-3-1}$$

式中:L——卷装绕纱长度,m;

G——卷装绕纱重量,g;

Tt——纱线线密度。

$$G = V \times \gamma \tag{2-3-2}$$

式中:V——卷装绕纱体积,cm³;

γ——卷装绕纱密度,g/cm³,简称卷绕密度。

卷绕密度 γ 是一个与纤维原料、纱线粗细、捻度、回潮率以及卷绕张力有关的数值。在设计新产品时,有时要估算卷装绕纱长度,要使用式(2-3-2),为了方便起见,一般只按原料类别和纱线粗细给定 γ 值的大致范围。

(一)经纬纱管卷装计算

一般经、纬纱管的卷装形状如图2-3-1所示,其卷装计算过程基本相同。

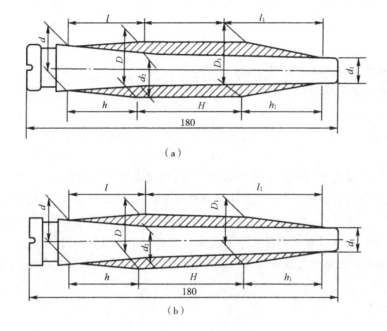

(a)

(b)

图2-3-1 经纬纱管卷装

1. 卷绕体积 V

$$V = \frac{\pi}{12}\left[\left(D^2 + d^2 + Dd\right)h + \left(D^2 + d_1 + Dd_1\right)h_1 + 3D^2H - \left(d^2 + d_2 + dd_2\right)l - \left(d_1^2 + d_2^2 + d_1d_2\right)l_1\right] \quad (2-3-3)$$

式中:D——卷装圆柱体部分的直径,cm;

$\quad d$——纱管底部的卷绕直径,cm;

$\quad d_1$——纱管顶部的卷绕直径,cm;

$\quad d_2$——纱管中部两圆锥体交界面处的直径,cm;

$\quad H$——卷装圆柱体部分的高度,cm;

$\quad h$——纱管下部卷绕锥体的高度,cm;

$\quad h_1$——纱管上部卷绕锥体的高度,cm;

$\quad l$——细纱管下部锥体的高度,cm;

$\quad l_1$——细纱管上部锥体的高度,cm。

2. 管纱卷装绕纱重量 G_x

$$G_x = G_g - G_k \quad (2-3-4)$$

式中:G_g——细纱和空纱管的重量,g;

$\quad G_k$——空纱管重量,g。

或

$$G_x = V \times \gamma$$

式中:V——卷装绕纱体积,cm^3;

$\quad \gamma$——卷装绕纱密度,g/cm^3。

卷装绕纱密度是一个与纤维原料、纱线粗细、捻度、回潮率以及卷绕张力等有关的参数,见表 2-3-3。

表 2-3-3　管纱卷绕密度

经纱		纬纱	
线密度(tex)	卷绕密度(g/cm^3)	线密度(tex)	卷绕密度(g/cm^3)
170~135	0.45	170~120	0.45
134~100	0.44	120~100	0.44
98~60	0.43	95~85	0.43
58~40	0.42	84~65	0.42
32~28	0.41	64~40	0.41
24~14	0.40	38~28	0.40
13	0.39	26~76	0.39
		15~6	0.38

(二)圆锥筒子(图 2-3-2)

1. 卷绕体积 V

$$V = \frac{\pi}{12}\left[\left(D^2 + D_1^2 + DD_1\right)H + \left(d^2 + D^2 + dD\right)h - \left(d^2 + d_1^2 + dd_1\right)(H+h)\right] \quad (2-3-5)$$

式中:D——圆锥筒子大端直径,cm;

D_1——圆锥筒子小端直径,cm;

H——筒子绕纱高度,cm;

h——筒子绕纱的底部锥体的高度,cm;

d——圆锥筒管大端直径,cm;

d_1——圆锥筒管小端直径,cm。

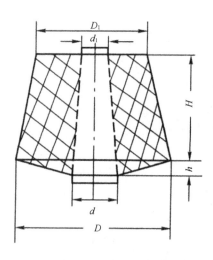

图2-3-2 锥形筒子

2. 筒子绕纱重量 G_s

$$Gs = G_d - G_h \qquad\qquad (2-3-6)$$

式中:G_d——整个筒子的重量,g;

G_h——空管重量,g。

或利用公式 $G = V \times \gamma$ 求筒子绕纱重量,筒子卷绕密度 γ 值见表2-3-4。

表2-3-4 筒子纱卷绕密度

支数(公支)	密实时	松软时
10~20	0.34	0.25
24~40	0.36	0.26
44~60	0.37	0.28
85 以上	0.38	0.29

注 股线卷绕密度比单纱提高10%~20%。

3. 卷绕长度 L

$$筒子纱长度 L(\mathrm{m}) = \frac{G}{Tt_j} \times 1000$$

式中:G——筒子纱重量,g;

Tt_j——纱线线密度,tex。

(三)织轴卷装(图2-3-3)

1. 卷绕体积 V

$$V = \frac{\pi \times W}{4}(D^2 - d^2) \tag{2-3-7}$$

式中:W——织轴两侧盘片间的宽度,cm;

  D——织轴绕纱直径,cm,D 的最大值一般宜比织轴盘片直径至少小2cm;

  d——织轴轴管直径,这直径应包括盘头布的厚度,cm。

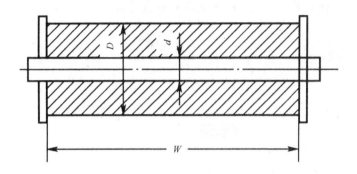

图2-3-3 织轴卷装

2. 织轴上含浆经纱的重量 G

$$G = V \times \gamma \times 10^{-3} \tag{2-3-8}$$

式中:V——织轴绕纱体积,cm^3;

  γ——织轴的卷绕密度,g/cm^3。

  几种棉纱织轴卷绕密度见表2-3-5。

表2-3-5 织轴卷绕密度

棉纱线密度 [tex(英支)]	29~58 (10~20)	19~24 (24~30)	14.6~17 (34~40)	10.8~13 (44~54)	9~10 (58~65)	6.8~8.3 (70~85)	5.2~6.4 (90~112)	3.4~4.4 (134~170)
卷绕密度 (g/cm^3)	0.39	0.40	0.41	0.42	0.43	0.45	0.46	0.48

  卷绕捻线时,其卷绕密度增加25%~40%,阔幅织机用经轴的卷绕密度应比上表降低5%~10%。

3. 织轴上无浆经纱的重量 G'

$$G' = \frac{G}{1 + J_j} \tag{2-3-9}$$

式中:J_j——经纱上浆率。

4. 织轴上纱线最大卷绕长度 L_j

$$L_j = \frac{1000 \times 1000 \times G}{m_z \times \text{Tt}} \tag{2-3-10}$$

式中:m_z——总经根数;

  Tt——经纱线密度。

为了使织轴上所绕经纱与前后工序相适应,其设计卷绕长度,应当考虑浆纱墨印长度、落布联匹数、上机回丝及了机回丝等因素。因此,织轴上纱线的计划卷绕长度 L'_j 为:

$$L'_j = L_P \times n_p \times n + l_1 + l_2 \qquad (2-3-11)$$

式中:L_P——浆纱墨印长度,m,随织物规格而定;

n_p——布卷中的联匹数;

n——一个织轴能织的布卷数;

l_1 及 l_2——上机及了机回丝,m。

5. 用总经根数及计划卷绕长度来计算织轴绕纱重量 G_0

$$G_0 = \frac{m_z \times L'_j \times \text{Tt}}{1000 \times 1000} \qquad (2-3-12)$$

注意事项如下。

(1)织轴卷绕长度应是落布长度的整数倍。

(2)为不产生短码,织轴绕纱长度应包括织轴在织机上的上机回丝和了机回丝及在结经机上的结经回丝。

(3)卷绕长度取小数点后一位。

(四)整经轴卷装(图2-3-4)

1. 卷绕体积 V

$$V = \frac{\pi W}{4}(D^2 - d^2) \qquad (2-3-13)$$

式中:W——经轴两侧盘片间的宽度,cm;

D——经轴卷绕直径,cm,D 的最大值宜比经轴盘片直径小 1~3cm;

d——经轴轴芯直径。

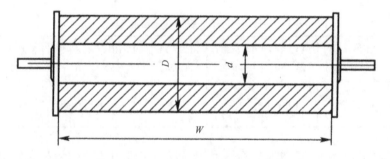

图2-3-4 整经轴卷装

2. 整经轴上经纱理论卷绕长度 m

$$L = \frac{V \times \gamma}{m \times \text{Tt}} \times 1000 \qquad (2-3-14)$$

式中:m——整经轴上的经纱根数;

V——整经轴上绕纱体积,cm³。

γ——整经轴上绕纱密度,g/cm³。

棉经纱整经轴卷绕密度取决于整经张力、速度、棉纱的线密度及加压程度等,一般可参考表 2-3-6。

表2-3-6 经轴卷绕密度

线密度	整经速度(m/min)	卷绕密度(g/cm³)
14.5tex 以下	310~500	050~0.60
	200~300	0.44~0.56
14.5tex 以上	260~500	0.51~0.62
	200~250	0.50~0.56

注 股线的卷绕密度可增加10%~25%。

3. 整经轴上经纱的计划绕纱长度 L'

$$L' = \frac{L_j \times n + l_1}{1 + S} + l_2 \tag{2-3-15}$$

式中：L_j——织轴上计划绕纱长度，m；

n——一批整经轴浆出的织轴数；

l_1——浆回丝长度，m，(一般取 5~10m)；

l_2——了机白回丝长度，m，(一般取 10~15m)；

S——浆纱伸长率，%，(单纱0.7%，股线0~0.2%)。

4. 用绕纱根数及长度来计算整经轴绕纱重量 G

$$G = \frac{L' \times m \times \mathrm{Tt}}{1000 \times 1000} \tag{2-3-16}$$

 任务实施

试根据任务一的织物规格，对织物的经轴、织轴的卷装进行计算。已知织物公称匹长40m，采用3联匹形式，其经纱缩率7.5%，织轴盘片宽度为168cm，织轴的盘片直径55cm，轴芯直径11.5cm，织轴的卷绕密度为0.40g/cm³。设整经机为 GA121-180 型，筒子架容量为672只，整经轴盘片直径70cm，轴芯直径26cm，整经轴的卷绕密度为0.45g/cm³。

一、织轴卷装计算

1. 理论卷绕体积 V

$$V = \frac{\pi \times w}{4}(D^2 - d^2)$$

则：

$$V = \frac{3.14 \times 168}{4} \times (53^2 - 11.5)^2 = 353009.79(\mathrm{cm}^3)$$

2. 理论上含浆经纱的重量 G

$$G = V \times \gamma \times 10^{-3}(\mathrm{kg}) \quad \gamma \text{ 取 } 0.40\mathrm{g/cm}^3$$

则：

$$G = V \times \gamma \times 10^{-3} = 353009.79 \times 0.40 \times 10^{-3} = 141.2(\mathrm{kg})$$

3. 织轴无浆经纱的重量 G'

$$G' = \frac{G}{1 - b}(\mathrm{kg})$$

根据棉织设计手册查:$b = 12\%$,则:

$$G' = \frac{G}{1+b} = \frac{141.2}{1+12\%} = 126.07(\text{kg})$$

4. 织轴上纱线最大卷绕长度 L_j

$$L_\text{j} = \frac{1000 \times 1000 \times G'}{m_\text{z} \times \text{Tt}_\text{j}}(\text{m})$$

由已知条件知:$m_\text{z} = 267.5 \times 160/10 = 4280$ 根,$\text{Tt}_\text{j} = 19.5$ 则:

$$L_\text{j} = \frac{1000 \times 1000 \times G'}{m_\text{z} \times \text{Tt}_\text{j}} = \frac{1000 \times 1000 \times 121.07}{4280 \times 19.5} = 1450.6(\text{m})$$

则织轴上纱线的实际卷绕长度:

$$L'_\text{j} = l_\text{p} \times n_\text{p} \times n + l_1 + l_2(\text{m})$$

式中:$l_1 + l_2 = 1.2\text{m}$ $l_\text{p} = \frac{\text{公称匹长}}{1 - \text{经纱缩率}} = \frac{40}{1 - 7.5\%} = 43.24(\text{m})$

则每一织轴落布次数 n_p 为

$$n_\text{p} = \frac{L'_\text{j} - (l_1 + l_2)}{l_\text{p} \times n} = \frac{1450.6 - 1.2}{43.24 \times 3} = 11.2$$

考虑落布次数为整数,且不允许有零头落布,故舍去小数,落 11 次。这样,织轴的实际最大绕纱长度为

$$L'_\text{j} = l_\text{p} \times n_\text{p} \times n + l_1 + l_2 = 43.24 \times 11 \times 3 + 1.2 = 1428.12 \approx 1429(\text{m})$$

5. 织物实际绕纱重量 G_0

$$G_0 = \frac{G' \times L_\text{j}}{L_\text{j}}$$

则:

$$G_0 = \frac{G' \times L_\text{j}}{L_\text{j}} = \frac{126.08 \times 1429}{1450.8} = 124.20(\text{kg})$$

二、整经轴卷装计算

1. 理论卷绕体积 V

$$V = \frac{\pi \times w_\text{j}}{4}(D_\text{j}^2 - d_\text{j}^2)$$

则:

$$V = \frac{3.14 \times 180}{4} \times (68^2 - 26^2) = 557852.4(\text{cm}^3)$$

2. 整经轴上经纱的理论卷绕长度 L

$$L = \frac{V \times \gamma}{m \times \text{Tt}} \times 1000$$

$$\text{整经轴数 } n = \frac{\text{总经根数}}{\text{筒子架最大容量}} = \frac{4280}{672} = 6.4$$

取 $n = 7$,得:整经根数 $m = \frac{\text{总经根数}}{\text{并轴数}} = \frac{4280}{7} = 611 \cdots\cdots 3(\text{根})$

则分配整经根数为 $611 \times 4 + 612 \times 3 = 4280(\text{根})$

$$L = \frac{V \times \gamma}{m \times \text{Tt}} \times 1000 = \frac{0.45 \times 557852.4}{611 \times 19.5} \times 1000 = 21069.6(\text{m})$$

取 $\gamma = 0.45\text{g/cm}^3$，$\text{Tt} = 19.5\text{tex}$。则：

3. 经轴上可容纳的织轴数 n

$$n = \frac{L}{L'_j} = \frac{21069.6}{1429} = 14.7 \quad \text{取} \ n = 14$$

4. 整经轴上经纱的实际卷绕长度 L'

$$L' = \frac{l_j \times n + l_1}{1 + S} + l_2 = \frac{1429 \times 14 + 10}{1 + 0.7\%} + 15 = 19891.86(\text{m}) \approx 19892(\text{m})$$

5. 经轴的实际重量 G

由：

$$G = \frac{L' \times \text{Tt} \times m}{1000 \times 1000}(\text{kg})$$

得：

$$G = \frac{L' \times \text{Tt} \times m}{1000 \times 1000} = \frac{19990 \times 19.5 \times 611}{1000 \times 1000} = 237(\text{kg})$$

思考练习

1. 织造的卷装形式有哪些？各包括哪些参数？

2. T/C J29tex × T/C29tex，283 根/10cm × 243 根/10cm，125cm，$\dfrac{2}{2}$  纱哔叽，匹长 35m × 3，试进行整经轴和织轴的卷装计算。

项目四 织造机器参数选择与机器配备计算

学习目标

- 了解各工序设备速度和效率的确定。
- 掌握计划停台率的计算依据及计算方法。
- 掌握各工序生产供应的平衡以及各车间生产供应平衡的办法。
- 了解织物生产量的计算与确定。
- 掌握织造机器配备计算。

重点难点

- 织造各主要工序设备的速度和效率的选择原则。
- 每米织物的经纬用纱量、每小时织物的经纬用纱量计算。
- 织造各工序的生产供应平衡计算。
- 各生产工序的产量计算。
- 各生产工序的设备配备计算。

学习要领

- 熟悉织造各工序设备的速度、效率和计划停台率的参数范围。
- 熟练进行织造生产的平衡核算。
- 熟练进行织造的配备计算。

教学手段

多媒体教学法、情境教学法、案例教学法,教、学、做一体。

任务一 织造设备工艺参数的确定与计算

学习目标

1. 了解各工序设备速度和效率的确定原则。
2. 掌握计划停台率的计算依据及计算方法。

 **相关知识**

一、织造各工序设备速度、效率的确定与计算

(一)机器速度的确定

车速对于产品的产量、质量、工艺过程之间的生产平稳、机器设备的配备数量等,都有很大的影响。确定车速时既要考虑机械性能,更要满足工艺要求;既要充分发挥机器的能力,又要保证产品的质量。车速可参阅各机的技术规格而加以选择。一般说来,选择的车速应取平均先进水平。准备工序的车速可取较低数值,以使半成品的供应,能充分满足进一步加工的需要。而织机的速度可取较高数值,以便充分发挥织机的作用,增加成品的产量。现就几种主要机器速度选择时应考虑的因素简述如下。

1. 络筒机 络筒作为纺纱的最后一道工序和织造的首道工序,起着承上启下的"桥梁"作用,它决定着筒子纱的外观质量、织物成品的竞争力而越来越受到纺织企业的关注。对于锭速固定(多为平行卷绕)的络筒机的络纱速度,是近似等于筒子表面圆周速度,一般可取 140 ~ 160m/min;而对于线速固定(即交叉卷绕)的络筒机,其络纱速度是槽筒(滚筒)表面线速度和导纱速度的矢量和。这一速度的确定,与机型、纱线密度、纱线质量、退绕方式以及看台锭额等有关。当纱粗、以管纱喂入或络股线时,络纱速度可取较高值,若纱细、化纤纱或绞纱喂入时,宜取较低速度,一般普通络筒机取 700m/min。自动络筒机一般取 1200m/min。

2. 整经机 整经速度可通过机械传动比计算而得。整经速度的选择必须考虑刹车和断头自停等机构的具体条件,要保证不出倒断头疵点。

整经速度可在整经机的速度范围内任意选择,一般情况下,随着整经速度的提高,纱线断头将会增加,影响整经效率。若断头率过高,整经机的高速度就失去意义。高速整经条件下,整经断头率与纱线的纤维种类、原纱线密度、原纱质量、筒子卷装质量有着十分密切的关系,只有在纱线品质优良和筒子卷绕成形良好和无结纱时,才能充分发挥高速整经的效率。

新型高速整经机使用自动络筒机生产的筒子时,整经速度一般选用 600m/min 以上;整经轴幅宽大,纱线质量差,纱线强力低,筒子成形差时,速度可设计稍低一些。

分条整经机受换条、再卷等工作的影响,新型分条整经机的设计最高速度为 800m/min,实际使用时则远低于这一水平,一般为 300 ~ 500m/min。纱线强力低、筒子质量差时,应选较低的整经速度。

3. 浆纱机 浆纱机的速度以前拖引辊的表面输出速度为准。有机械速度(根据机械传动计算而得)、工艺速度(根据烘房的烘燥能力、纱线密度等计算而得)之分,一般工艺速度要比机械速度低得多。影响浆纱速度的因素有经纱种类、线密度、总经根数、烘干能力和浆纱回潮率等。最关键的因素是干燥装置的蒸发能力。在上浆品种、烘燥装置最大蒸发量、浆纱的压出回潮率和工艺回潮率已知的情况下,浆纱速度的最大值可用下式计算:

$$V_{max} = \frac{G \times (1 + W_g) \times 10^6}{60 \times Tt \times m \times (1 + b)(W_0 - W_1)}(\text{m/min}) \tag{2-4-1}$$

式中:V_{max}——浆纱速度,m/min;

G——烘燥装置的最大蒸发量,kg/h;

W_g——原纱公定回潮率;

T_t——经纱线密度；

m——总经根数；

b——上浆率；

W_0——浆纱压出回潮率；

W_1——浆纱离开烘燥装置的回潮率。

浆纱的速度应在浆纱设备技术条件的速度范围内,通常浆纱机的实际开出速度为40~60m/min。

4. 穿结经机 穿经方式有穿经法和打结法之分。穿经法包含手工穿经、半自动(三自动)穿经和全自动穿经。打结法包含机械自动接经和手工打结。手工穿经有单人、双人穿,穿经速度为1000~1500根/(台·h)。三自动穿经速度为1500~2000根/(台·h),全自动穿经速度为6000~7200根/(台·h)。机械自动接经速度为12000~21000个结/(台·h)。手工打结用于织物组织复杂或特种织物,打结速度随工人的操作熟练程度而定。

5. 织机 织机速度以主轴转速或以单位时间内打纬次数来表示。合理确定织机速度十分重要,必须进行深入的调查研究,全面分析织机速度与时间效率、产质量、机物料消耗、耗电量、工艺参数、挡车工看台定额与劳动强度等之间的关系。在机械条件方面,织机速度主要取决于开口机构的类型以及织机筘幅。在织机筘幅相同的情况下,织机车速越高,织物产量就可能越高。但车速提高以后,织机的效率一般都下降,在原纱条件及织前准备质量达不到要求的情况下,尤为严重。在保证质量的前提下,能取得最高产量的车速被称为经济车速。实际生产中,所开车速一般都在经济车速的水平上,它一般比织机的设计车速低,有时只有设计车速的70%左右。

6. 整理各机 GA801型验布机,工艺设计速度16~20m/min;G312型刷布机,工艺设计速度45~54m/min;G331型烘布机,工艺设计速度54m/min;GA841型自动折布机,工艺设计速度76m/min。

(二)机器时间效率的计算

机器的时间效率,是指机器运转时间利用的程度,即是实际生产时间对理论运转时间的百分率。目前,多数工厂是根据统计资料,以在一定时间内机器的实际产量对理论产量之比来确定时间效率的。表达式如下:

$$机器时间效率 = \frac{机器的实际生产时间}{机器的理论运转时间} \times 100\% = \frac{实际产量}{理论产量} \times 100\% \qquad (2-4-2)$$

机器时间效率随机器的速度、工艺参数、卷装大小、纱线质量、劳动组织、看台定额以及操作熟练程度等而异。如织机的效率除经、纬纱断头停车及处理断头占用时间的影响外,还受本身故障停台时间的影响。显然,性能优良的织机,其自身的故障停台很少,且经、纬纱断头率较低,能达到较高的效率。时间效率也可通过测定,经统计分析后获得。

织造各工序因设备工作特征不同,效率的影响因素也有差异。如络筒机的时间效率取决于原料的质量、机器运转状况、劳动组织的合理性、工人的技术熟练程度、卷装容量大小以及操作的自动化程度等因素;整经时间效率除与纱线线密度、筒子卷装质量、接头、上落轴、换筒等因素有关外,还取决于纱线的纤维材料和整经方式。例如,1452型整经机加工棉纱的整经效率(55%~65%)明显高于绢纺纱的时间效率(40%~50%)。分条整经机受分条、断头处理等工作的影响,其时间效率比分批整经机低;提高织机经济效益的基础是提高织机效率。提高织机效率是综合的、多方面因素作用的结果,包括原纱及前织工序经纬纱质量能否满足织造要求,优化选择织造工艺等因素。织机的效率除受经纬纱断头停车及断头占用时间的影响外,还受本身故障停台时间的影响。显然,性能优良的织机,其自身的故障停台很少,且经纬纱断头率较低,能达到较高的效率。

织造各主要机器设备的速度和效率的参考数据范围见表2-4-2。

二、计划停台率的确定与计算

在我国纺织厂中,为了维持国产有梭织机及其配套机器在生产中的良好状态,对机器实施有计划的定期保全、保养及揩车的设备维修制度。即对全部机台分批分期进行大、小修理。这类修理所引起的机器停台率,均属于预先计划范围以内,故称为计划停台率。计划停台率是指预先计划的定期检修造成的机器停台时间,占大修理周期内理论运转时间的百分率。即

$$计划停台率 = \frac{计划检修的停台时间}{大平车周期内理论运转时间} \times 100\% \qquad (2-4-3)$$

其中计划停台时间包括大平车、小平车、揩车、重点检修以及据经验统计资料而得到的30min以上的停台修理时间。

在日常管理中,常常采用设备运转率的概念,即

$$设备运转率 = \frac{实际运转台数}{利用设备台数} \times 100\%$$

$$= \frac{实际利用台时数 - 休止台时数}{实际利用总台时数} \times 100\% \qquad (2-4-4)$$

织造各机的车速、效率和运转率的一般范围值见表2-4-1。

表2-4-1 本色棉织各主机速度、效率和计划停台率

机器名称	工艺设计速度(m/min)	效率(%)	计划停台率(%)
自动络筒机(No21C)	1000~1500	65~75	4~6
高速整经机(贝宁格)	300~600	75~85	4~6
GA300-200型浆纱机	5~50	80~90	6~8
Zucker-S432型浆纱机	2~60	80~90	6~8
G177型穿经架	1200根/(台·时)	—	—
G183型结经机	200~350头/min	80	—
GA74-180织机	200~260(m/min)	85~92	2~3
GA801型验布机	20(m/min)	50	
GA841折布机	45或76(折/min)	70	
A752型中打包机	3000~7200(m/h)		

任务实施

根据项目任务中该细平布产品的工艺流程,选择各工序设备的型号、速度、效率和计划停台率。

通过分析可知,该产品属于单色白坯织物,经纱采用工艺流程为:络筒→分批整经→浆纱→穿经,纬纱直接络筒→给湿,喷气织机织造,最后经过检验→出厂。各相关参数见表2-4-2。

表2-4-2　细平布织物各主机的速度、效率和计划停台率

机器名称	工艺设计速度(m/min)	效率(%)	计划停台率(%)
自动络筒机(No21C)	1200	70	4
高速整经机(贝宁格)	500	80	4
Zucker-S432 型浆纱机	45	85	6
G177 型穿经架	1200 根/(台·时)	—	—
JAT710-190 织机	600(m/min)	92	2.5
GA801 型验布机	20(m/min)	50	
GA841 折布机	45 或 76(折/min)	70	
A752 型中打包机	3000~7200(m/h)		

 思考练习

1. 什么是时间效率? 织造设备速度和效率的选择应注意哪些问题?
2. 什么是计划停台率? 什么是设备运转率? 两者关系如何?

 知识拓展

利用网络,搜集织造各工序设备的种类、发展趋势及主要技术特征,并写一份报告。

任务二　生产供应的平衡

 学习目标

1. 了解织造各工序生产供应的平衡与办法。
2. 织物生产量的计算与确定 。

 任务引入

织造 C19.5tex×19.5tex、267.5 根/10cm×267.5 根/10cm　160cm 细平布。试计算各车间生产供应平衡。

 相关知识

保持织布工程生产供应平衡,就是将织造工场各车间的投入量和产出量进行核算和平衡,避免产生前拥后堵,降低生产效率,影响产品质量。在织造生产中,一般以布机车间为中心,首先计算出织物的总生产量,再分别向前道准备工序、后道整理工序进行平衡。这是考虑布机车间是直接决定织厂生产能力的车间,而准备车间的生产必须服从于织造生产的需要,后整理的生产自然应该服从于布机车间产品的加工要求。

一、各车间生产供应平衡的办法

平衡织造生产供应,在平衡准备车间和考虑纱线供应时,一方面要根据布机车间的生产量,另一方面还需要考虑布机、浆纱机的了机回丝和络筒机的接头回丝等。通常在整理车间以长度计量,而在准备车间既可以长度计算,又可以重量来计算,两法在实际生产中皆有应用,具体以使用者的习惯和应用方便为原则确定某一方法。平衡生产供应时,同时要注意各工序半制品的回潮率差异,特别是在以重量计算时,尤应重视,要注意一般情况下是不允许忽略这种差异的,只在估算时可忽略不计。

二、织物生产量的计算与确定

织物生产量的大小服从于客户要求和企业生产能力。企业为充分挖掘生产潜力,平衡生产供应,可根据各工序设备的产量定额和设备台数来计算。同时,织物生产量还应按织物品种分别进行计算。

平衡生产供应时,织物生产量常指一小时的生产量,即通常所说的台时产量。这使得计算结果的数字的位数可少些,简单些。当然,企业也可根据需要用一个班、一天、一月、一季或一年的生产量来核算与平衡。若以一小时的生产量来计算,须根据客户需求或产量定额和设备台数等实际情况来计算布机车间每小时织物的生产量。下面举例就织造工程生产供应平衡的方法作一说明。

例1 若有一客户要求在某月内生产某一织物300000m,该月共生产76班,每班生产7.5h,求布机车间每小时织物的生产量。

解:布机车间每小时织物的生产量(m)为:

$$\frac{300000}{75 \times 7.5} = 526.3(m)$$

例2 若某生产车间现有织机110台,织机运转率为98.5%,织机台时定额产量为4.84m,求布机车间每小时织物的生产量。

解:布机车间每小时织物的生产量 = 产量定额×开台数×运转率×生产时间 = 4.84 × 110 × 98.5% = 524.4(m)

此处未乘以生产时间,是因这里计算的是布机的台时织物产量。若要计算一天、一月或一季等的布机织物产量,必须乘以相应的时间。

计算出以长度"m"为单位的生产量,根据织物的每匹长度,即能求得以匹为单位的生产量。以匹为单位的生产量乘以每匹织物经纬纱的重量,即得经纬纱的总重量。应用以"米"或"匹"

为单位的生产量和经纬纱的总重量,即能平衡整理车间和准备车间的生产供应,决定加工某品种前后道各工序需要的机台数。

三、回潮率差异的调整

平衡准备车间的生产供应,若以"重量"计量,就必须考虑回潮率的差异,并加以调整;如果以长度计量,则可不予考虑。

$$G_1 = G_2 \times \frac{1 + W_{R1}}{1 + W_{R2}} \tag{2-4-5}$$

式中:G_1——第 1 种回潮率时烘前重量;

G_2——第 2 种回潮率时烘前重量;

W_{R1}——第 1 种回潮率;

W_{R2}——第 2 种回潮率。

上式是根据不同回潮率下材料的干重不变的原理推导出的,此原理适用于纺织生产的各工序。

例 3 现有某浆纱车间在 7% 回潮率时的投入量为 380kg,求折合整经车间在 8.5% 回潮率时的生产量。

解:根据公式有:

折合整经车间在 8.5% 回潮率时的生产量 $= 380 \times \dfrac{1 + 8.5\%}{1 + 7\%} = 385.3(\text{kg})$

四、各车间生产的供应平衡

(一)计算布机车间每小时的织物生产量和经纬纱的耗用量

$$布机每台时的定额产量 = \frac{n \times 60}{p_w \times 10} \times \eta \tag{2-4-6}$$

也可根据经纱的线密度的定义推导得下列公式,然后即可以下式计算经纱重量:

$$G_T = \frac{M_z \times L_p \times \text{Tt}_j}{1000 \times 1000 \times (1 + \varepsilon_2 + \varepsilon_2 + \varepsilon_3)} \tag{2-4-7}$$

式中:G_T——每匹布中经纱重量,kg;

M_z——织物的总经根数;

L_p——经纱墨印长度,m;

Tt_j——经纱线密度,tex;

ε_1、ε_2、ε_3——络、整、浆的伸长率,%。

同理,用下式计算纬纱重量:

$$G_w = \frac{W_k \times P_w \times L_b \times 10 \times \text{Tt}_w}{1000 \times 1000} \tag{2-4-8}$$

式中:G_w——每匹纬纱重量,kg;

W_k——筘幅,m;

P_w——织物的纬密,根/10cm;

L_b——织物匹长,m;

Tt_w——纬纱线密度,tex。

由此可以求出每匹布中经、纬纱重量以及布机车间每小时的经纬纱耗用量。

对准备车间和纺纱车间的生产供应拟采取以重量计量时,必须将布机车间的生产量折算成经纬纱的总重量。

上例中,计算出的经、纬纱耗用量均以棉纱标准回潮率8.5%为基础,这是因为纺纱厂纺出的经纬纱的线密度也是以回潮率8.5%为基础计算的,故不需要再行调整。

利用上述计算结果,就能进行各车间生产供应的平衡。

(二)计算每小时纺纱厂需要供应的纬纱量

$$每小时纺纱厂需要供应的纬纱重量 = 布机车间每小时的纬纱耗用量 \times (1 + 纬纱回丝率) \quad (2-4-9)$$

(三)计算穿结经车间每小时的生产量

$$穿结经间每小时的生产量 = 布机车间每小时织轴的耗用量$$
$$= \frac{布机车间每小时生产的匹数}{每一织轴的容匹数} \quad (2-4-10)$$

(四)计算浆纱车间每小时的产量

浆纱车间以长度"轴"为计量单位时,则:

$$浆纱车间每小时的生产量 = 穿结经车间每小时的生产量$$
$$= 布机车间每小时织轴的耗用量 \quad (2-4-11)$$

以长度"m"为计量单位时,则:

$$浆纱车间每小时的生产量 = 布机车间每小时织轴耗用量 \times 每轴长度(m)$$
$$= 布机车间每小时织轴耗用量 \times [每轴匹数 \times 墨印长度 +$$
$$织机上轴一次的上了机回丝长度] \quad (2-4-12)$$

以重量"kg"为计量单位时,则:

$$浆纱车间每小时的生产量 = \frac{本车间每小时生产量 \times m_z \times Tt_j}{1000 \times 1000 \times (1 + \varepsilon_1 + \varepsilon_2 + \varepsilon_3)} \quad (2-4-13)$$

(五)计算整经车间每小时的生产量

以长度"m"为计算单位时,则:

$$整经车间每小时的生产量 = [浆纱车间每小时的生产量(m) \times (1 - 浆纱伸长率) +$$
$$\frac{浆纱间每小时生产量轴}{每批经轴浆出织轴数} \times 浆纱了机白回丝和浆回丝长度(m)] \times 浆纱每批经轴数$$
$$(2-4-14)$$

以重量"kg"为计量单位时,则:

$$整经车间每小时生产量 = \frac{本车间每小时的生产量 \times \dfrac{总经根数}{浆纱每批经轴数} \times 经纱线密度}{1000 \times 1000 \times (1 + 络纱和整经伸长率)} \quad (2-4-15)$$

(六)计算络纱车间每小时生产量

以重量"kg"为计量单位。

$$络纱车间每小时生产量 = 整经车间每小时的生产量(kg) \quad (2-4-16)$$

若以长度"m"为计量单位时,则:

$$络纱车间每小时的生产量 = 整经车间每小时生产量 \times (1 - 整经伸长率) \times 总经根数 \quad (2-4-17)$$

(七)计算每小时纺纱厂需要供应的经纱量

$$每小时纺纱厂需要供应的经纱量 = 络纱车间每小时的生产量(kg) \times (1 + 接头回丝率) \quad (2-4-18)$$

若以长度"m"为计量单位,则每小时纺纱厂需要供应的经纱长度

$$= 络纱车间每小时的生产量(m) \times (1 - 络纱伸长率) \quad (2-4-19)$$

需要特别指出,上述以重量计量平衡供应生产时,均以棉纱标准回潮率8.5%为基础。当然,实际上,各车间半制品的回潮率并不是都固定在8.5%,这仅仅是为了便于计算。若各车间所规定的回潮率不同,就以公式(2-4-5)进行调节。

(八)计算整理车间验布机、折布机每小时的生产量

此处的计量均以长度"m"或"匹"为单位。整理车间验布机、折布机每小时的生产量=布机车间每小时的生产量(m或匹)

以上计算未考虑各车间半制品盘存量的变化,是做了上一车间的生产量全部投入下一车间进行生产的假定的。此种算法,在制订工艺设计、平衡设备供应时是完全适用的。但在编制作业计划时,其半制品盘存量需要调整,应按公式(2-4-20)进行计算。

$$P_i = F_{i+1} + S_2 - S_1 \tag{2-4-20}$$

式中:P_i——本车间生产量;

F_{i+1}——下车间投入量

S_1——期初半制品盘存量;

S_2——期末半制品盘存量。

 任务实施

对任务描述的品种进行各车间生产供应平衡计算

任务显示该织物主要规格及已知条件如下:织造19.5tex×19.5tex,267.5根/10cm×267.5根/10cm,160cm细平布。原料为纯棉,经、纬纱线密度为C19.5tex×C19.5tex,经、纬纱密度为267.5根/10cm×267.5根/10cm,组织为平纹,联匹长为40m×3,坯布幅宽为160cm。假设有JAT710-190型喷气织机200台,弯轴每分钟620转。总经根数为4304根,墨印长度为43.24m,筘幅为170.52cm。参考相关产品查得纬纱伸长率为0.2%,络筒伸长率为0.7%,整经伸长率为0.5%,浆纱伸长率为1%,试计算各车间生产供应平衡。

在计算织造工场各工序的生产量时,要用到各设备的速度、生产效率和计划停台率(运转率)。实际使用时,可参见表2-4-2。

一、计算布机车间每小时的织物生产量和经纬纱的耗用量

解:根据公式(2-4-6)可以求出:

布机每台时的定额产量$=\dfrac{620 \times 60}{267.5 \times 10} \times 92\% = 12.8(m)$

布机车间每小时的产量$=200 \times 97.5\% \times 12.8 = 2496(m)$

布机车间每小时产量$=2496 \div 40 = 62.4(匹)$

再根据公式(2-4-7)及公式(2-4-8),分别计算每匹布的经、纬纱重量。

每匹布的经纱重量$=\dfrac{4304 \times 43.24 \times 19.5}{1000 \times 1000 \times (1 + 0.7\% + 0.5\% + 1\%)} = 3.54(kg)$

布机车间每小时耗用经纱量$(kg) = 62.4 \times 3.54 = 220.9(kg)$

每匹布的纬纱重量$=\dfrac{1.70 \times 267.5 \times 40 \times 10 \times 19.5}{1000 \times 1000 \times (1 + 0.2\%)} = 3.54(kg)$

布机车间每小时的纬纱耗用量$(kg) = 62.4 \times 3.54 = 220.9(kg)$

对准备车间和纺纱的生产供应拟采取以重量计量时,必须将布机车间的生产量折算成经纬纱的总重量。

二、计算每小时纺纱厂需要供应的纬纱量

已知纬纱回丝率一般为2%。由式(2-4-9)得:

$$每小时纺纱厂供应的纬纱量 = 220.9 \times (1 + 2\%) = 225.32 (kg)$$

三、计算穿结经车间每小时的生产量

由项目三任务二实施计算知每一织轴有 $11 \times 3 = 33$(匹),则穿结经车间每小时的生产量由式(2-4-10)得:

$$\frac{62.4}{33} = 1.89 (轴)$$

四、计算浆纱车间每小时的产量

已知织机上轴一次上了机回丝共1.2m,则浆纱车间每小时以"m"为计量单位的生产量和浆纱车间每小时以"kg"为计量单位的生产量。由式(2-4-11)和式(2-4-12)分别可得:

解:浆纱车间每小时的生产量 $= 1.89 \times (33 \times 43.24 + 1.2) = 2699.15 (m)$

$$浆纱车间每小时的生产量(kg) = \frac{2699.15 \times 4304 \times 19.5}{1000 \times 1000 \times (1 + 0.7\% + 0.5\% + 1\%)}$$
$$= 221.66 (kg)$$

五、计算整经车间每小时的生产量

已知每批经轴浆出 14 个织轴,浆纱了机白回丝为10m,浆回丝为15m,浆纱每批经轴数为7个,则整经间每小时以"m"为计量单位时的生产量由式(2-4-13)得:

$$整经车间每小时的生产量 = \left[2699.15 \times (1 - 1\%) + \frac{1.89}{14} \times (15 + 10) \right] \times 7 = 18729 (m)$$

以重量"kg"为计量单位时,由式(2-4-14)得:

$$整经车间每小时生产量 = \frac{18729 \times \frac{4304}{7} \times 19.5}{1000 \times 1000 \times (1 + 0.7\%)} = 222.99 (kg)$$

六、计算络纱车间每小时生产量

络纱车间生产量通常以重量"kg"为计量单位。

$$络纱车间每小时生产量 = 整经车间每小时的生产量(kg) = 222.99 (kg)$$

若以长度"m"为计量单位时,由式(2-4-17)得:

$$络纱车间每小时的生产量 = 18729 \times (1 - 0.5\%) \times 4304 = 80206567.9 (m)$$

七、计算每小时纺纱厂需要供应的经纱量

设接头回丝率为0.15%,则由式(2-4-18)得:

$$每小时纺纱厂需要供应的经纱重 = 222.99 \times (1 + 0.15\%) = 223.32 (kg)$$

若以长度"m"为计量单位,则由式(2-4-19)得:

$$每小时纺纱厂需要供应的经纱长度 = 80206567 \times (1 - 0.7\%) = 79645121.0 (m)$$

需要特别指出,上列以重量计量平衡供应生产时,均以棉纱标准回潮率8.5%为基础。当然,实际上各车间半制品的回潮率并不是都固定在8.5%,这仅仅是为了便于计算。若各车间所规定的回潮率不同,就需要调节。

八、计算整理车间验布机、折布机每小时的生产量

整理车间验布机、折布机每小时的生产量 = 2496(m)或62.4(匹)

以上计算未考虑各车间半制品盘存量的变化,是做了上一车间的生产量全部投入下一车间进行生产的假定的。此种算法,在制订工艺设计、平衡设备供应时是完全适用的。但在编制作业计划时,其半制品盘存量需要调整,应按式(2-4-20)进行计算。

为了便于对照。将上列计算结果整理见表2-4-3。

表2-4-3 平衡核算

车间	各车间生产量	平衡量核算		各车间投入量
		以长度计量	重量(kg)	
折布车间	每小时生产量	2496m 或 62.4 匹	—	成包车间投入量
验布车间	每小时生产量	2496m 或 62.4 匹	—	折布车间投入量
织布车间	每小时生产量	2496m 或 62.4 匹	经纱重 220.9	验布车间投入量
			纬纱重 220.9	
纬纱需要量	每小时生产量	—	225.32	织布车间投入量
穿筘车间	每小时生产量	62.4 匹合 1.89 轴	—	织布车间投入量
浆纱车间	每小时生产量	2699.15m 合 1.89 轴	226.02	穿筘车间投入量
整经车间	每小时生产量	18919m	225.22	浆纱车间投入量
络纱车间	每小时生产量	81015956m	225.22	整经车间投入量
经纱需要量	每小时生产量	80448844.3m	225.58	络纱车间投入量

 思考练习

1. 为什么生产供应平衡计算要以布机车间为中心?
2. 决定棉布产量的因素有哪些?

任务三 织造设备配备计算

 学习目标

1. 掌握各工序的设备产量计算。
2. 掌握织造设备定额计算。
3. 掌握织造设备配备计算。

 **任务描述**

计算织造设备配备台数,一般是根据设计任务书中规定的产品方案及织制该产品的织机台数,并参考机器产品说明书上推荐的速度范围选择一种速度,然后根据经验或统计资料选定有关的工艺参数如时间效率、计划停台率等,经计算(有时还需要调整某些工艺参数)最后得出织厂定额机器台数和机器配备台数。设备配备计算前还要对新产品投产所需的用纱量进行生产计划的编制。

 **相关知识**

一、织物重量与用纱量计算

用纱量计算是新产品投产之前必须进行的工作,是编制生产计划的最基本计算之一。生产中常需计算织物重量和经、纬用纱量,二者是有区别的,前者指织物中的经、纬纱净重,不包括生产过程中的各种消耗;后者则指织物需要的经纬纱用量,包括各种消耗在内。

(一)织物重量计算

织物重量一般是由三个部分组成,即经纱重量、纬纱重量和实际上浆重量(不上浆的没有这一项)。计算织物的重量,可先分别算出这三个组成部分的重量,然后相加求得,即每匹织物重 = 每匹经纱重量 + 每匹纬纱重量 + 每匹实际上浆重量。

1. 经纱重量

(1)同线密度同色经纱重量的计算。

$$由公式:G_{ii} = \frac{L_m \times Tt}{1000}$$

$$得 G_i = \frac{m_z \times L_m \times Tt}{1000 \times 1000} \tag{2-4-21}$$

式中:G_{ii}——每匹布中一根经纱重量,g;

　　G_i——每匹布中经纱重量,kg;

　　L_m——墨印长度,m;

　　Tt——线密度,tex;

　　m_z——总经纱数。

必须注意,上列公式中的线密度是织轴上经纱的实际线密度。但织轴上经纱的实际线密度并不是经常去测定的,特别是上浆的经纱,进行线密度测定要做到十分精确也有一定的困难,所以,通常是以纱厂测定的纱线实际线密度,考虑从络纱到浆纱机上纱线的伸长率,来推算织轴上经纱的线密度。要考虑伸长率,是因为经纱通过各机牵引伸长后,直径减小,线密度减小。所以当纱线采用纱厂纺出的线密度数值时,应将公式(2-4-21)改写为:

$$G_i = \frac{m_z \times L_m \times Tt}{1000 \times 1000 \times (1 + \varepsilon_1 + \varepsilon_2 + \varepsilon_3)} \tag{2-4-22}$$

式中:ε_1——络纱伸长率,%;

　　ε_2——整经伸长率,%;

　　ε_3——浆纱伸长率,%。

在各机上纱、线的伸长率随线密度不同、含水多少、机器型式、机械状态以及机器速度而变化。伸长率的计算一般是根据实际测定结果,即:

$$\varepsilon = \frac{L' - L}{L} \times 100\% \qquad (2-4-23)$$

式中:ε——伸长率;

　L——经纱原长;

　L'——经机器牵引后的经纱长度。

(2)不同线密度经纱重量的计算。

织制花色布,是用几种不同的纱线组成经纱的,则各种经纱的重量有下列两种计算方法。

① $$G_{tn} = \frac{m_{zn} \times L_m \times Tt}{1000000} \qquad (2-4-24)$$

式中:G_{tn}——某线密度经纱质量,kg;

　m_{zn}——某线密度经纱总根数;

　L_m——墨印长度,m;

　Tt——线密度,tex。

必须注意,上式中的线密度是指织轴上的纱、线实际线密度。如用纱厂纺出线密度时,应考虑络纱、整经、浆纱等各机上纱线的伸长率,换算成织轴上的纱、线线密度。

$$\text{织轴上经纱线密度} = \frac{\text{纱厂纺出经纱线密度}}{1 + \varepsilon_1 + \varepsilon_2 + \varepsilon_3} \qquad (2-4-25)$$

式中:ε_1——络纱伸长率,%;

　ε_2——整经伸长率,%;

　ε_3——浆纱伸长率,%。

②凡用几种不同线密度的纱线组成经纱时,而各种纱支的配列呈有规律的循环时,均可用本法计算各种经纱重量。这种有规律的每个循环,在织物设计上称为一个"完全组织"。

根据完全组织内不同线密度经纱的配列,先求出各种经纱的百分率,即:

$$R_{tn} = \frac{E_{in}}{m_{zp}} \times 100\% \qquad (2-4-26)$$

式中:R_{tn}——某线密度经纱的百分率,%;

　E_{in}——某线密度经纱在每一个完全组织中的根数;

　m_{zp}——每一个完全组织中的总经纱数。

然后按下式分别求出各线密度纱、线的重量:

$$G_{in} = \frac{m_z \times L_m \times R_{in} \times Tt}{1000 \times 1000} \qquad (2-4-27)$$

例4 假设织物总经纱根数为2420根(不包括边纱),用14tex和29tex两种棉纱按以下组织配列。设浆纱墨印长度为40m,试求两种经纱的重量(表2-4-4)。

表2-4-4 经纱排列表

线密度(tex)	根数	根数	根数	根数	根数	总根数
14	10		20		10	40
29		2		2		4

解:已知每一个完全组织中的经纱根数 = 40 + 4 = 44 根。运用式(2 - 4 - 26)求出每种经纱的百分比得:

$$14\text{tex 经纱的百分率} = \frac{40}{44} \times 100\% = 90.91\%$$

$$29\text{tex 经纱的百分率} = \frac{4}{44} \times 100\% = 9.09\%$$

代入公式(2 - 4 - 27):

$$14\text{tex 经纱的重量} = \frac{2420 \times 40 \times 90.91\% \times 14}{1000 \times 1000} = 1.232(\text{kg})$$

$$29\text{tex 经纱的重量} = \frac{2420 \times 40 \times 9.09\% \times 29}{1000 \times 1000} = 0.255(\text{kg})$$

实际上,织物还配置有边纱,故应将边纱重量加入。如果边纱的线密度和完全组织中一种经纱的线密度相同时,即将边纱和这种经纱一同计算重量。

例5 在上例中,织物每边加 14tex 纱的边纱 16 根,求两种纱的重量。

据题意知,织物的两边都有边纱,故上例中总边纱数 = 16 × 2

29tex 经纱的重量是完全相同于上例计算结果。而

$$14\text{tex 经纱的重量} = \frac{(2420 \times 90.91\% + 16 \times 2) \times 40 \times 14}{1000 \times 1000} = 1.25(\text{kg})$$

(3)异色经纱重量的计算。

异色经纱重量的计算方法和异线密度经纱重量的计算方法完全相同。

2. 实际上浆重量 棉纱上浆,只上经纱。计算实际上浆重量,可以每匹浆纱重量减每匹无浆经纱重量,再减织造过程中每匹落浆重量,即:

$$\text{实际上浆重量} = \text{每匹浆纱重量} - \text{每匹无浆经纱重量} - \text{每匹落浆重量} \qquad (2 - 4 - 28)$$

设计织物时,如果已知上浆率,也可根据上浆率来计算上浆重量,即:

$$\text{每匹实际上浆重量} = \text{每匹无浆经纱重量} \times \text{实际上浆率} \qquad (2 - 4 - 29)$$

例6 假设每匹无浆经纱重量为 3.2kg,每匹实际上浆率为 6%,求每匹实际上浆重量。

运用式(2 - 4 - 29)得:

$$\text{每匹实际上浆重量} = 3.2 \times 6\% = 0.192(\text{kg})$$

3. 纬纱重量

(1)同线密度同色纬纱重量的计算。

$$G_w = \frac{W_k \times P_w \times L_b \times 10 \times \text{Tt}}{1000 \times 1000} \qquad (2 - 4 - 30)$$

式中:G_w——每匹纬纱重量,kg;

W_k——筘幅,m;

P_w——纬纱密度,根/10cm;

L_b——每匹织物长度,m;

T_{tw}——纬纱线密度,tex。

例7 假设织物筘幅为 1.22m,每匹织物长度为 40m,织物纬密 236 根/10cm。纱线线密度为 14.5tex,求纬纱重量。

运用式(2 - 4 - 30)得:

$$G_w = \frac{1.22 \times 236 \times 40 \times 10 \times 14.5}{1000000} = 1.67(\text{kg})$$

必须说明,要正确计算每匹纬纱重量,应当考虑纬纱在织造过程中的伸长率,所以式(2-4-30)中的线密度是指织物中的纬纱线密度。如果用纱厂纺出纬纱线密度,就应按下式计算:

$$T_{tw} = \frac{Tt}{(1+\varepsilon)} \tag{2-4-31}$$

式中:T_{tw}——织物中纬纱线密度,tex;

    ε——纬纱伸长率,%。

(2)同线密度异色纬纱重量的计算。用几种不同颜色的纬纱织布时,各色纬纱重量的计算方法同经纱。

(3)不同线密度纬纱重量的计算。用几种不同线密度的纬纱织布时,各色纬纱重量的计算方法同经纱。

4.1m² 棉织物无浆干重 这是衡量织物内在质量的指标之一,应达到国家标准的要求。以g 为单位,取一位小数。计算公式如下:

$$1m^2 \text{棉织物无浆干重} = 1m^2 \text{织物无浆经纱干重} + 1m^2 \text{织物纬纱干重} \tag{2-4-32}$$

$$1m^2 \text{织物无浆经纱干重} = \frac{\text{经密} \times 10 \times \text{百米经纱纺出干重} \times (1 - \text{经纱总飞花率})}{(1 - \text{经纱织缩率}) \times (1 + \text{经纱总伸长率}) \times 100} \tag{2-4-33}$$

$$1m^2 \text{织物纬纱干重} = \frac{\text{经密} \times 10 \times \text{百米经纱纺出干重} \times (1 - \text{经纱总飞花率})}{(1 - \text{经纱织缩率}) \times (1 + \text{经纱总伸长率}) \times 100} \tag{2-4-34}$$

(二)经纬用纱量计算

织物用纱量是指织物单位长度所耗用的经纬纱的量,是一项技术与管理相结合的综合指标,对织物生产成本有很大影响。用纱量定额以生产百米织物所耗用经纬纱的质量(kg)来表示。

1.白坯织物用纱量计算

百米织物用纱量(kg/100m)=百米织物的经纱用量+百米织物的纬纱用量

(1)百米织物的经纱用量(kg/100m)G_j。

$$G_j = \frac{m_z \times Tt_j \times (1 + \text{加放率}) \times 100}{1000 \times 1000(1 - \text{经纱织缩率}) \times (1 + \text{经纱总伸长率}) \times (1 - \text{经纱回丝率})} \tag{2-4-35}$$

(2)百米织物的纬纱用量(kg/100m)G_w。

$$G_w = \frac{\text{幅宽(m)} \times P_w(\text{根}/10cm) \times 10 \times Tt_w \times (1 + \text{加放率}) \times 100}{1000 \times 1000 \times (1 - \text{纬纱织缩率}) \times (1 - \text{纬纱回丝率})} \tag{2-4-36}$$

式中:Tt_j——经纱线密度,tex;

    Tt_w——纬纱线密度,tex;

    m_z——总经根数;

    P_w——纬纱密度,根/10cm。

直接出口坯布用纱量按上式计算的经纬用纱量×(1+0.25%)计算。

多股线(2股以上)坯布用纱量按上式算后的经纬纱用纱量÷(1-捻缩率)来计算。

2.色织坯布用纱量计算

(1)经、纬用纱量(kg/km)。

①经纱用纱量(kg/km)。

$$\text{经纱用纱量} = \frac{\text{总经根数} \times \text{千米织物经长(m)} \times \text{经纱线密度}}{1000 \times (1 + \text{经纱总伸长率})} \times$$

$$\frac{1}{(1 - \text{染缩率}) \times (1 - \text{捻缩率}) \times (1 - \text{经纱回丝率})} \tag{2-4-37}$$

②纬纱用纱量(kg/km)。

$$纬纱用纱量 = \frac{纬密(根/10cm) \times 箱幅(m) \times 纬纱特数}{100 \times (1 + 准备伸长率)} \times \frac{1}{(1 - 染缩率) \times (1 - 捻缩率) \times (1 - 纬纱回丝率)}$$

$$(2-4-38)$$

在具体计算用纱量过程中,如果一种产品的经纱有两种或两种以上纱线密度时,首先应分别算出各种纱线密度的经纱根数,随后分线密度、分色计算经纱用纱量。如果产品的纬纱有两种以上纱线密度时,就应分别算出各纱线密度的纬纱在单位长度内的根数,随后分线密度、分色算出纬纱用纱量。因而色织坯布用纱量计算公式可用下式表示:

经纱用纱量(kg/km) = 分线密度分色经纱根数 × 千米织物经长(m) × 经纱公制经纱计算常数 (2-4-39)

纬纱用纱量(kg/km) = 分线密度分色纬密(根/10cm) × 箱幅(m) × 纬纱公制纬纱计算常数   (2-4-40)

其中:

$$经纱公制计算常数 = \frac{经纱线密度}{10^6 \times (1 - 经纱染缩率)(1 + 经纱伸长率)(1 - 经纱回丝率)(1 - 经纱捻缩率)}$$

$$(2-4-41)$$

$$纬纱公制计算常数 = \frac{纬纱线密度}{10^6 \times (1 - 纬纱染缩率)(1 + 纬纱伸长率)(1 - 纬纱回丝率)(1 - 纬纱捻缩率)}$$

$$(2-4-42)$$

在计算经、纬用纱量公式中,对各种百分率数据,因各个生产单位生产水平不一样,存在一定差异,但根据生产实践的经验,也有一定的参考数据,分别列出如下。

(2)百米经、纬纱纺出标准干燥重量(g/100m) = $\frac{纱线线密度 \times 10}{1 + 公定回潮率}$,见表2-4-5。

表2-4-5　经纬纱纺出标准干燥重量

经纬纱原料	混纺比	纺出标准干燥重量(g/100m)
纯棉	100	10.85
涤/棉	65/35	10.32
涤/黏	65/35	10.10
涤/腈	60/40	10.12
涤/棉	45/55	10.66
棉/维	50/20	10.68
棉/黏	75/25	10.9

注　计算到小数四位,四舍五入到三位,股线重量应按并合后的重量计算。

(3)经纱总伸长率。

①纯棉上浆单纱总伸长率按1.2%计算(其中络筒、整经以0.5%计算,浆纱以0.7%计算),按纱线粗细可细分为:粗纱1.3%;中支纱1.1%;细支纱0.9%;上水股线10×2tex以上按0.3%,10×2tex以下按0.7%计算,至于纬纱伸长率,直接纬纱不计,间接纬纱不分线密度和织物品种均按0.25%计算。

②涤/棉伸长率单纱按1%计算,股线按0计算。

③棉/维同纯棉,中长涤/黏暂定为0。

(4)经纱总飞花率。

①纯棉。粗特织物按1.2%计算,中特平纹织物按0.6%计算;中特斜纹、缎纹织物按0.9%计算;细特织物按0.8%计算,线织物按0.6%计算。

②涤/棉。粗特按0.6%计算,中细特按0.3%计算。

③棉维。同纯棉。

④中长涤/黏:按0.3%计算。

(5)回丝率。加工过程中,回丝量对总用纱量的百分比。织物的经纱和纬纱,全部使用原白纱时,在定额用纱量中统一规定经纱回丝率为0.4%,纬纱回丝率为1.0%。在设计时,经纱一般取0.4%~0.8%,纬纱取0.8%~1.0%,无梭织机因要割去加边的回丝,纬纱回丝约有2%。

对于色织物,经纱回丝率,在32tex和32tex×2以下的色纱线,是0.5~0.6%;纬纱回丝率为0.7%~1%;股线回丝率为0.6%。在29tex及29×2tex以上的色线和用于花线内再生丝。其经纱回丝率均为0.5%;纬纱回丝率均为0.6%,股线回丝率也是0.6%。至于用于经纱嵌线的75~120旦人造丝单丝,经纱回丝率为0.2%,多色格子换梭纡尾回丝,纬纱要另加0.05%。

(6)加放率。加放率是由匹长加放及开剪、拼件耗损所造成。坯布在形成过程中,经纱被拉伸长,故坯布在放置过程中,由于经、纬向张力平衡,坯布的经向会产生一定的收缩,为了保证坯布的公称匹长,生产时常在布端加放适当长度。

坯布的长度加放一般包括折幅加放和布端加放,折幅加放长度与折幅长度之比称为坯布自然缩率。坯布自然缩率随织物品种的不同而不同,一般平纹为0.6%,斜纹为0.8%~1.0%。布端加放率是根据印染厂或客户的要求而定。设计时,为了简化起见,可将布端加放率及坯布自然缩率等都并入加放率中,一般取0.9%,外销坯布加放率设计要大些。

(7)染缩率。染缩率是指染后的色纱染缩长度对染整前原纱长度的百分比。棉单纱或光纱一般是2%~2.5%;棉股线为2.5%,丝光纱为4%,涤/棉3.5%,中长线色纱为4%,中长深色纱为7%,人造丝为2%。

(8)捻缩率。捻缩率是指纱线捻后减少的长度对捻前原纱长度百分比。股线、平花线、花式捻线一般为0;复并花线为0.5%;棉纱、人造丝的花线等为4%。

3. 色织成布经纬用纱量计算 色织成布,是指大整理或小整理以后的产品。未经过大整理前的织物,叫坯布。小整理处理包括热轧、冷轧、轻轧、热处理以及轧光、拉绒等不同的加工工艺。不管坯布或下机布,在大整理或小整理以后,均要按照规定匹长打包成件。但因产品包装或储存日久以后,或因季节、温度等变化,必然影响产品规格变化。这种变化叫自然回缩。要保证日后产品开件长度合乎规格,这就必须在成包前的设计长度加放一定长度,才能保证规格不变。所以,匹长又有设计长度和规定长度两种。规定长度与设计长度之间有自然回缩关系,这种关系可用下式表示。

$$自然缩率(\%) = \frac{规定长度 - 设计长度}{设计长度} \times 100\% \tag{2-4-43}$$

而　规定长度 - 设计长度 = 加放长度

即　加放长度 = 设计长度 × 自然缩率

大整理产品规定长度,要按照整理加工系数加放长度,但对大整理的坯布,一般不考虑自然缩率。对防缩产品的坯布长度也应根据加工系数加放一段长度,因成布已有自然回伸,所以不考虑加放长度。所以,计算100m成布的经、纬纱用纱量,必须按照下式进行:

$$成布经纱(或纬纱)用纱量(kg/100m) = 色织坯布经纱(或纬纱)用纱量(kg/100m) \times \frac{1+自然缩率}{1\pm后处理伸长}$$

式中"1 + 后处理伸长"是针对经后处理后布长或布幅会伸长或加阔的织物而言，而"1 - 后处理伸长"则是对布长或布幅会缩短的产品而言。成品用纱量计算中，经过整理后的伸长率或缩率是指整理的伸长量或缩短量对加工前原长的百分比。

部分品种的自然缩率、整理长缩率或伸长率见表 2 - 4 - 6。

表 2 - 4 - 6　部分色织物的自然缩率、整理缩率或伸长率

织物品种		后处理方法	自然缩率(%)	整理缩率(%)	整理伸长率(%)
男女线呢		冷轧	0.55		0.5
全线男线呢		热处理	0.55	0.5	
被单	线经纱纬	热轧	0.55		2.5
	线经线纬	热轧	0.55		2.0
绒布		轧光拉绒	0.55		2.0
二六元贡		不处理	1.00		
夹丝男线呢		热处理	0.55	0.8	

以上的织物重量，是以 100m 为单位的色织物成布为依据计算的。但工厂是大批量生产，通常是以 1000m 长度为单位，计算坯布或成布的经纬纱用纱量千克数。通常所见到的一匹长度有 30m、32m、40m 等不同米(码)数的长度。但对下机的坯布，要按商业部门或客户要求订出织下机的布长。其中分别有双联匹，3 ~ 4 联匹或 4 ~ 5 联匹。要计算单位长度用纱量，可依照不同联匹长度计算。

为了简化计算起见，坯布用纱量可折成成品用纱量系数，见表 2 - 4 - 7。

表 2 - 4 - 7　坯布折算成品系数

品种	用纱量折算系数
男女线呢冷轧	1.0005
男线呢热处理	1.01.6
夹丝男线呢热处理	1.0135
绒布轧光拉绒	0.986
线经纱纬被单热轧	0.9809
纱经纱纬被单热轧	0.986

计算公式中涉及的染缩率、捻缩率、伸长率、回丝率分别见表 2 - 4 - 8 ~ 表 2 - 4 - 11。

表 2 - 4 - 8　染缩率

纱线种类	棉单纱	棉股线	涤/棉	中长纤维		再生丝	丝光纱
				浅色	深色		
染缩率(%)	2.0	2.5	3.5	4	7	2	4

表 2 – 4 – 9　捻缩率

花线类别	花线	复并花线	棉纱、再生丝复并花线	毛巾、结子线	一次并三股花线
捻缩率(%)	0	0.5	4	各厂自定	0

表 2 – 4 – 10　伸长率

纱线种类		单纱色纱	股线色纱	再生丝
伸长率(%)	经纱	0.6 ~ 0.1	0.6	0
	纬纱	0.25 ~ 0.7	0.7	0

表 2 – 4 – 11　回丝率

特数(英支)		经纱回丝率	纬纱回丝率	并线工序回丝率(%)
32tex 及(32tex × 2)tex 以上(色纱)		0.5 ~ 0.6	0.7 ~ 1	0.6
29tex 及(29tex × 2)tex 以上(色纱)		0.5	0.6	0.6
用于花线内的再生丝		0.5	0.6	0.6
75 ~ 120 旦人造丝单丝用纱线嵌线		0.2		
格子织物换梭时纡纱回丝	双色		另加 0.05	
	多色		另加 0.1	

色织产品的用纱量计算可分三种情况。

(1)凡是漂白、丝光、树脂等整理产品,可按色织坯布用纱量计算,计算结果不考虑自然缩率。

(2)凡坯布仅经轧光、热轧、拉绒等小整理或坯布不经过任何后整理的产品,均按色织成布用纱量计算,计算时要考虑自然缩率、后处理缩率或伸长率。

(3)凡是经纱或者纬纱全部用本白纱的产品,须按白坯用纱量计算。计算用纱量时,本白纱的伸长率、回丝率须按本白纱的规定计算。

计算公式中涉及经、纬纱计算常数,也可分别预先算出,见表 2 – 4 – 12。

表 2 – 4 – 12　色织坯布的经、纬纱计算常数

线密度	经纱计算常数	纬纱计算常数
32tex 以下(18 英支以上)	$10.277333 \times 10^{-7} \times$ 线密度	$10.204574 \times 10^{-3} \times$ 线密度
29tex 以下(20 英支以上)	$10.2670001 \times 10^{-7} \times$ 线密度	$10.194312 \times 10^{-3} \times$ 线密度
29tex × 2 以下 (20 英支/2 以上)	$10.319652 \times 10^{-7} \times$ 线密度	$10.246603 \times 10^{-3} \times$ 线密度
75 旦再生丝单根作嵌线	0.0000079416	—
120 旦再生丝单根作嵌线	0.000012707	—
花线	$10.256037 \times 10^{-7} \times$ 线密度	$10.256221 \times 10^{-3} \times$ 线密度
复并花线	$10.256037 \times 10^{-7} \times$ 线密度	$10.307767 \times 10^{-3} \times$ 线密度
18tex(32 英支)	3.3385185×10^{-8}	0.0003338616
13.3tex(120 旦)	2.4288889×10^{-8}	0.0002431317

注　以上花线是指由两根或多根不同颜色的单纱,经过一次或两次并捻而成的合股线。

二、织造各机器定额计算和配备计算

机织工厂的机器配台计算,是由织机开始的,然后逐次计算准备工序和检验整理工序的机器的配台数。设备台数一般按定额台数、计算台数、配备台数分三步计算。

(一)织造各生产工序的产量计算

1. 织机生产率

$$织机理论生产率 = \frac{60 \times 织机每分钟转数}{10 \times 每10cm中的纬纱数}[m/(台 \cdot h)]$$

织机实际生产率 = 织机理论生产率 × 时间效率[m/(台·h)]

织机的定额台数 = 织机配备台数 ×(1 - 计划停台率),设织机的计划停台率为2%

织物的总产量 = 织机定额台数 × 织机实际台时产量

2. 络筒机生产率

$$络筒机的理论生产率 = \frac{络筒线速度(m/min) \times 60 \times 纱线线密度}{1000 \times 1000}[kg/(锭 \cdot h)]$$

络筒机的实际生产率 = 络筒机的理论生产率 × 时间效率[kg/(锭·h)]

3. 整经机生产率

$$整经机的理论生产率 = \frac{整经机速度(m/min) \times 60 \times 每轴经纱根数 \times 纱线线密度}{1000 \times 1000}[kg/(台 \cdot h)]$$

整经机的实际生产率 = 整经机的理论生产率 × 时间效率[kg/(台·h)]

4. 浆纱机的生产率

$$浆纱机的理论生产率 = \frac{浆纱机线速度(m/min) \times 60 \times 织轴总经根数 \times 纱线线密度}{1000 \times 1000}[kg(台 \cdot h)]$$

浆纱机的实际生产率 = 浆纱机的理论生产率 × 时间效率(70%)[kg/(台·h)]

5. 穿筘架生产率

穿筘的定额一般取1100根/(台·h),提花织物取700根/(台·h)

6. 验布机生产率

验布机理论生产率 = 验布机线速度 × 60[m/(台·h)]

验布机实际生产率 = 验布机理论生产率 × 时间效率[m/(台·h)]

7. 折布机生产率

折布机理论生产率 = 折布机线速度(m/min) × 60[m/(台·h)]

折布机实际生产率 = 折布机理论生产率 × 时间效率[m/(台·h)]

8. 中包机生产率

生产定额一般取12包[7200m/(台·h)]

(二)织物用纱量的换算

1. 每米织物的经、纬用纱量 可参见公式(2-4-35)及式(2-4-36)。

2. 每小时织物的经、纬纱用纱量 按下式可得:

$$每小时织物的经纱用纱量 = \frac{织物总产量(m/h) \times 每米织物经纱用纱量(g/m)}{1000}(kg/h) \qquad (2-4-44)$$

$$每小时织物的纬纱用纱量 = \frac{织物总产量(m/h) \times 每米织物经纱用纱量(g/m)}{1000}(kg/h) \qquad (2-4-45)$$

(三)织厂各生产工序机器配备的计算

1. 织机配备台数 由任务书规定。

2. 络筒机计算配备锭数

$$络筒机定额锭数 = \frac{织物的经纱(纬纱)用纱量(kg/h)}{每锭实际生产率[kg/(锭 \cdot h)]}$$

$$络筒机的计算配备锭数 = \frac{定额锭数}{1 - 计划停台率}$$

3. 整经机的计算配备台数

$$整经机定额台数 = \frac{织物的经纱用纱量(kg/h)}{每台实际生产率(kg/台 \cdot h)}$$

$$整经机的计算配备锭数 = \frac{定额台数}{1 - 计划停台率}$$

4. 浆纱机的计算配备台数

$$浆纱机定额台数 = \frac{织物的经纱用纱量(kg/h)}{每台实际生产率(kg/台 \cdot h)}$$

$$浆纱机的计算配备锭数 = \frac{定额台数}{1 - 计划停台率}$$

5. 穿经架的计算配备台数

$$穿经架的计算配备锭数 = \frac{织轴上的总经根数}{穿筘定额[根(台 \cdot h)]} \times \frac{织物的生产量(m/h)}{一只只轴绕纱可织布的长度(m)}$$

6. 验布机的定额台数

$$验布机的定额台数 = \frac{织物的生产量(m/h)}{验布机的实际生产率[m/(台 \cdot h)]}$$

7. 折布机的定额台数

$$折布机的定额台数 = \frac{织物的生产量(m/h)}{折布机的实际生产率[m/(台 \cdot h)]}$$

8. 中包机的定额台数

$$中包机的定额台数 = \frac{织物的生产量(m/h)}{中包机的实际生产率[m/(台 \cdot h)]}$$

 **任务实施**

按任务引入的要求,织物规格为 C19.5tex × 19.5tex　267.5 根/10cm × 267.5 根/10cm 168cm 细布。相关条件及参数如下:JAT710 - 190 型喷气织机 200 台,弯轴每分钟 620 转,时间效率 92%。总经根数为 4304 根,墨印长度为 43.24m,筘幅为 170.52cm,经纱总伸长率取 1.2%,经纱回丝率取 0.6%,纬纱伸长率为 0.2%,纬纱回丝率取 0.8%,经纱缩率取 5.51%,纬纱缩率取 6.4%,加放率取 0.9%。参照表 2 - 4 - 1 各主机速度、效率和计划停台率及表 2 - 4 - 13 主机生产率公式进行选择与计算如下。

表 2 - 4 - 13　织造主机计算产量公式

工序	单位	计算公式
络筒机	kg/台 · h	$\dfrac{络纱线速度(m/min) \times 60 \times 每台锭数 \times 纱线线密度(tex)}{1000 \times 1000}$
整经机	kg/台 · h	$\dfrac{整经机线速度(m/min) \times 60 \times 整经轴经纱根数 \times 纱线线密度(tex)}{1000 \times 1000}$

续表

工序	单位	计算公式
浆纱机	kg/台·h	$\dfrac{浆纱机线速度(m/min) \times 60 \times 总经根数 \times 纱线线密度(tex)}{1000 \times 1000}$
织机	m/台·h	$\dfrac{主轴转速(r/min) \times 60}{纬密(根/10cm) \times 10}$
验布机	m/台·h	验布机线速度(m/min) × 60
折布机	m/台·h	折布刀每分钟往复次数 × 60 × 每次长度(m)

一、织物用纱量计算

由式(2-4-35)百米织物经纱用量(kg/100m)

$$G_j = \frac{m_z \times Tt_j \times (1+加放率) \times 100}{1000 \times 1000(1-经纱织缩率) \times (1+经纱总伸长率) \times (1-经纱回丝率)}$$

$$= \frac{19.5 \times 4304 \times (1+0.9\%) \times 100}{1000 \times 1000 \times (1+1\%) \times (1-5.51\%) \times (1-0.6\%)} = 8.927(kg/100m)$$

则每米织物经纱用量为 $8.927 \times \dfrac{1000}{100} = 89.27(g/m)$

由式(2-4-36)百米织物纬纱用量(kg/100m)

$$G_w = \frac{幅宽(m) \times P_w(根/10cm) \times 10 \times Tt_w \times (1+加放率) \times 100}{1000 \times 1000(1-纬纱织缩率) \times (1-纬纱回丝率)}$$

$$= \frac{1.60 \times 267.5 \times 10 \times 19.5 \times (1+0.9\%) \times 100}{10^6 \times (1-6.4\%) \times (1-0.8\%)} = 90.7(kg/100m)$$

则每米织物纬纱用量为 $9.07 \times \dfrac{1000}{100} = 90.7(g/m)$

由任务二项目实施结果可知:织物的总产量 = 2496(m/h)

由式(2-4-44)与式(2-4-45)则每小时织物的经纬用纱量分别为

$$每小时织物的经纱用纱量 = \frac{2496 \times 89.27}{1000} = 222.82(kg/h)$$

$$每小时织物的纬纱用纱量 = \frac{2496 \times 90.7}{1000} = 226.39(kg/h)$$

二、织造各生产工序的产量计算

1. 织机生产率

$$织机理论生产率 = \frac{主轴转速(r/min) \times 60}{纬密(根/10cm) \times 10} = \frac{620 \times 60}{267.5 \times 10} = 13.9[m/(台·h)]$$

$$织机实际生产率 = 织机理论生产率 \times 时间效率 = 13.9 \times 0.92 = 12.8[m/(台·h)]$$

织机的定额台数 = 织机配备台数 × (1-计划停台率),设织机的计划停台率为2.5%,则:

$$织物的总产量 = 织机配备台数 \times 0.98 \times 织机实际生产率 = 200 \times 0.975 \times 12.8 = 2496(m/h)$$

2. 络筒机的生产率

络筒线速度取1000(m/min),时间效率取70%,每台60锭。则:

$$络筒机理论生产率 = \frac{络纱线速度(m/min) \times 60 \times 每台锭数 \times 纱线线密度(tex)}{1000 \times 1000}$$

$$= \frac{1000 \times 60 \times 60 \times 19.5}{1000 \times 1000} = 70.2[kg/(台·h)]$$

络筒机的实际生产率 = 络筒机的理论生产率 × 时间效率

$$= 70.2 \times 0.7 = 49.14 [kg/(台 \cdot h)]$$

3. 整经机生产率 整经机速度取 500m/min,每轴整经根数取 611 根,时间效率取 75%,则:

整经机的理论生产率 $= \dfrac{\text{整经机速度}(m/min) \times 60 \times \text{每轴经纱根数} \times \text{纱线线密度}}{1000 \times 1000} [kg/(台 \cdot h)]$

$$= \frac{500 \times 60 \times 611 \times 19.5}{1000 \times 1000} = 357.44 [kg/(台 \cdot h)]$$

整经机的实际生产率 = 整经机的理论生产率 × 时间效率

$$= 357.44 \times 75\% = 268.08 [kg/(台 \cdot h)]$$

4. 浆纱机的生产率 浆纱机线速度取 60m/min,时间效率取 85%,则:

浆纱机的理论生产率 $= \dfrac{\text{浆纱机线速度}(m/min) \times 60 \times \text{织轴总经根数} \times \text{纱线线密度}}{1000 \times 1000} [kg/(台 \cdot h)]$

$$= \frac{60 \times 60 \times 4304 \times 19.5}{1000 \times 1000} = 302.1 [kg/(台 \cdot h)]$$

浆纱机的实际生产率 = 浆纱机的理论生产率 × 时间效率

$$= 302.1 \times 85\% = 256.79 [kg/(台 \cdot h)]$$

5. 穿筘架生产率 穿筘的定额一般取 1200 根/(台·h),提花织物取 700 根/(台·h)。

6. 验布机生产率 验布机速度取 20m/min,则:

验布机理论生产率 = 验布机线速度 × 60 = 20 × 60 = 1200 [m/(台·h)]

时间效率:狭幅棉布为 30%。

验布机实际生产率 = 验布机理论生产率 × 时间效率

$$= 1200 \times 30\% = 360 [m/(台 \cdot h)]$$

7. 折布机生产率 折布机速度取 54m/min,时间效率取 40%,则:

折布机理论生产率 = 折布机线速度(m/min) × 60

$$= 54 \times 60 = 3240 [m/(台 \cdot h)]$$

折布机实际生产率 = 折布机理论生产率 × 时间效率

$$= 3240 \times 40\% = 1296 [m/(台 \cdot h)]$$

8. 中包机生产率 生产定额一般取 12 包 [7200m/(台·h)]

三、织造各生产工序机器配备的计算

1. 织机配备台数 取 200 台

2. 络筒机计算配备锭数 若络筒机的计划停台率为 4%,则:

络筒机定额数 $= \dfrac{\text{织物的(经纱 + 纬纱)用纱量}(kg/h)}{\text{每锭实际生产率}(kg/台 \cdot h)} = \dfrac{222.82 + 226.39}{49.14} = 9.14 (台)$

络筒机的计算配备锭数 $= \dfrac{\text{定额锭数}}{1 - \text{计划停台率}} = \dfrac{9.14}{1 - 5.5\%} = 9.67 (台)$,取 10 台

3. 整经机的计算配备台数

整经机定额台数 $= \dfrac{\text{织物的经纱用纱量}(kg/h)}{\text{每台实际生产率}(kg/台 \cdot h)} = \dfrac{222.82}{268.08} = 0.83 (台)$

若整经机的计划停台率为 5%,则

整经机的计算配备锭数 $= \dfrac{\text{定额台数}}{1 - \text{计划停台率}} = \dfrac{0.83}{1 - 5\%} = 0.87 (台)$,取 1 台

4. 浆纱机的计算配备台数

$$浆纱机定额台数 = \frac{织物的经纱用纱量(kg/h)}{每台实际生产率[kg/(台·h)]} = \frac{222.82}{256.79} = 0.87(台)$$

若浆纱机的计划停台率为6%,则

$$浆纱机的计算配备锭数 = \frac{定额台数}{1 - 计划停台率} = \frac{0.87}{1 - 6\%} = 0.93(台),取1台$$

5. 穿经架的计算配备台数

$$穿经架的计算配备台数 = \frac{织轴上的总经根数}{穿筘定额} \times \frac{织物的生产率}{一只织轴绕纱可织布的长度}$$

$$= \frac{4304}{1200} \times \frac{2496}{40 \times 33} = 6.78(台),取7台$$

6. 验布机的定额台数

$$验布机的定额台数 = \frac{织物的生产量}{验布机的实际生产率} = \frac{2496}{360} = 6.93(台),取7台$$

7. 折布机的定额台数

$$折布机的定额台数 = \frac{织物的生产量}{折布机的实际生产率} = \frac{2496}{1296} = 1.93(台),取2台$$

8. 中包机的定额台数

$$中包机的定额台数 = \frac{织物的生产量}{中包机的实际生产率} = \frac{2496}{7200} = 0.35(台),取1台$$

细平布织造工艺设计及设备配备见表2-4-14。

表2-4-14 细平布织造工艺设计及设备配备表

织物名称	细平布	密度	经纱	267.5	缩率	经向	5.51	每米织物用纱量(g)	经纱	94.43
织物组织	1/1平纹	(根/10cm)	纬纱	267.5	(%)	纬向	6.4		纬纱	90.7
织物幅宽(cm)	160	经纱根数	地经	4280	伸长率(%)	络筒	1.2		纱总重	185.13
织物匹长(m)	40		边经	24		整经			经纱	235.7
			总经根数	4304		浆纱		总用纱量(kg/h)	纬纱	226.39
纱别	经纱(tex)	19.5	加放率(%)	0.9	回丝率(%)	经纱	0.6		合计	462.09
	纬纱(tex)	19.5	上浆率(%)			纬纱	0.8			

机器名称	速度(m/min)(r/min)	经纱根数	理论生产率[kg/(台·h)][m/(台·h)]	时间效率(%)	定额生产率[kg/(台·h)][m/(台·h)]	定额台数	计划停台率(%)	计算台数	配备台数
络筒机	1000	60	70.2	70	49.14	6.58	5.5	6.92	7
整经机	500	611	357.44	75	268.08	0.88	5	0.92	1
浆纱机	60	4304	302.1	85	256.81	0.92	6	0.98	1
穿筘架					1200 根/h			6.78	7

续表

机器名称	速度 （m/min） （r/min）	经纱根数	理论生产率 [kg/（台·h）] [m/（台·h）]	时间 效率 （%）	定额生产率 [kg/（台·h）] [m/（台·h）]	定额台数	计划 停台率 （%）	计算 台数	配备 台数
织机	620		13.9	92	12.8		2.5	200	200
验布机	20		1200	30	360			6.93	7
折布机	54		3240	40	1296			1.93	2
打包机	7200 [m/（台·h）]							0.35	1

 思考练习

1. 确定织机的台数应考虑哪些因素？

2. 织造 JC 19.5tex×19.5tex 511.5 根/10cm×267.5 根/10cm 160cm 2/1 斜纹布，若织机台数为 240 台，试进行以下计算：

(1)织物技术计算

(2)织造经轴、织轴的卷装计算

(3)各工序机器配台数

(4)列出工艺设计与设备配备表

附录一 白坯织物工艺与设备配备计算实例

设计下列产品的织造工艺：$T/CJ29tex \times T/C29tex$，283 根/10cm × 243 根/10cm，125cm $\frac{2}{2}$ 纱哔叽，工艺设计如下。

一、概述

（一）织物技术条件

1. 织物组织 $\frac{2}{2}$ 的斜纹。

2. 经纬纱线密度 经纱线密度29tex；纬纱线密度29tex。

3. 织物紧度

$$E_j = 0.037\sqrt{T_j} \times P_j = 0.037 \times \sqrt{29} \times 283 = 56.4\%$$

$$E_w = 0.037\sqrt{T_w} \times P_w = 0.037 \times \sqrt{29} \times 283 = 48.4\%$$

$$E_总 = E_j + E_w = \frac{E_j \times E_w}{100} = 56.4 + 48.4 - \frac{56.4 \times 48.4}{100} = 77.5\%$$

4. 公称匹长、联匹数 公称匹长取35m，联匹数为3。

5. 织物的幅宽 为125cm。

6. 经纬纱密度 经密为283 根/10cm，纬密为243 根/10cm。

7. 经纬纱缩率 根据织物结构与设计中本色棉织物织造缩率参考，确定缩率为：经纱缩率5.51%，纬纱缩率6.4%。

8. 总经根数

$$总经根数 = \frac{经密 \times 幅宽}{10} + 边经根数 \times \left(1 - \frac{地经每筘穿入数}{边经每筘穿入数}\right)$$

根据织物结构设计：地经每筘穿入数为4，边经无，边经每筘穿入数为4，则

$$总经根数 = \frac{283 \times 125}{10} + 0 \times \left(1 - \frac{2}{4}\right) = 3537.5（根）$$

根据地经每筘穿入数调整后，总经根数为3536 根。

9. 筘号

$$公制筘号 = \frac{经纱密度(1 - 纬线织缩率)}{每筘穿入数}$$

$$= \frac{283 \times (1 - 6.4\%)}{2}$$

$$= 132.44（根/10cm），取132 号$$

10. 筘幅

$$筘幅 = \frac{总经根数 - 边经根数 \times \left(1 - \dfrac{地经每筘穿入数}{边经每筘穿入数}\right)}{筘号 \times 地经每筘穿入数} \times 10$$

$$= \frac{3536 - 0}{132 \times 2} \times 10$$

$$= 133.94(\mathrm{cm})$$

11. 1m² 棉布无浆干重(g/m²)

$$1m^2 \text{ 棉布经纱无浆干重} = \frac{\text{经密} \times 10 \times \text{经纱纺出标准干燥重量} \times (1 - \text{经纱总飞花率})}{(1 - \text{经织缩率}) \times 100 \times (1 + \text{经纱总伸长率})}$$

$$1m^2 \text{ 棉布纬纱无浆干重} = \frac{\text{纬密} \times 10 \times \text{纬纱纺出标准干燥重量}}{(1 - \text{纬织缩率}) \times 100}$$

1m² 棉布无浆干重 = 1m² 棉布经纱无浆干重 + 1m² 棉布纬纱无浆干重

查《织物结构与设计手册》知:经纱总飞花率 = 0.3%,经纱总伸长率 = 1%,而经纬纱纺出标准干燥重量 = 29/10.32 = 2.81(见表 2 - 4 - 5)则:

$$1m^2 \text{ 棉布经纱无浆干重} = \frac{283 \times 10 \times 2.81 \times (1 - 0.3\%)}{(1 - 5.51\%) \times 100 \times (1 + 1\%)} = 83.08(\mathrm{g/m^2})$$

$$1m^2 \text{ 棉布纬纱无浆干重} = \frac{243 \times 10 \times 2.81}{(1 - 6.4\%) \times 100} = 72.95(\mathrm{g/m^2})$$

1m² 棉布无浆干重 = 83.07 + 72.95 = 156.02(g/m²)

(二)确定工艺流程

1. 准备工序

(1)管经。络筒(1332MD)→整经(1452 - 180 型)→浆纱机(G142D - 180 型)→穿经(G177 型)→结经(GA471 型)。

(2)管纬。络筒(1332MD)→定捻(GA571 型)→卷纬(G193 型)。

2. 织造工序

织机(GA615 - 75 英寸型)→验布(GA801 型)→折布(GA841 型)→打包(A752 型)入库

二、织物技术设计

(一)经纬纱缩率的确定

经纱缩率 5.51%,纬纱缩率 6.4%。

(二)筘号的确定

132#。

(三)上机筘幅的确定

133.94cm。

(四)综框的确定

1. 综框的形式 金属综框。

2. 综框长度 1406mm。

3. 综丝号数、长度 综丝号数:26#;长度:4 页斜纹用 280mm。

4. 校准综丝密度

$$\text{综丝密度(根/cm)} = \frac{\text{总经根数}}{(\text{穿筘幅宽} + 2\text{cm}) \times \text{综丝列数}}$$

$$= \frac{3536}{(133.94 + 2) \times 4}$$

$$= 6.50$$

根据《棉织设计手册》校核可知综丝密度在允许范围内(表 2 - 2 - 16)。

5. 综框的页数与列数　4 页 4 列综丝。

(五)钢筘的确定

1. 筘号　70。

2. 筘长×筘高　1238mm×114mm。

(六)经停片的确定

1. 校核经停片的密度

$$经停片密度(片/cm) = \frac{总经根数}{(筘幅+4) \times 经停片的排数}$$

$$= \frac{3536}{(133.94+4) \times 4}$$

$$= 6.41$$

查《棉织设计手册》,经停片的密度在允许范围内(见表2-2-18)。

2. 停经片的排列　停经片的排数为4。

3. 停经片的规格　长×宽×厚为120mm×11mm×0.2mm。

(七)织物上机图

纱哔叽上机图如附图1-1所示。

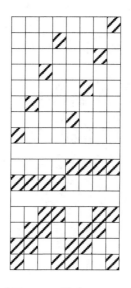

附图 1-1　纱哔叽上机图

三、半制品的卷装计算

(一)织轴卷装计算

1. 理论卷绕体积 V

$$V = \frac{\pi \times w}{4}(D^2 - d^2)$$

已知:$w = 1304\text{mm} = 130.4\text{cm}$,$D = 550\text{mm} - 20\text{mm} = 53\text{cm}$,$d = 115\text{mm} = 11.5\text{cm}$

则:

$$V = \frac{3.14 \times 130.4}{4} \times (53^2 - 11.5^2) = 274002.84 (\text{cm}^3)$$

2. 理论上含浆经纱的重量 G

$$G = V \times \gamma \times 10^{-3} (\text{kg}), \gamma \text{ 取 } 0.55 \text{g/cm}^3$$

则：

$$G = V \times \gamma \times 10^{-3} = 274002.84 \times 0.55 \times 10^{-3} = 150.7 (\text{kg})$$

3. 织轴无浆经纱的重量 G'

$$G' = \frac{G}{1 + J_1} (\text{kg})$$

根据《棉织设计手册》查：$J_1 = 12\%$，则：

$$G' = \frac{G}{1 + J_1} (\text{kg}) = \frac{150.7}{1 + 12\%} = 134.55 (\text{kg})$$

4. 织轴上纱线最大卷绕长度 L_j

$$L_j = \frac{1000 \times 1000 \times G'}{m \times N_{tj}} (\text{m})$$

已知：$m = 3536, \text{Tt}_j = 29$ 则：

$$L_j = \frac{1000 \times 1000 \times G'}{m \times N_{tj}} = \frac{1000 \times 1000 \times 134.55}{3536 \times 29} = 1312.12 (\text{m})$$

则织轴上纱线的实际卷绕长度：

$$l_j = l_p \times n_p \times n + l_1 + l_2 (\text{m})$$

式中：$l_1 = 1\text{m}, l_2 = 1.5\text{m}$

$$l_p = \frac{联匹长度}{1 - a_j} = \frac{35}{1 - 5.51\%} = 37.04 (\text{m})$$

$$n_p \times n = \frac{L_j}{l_p} = \frac{1312.12}{37.04} = 35.42 \approx 35 (\text{m})$$

则：$l_j = l_p \times n_p \times n + l_1 + l_2 (\text{m}) = 37.04 \times 35 + 1 + 1.5 = 129.8 \approx 1298 (\text{m})$

5. 织物实际绕纱重量 G_0

$$G_0 = \frac{G_1' \times L_j}{l_j}$$

则：

$$G_0 = \frac{G_1' \times L_j}{l_j} = \frac{134.55 \times 1298}{1312.12} = 133.10 (\text{kg})$$

(二)整经轴卷装计算

1. 理论卷绕体积 V

$$V = \frac{\pi \times w_j}{4} (D_j^2 - d_j^2)$$

已知：$w_j = 1400\text{mm} = 140\text{cm}, D_j = 700\text{mm} - 40\text{mm} = 660\text{mm} = 66\text{cm}, d_j = 260\text{mm} = 26\text{cm}$
则：

$$V = \frac{3.14 \times 140}{4} \times (66^2 - 26^2) = 404432 (\text{cm}^3)$$

2. 整经轴上经纱的理论卷绕长度 L

$$L = \frac{V \times \gamma}{m \times \text{Tt}} \times 1000$$

$$并轴数\ n = \frac{总经根数}{筒子架最大容量} = \frac{3536}{504} = 7.02$$

取 $n = 8$，得：

$$整经根数\ m = \frac{总经根数}{并轴数} = \frac{3536}{8} = 442$$

取 $\gamma = 0.45\mathrm{g/cm^3}$，$\mathrm{Tt} = 29$，则：

$$L = \frac{V \times \gamma}{m \times \mathrm{Tt}} \times 1000 = \frac{0.45 \times 404432}{442 \times 29} \times 1000 = 14198.35(\mathrm{m})$$

3. 整经轴上经纱的实际卷绕长度 L'

$$L' = \frac{l_j \times n + l_1}{1 + S} + l_2(\mathrm{m})$$

$$n = \frac{l \times (1 + S)}{l_j}$$

$$= \frac{14198.35 \times (1 + 0.7\%)}{1298.9} = 11.01(\mathrm{m})，取\ n = 11$$

则：

$$L' = \frac{l_j \times n \times l_1}{1 + S} + l_2 = \frac{1298.9 \times 11 + 10}{1 + 0.7\%} + 15 = 14213.5(\mathrm{m})，取\ 14214\mathrm{m}$$

4. 经轴的绕纱重量 G

由：

$$G = \frac{L' \times \mathrm{Tt} \times m}{1000 \times 1000}(\mathrm{kg})$$

得：

$$G = \frac{L' \times \mathrm{Tt} \times m}{1000 \times 1000} = \frac{14214 \times 29 \times 442}{1000 \times 1000} = 182.20(\mathrm{kg})$$

织物技术条件见附表 1 - 1。

附表 1 - 1 纱哗叽的技术条件

产品名称 工艺项目		T/CJ29tex × T/C29tex，283 根/10cm × 243 根/10cm 125cm，2/2 纱哗叽
幅宽（cm）		125
匹长联匹数（m）		35 × 3
原纱线密度 （tex）	经纱	29
	纬纱	29
	边纱	29
密度 （根/10cm）	经向	283
	纬向	243
织物 紧度（%）	经向紧度	56.39
	纬向紧度	48.42
	总紧度	77.51

工艺项目	产品名称	T/CJ29tex×T/C29tex,283 根/10cm×243 根/10cm 125cm,2/2 纱哔叽
经纱根数	总经根数	3536
	边纱根数	无
钢筘	筘号(号)	70
	筘幅(m)	126.29
每筘入数	地经	4
	边经	4
织物组织	地组织	2/2 加强斜纹
	边组织	无
织造缩率(%)	经织缩率	5.51
	纬织缩率	6.4
1m² 棉布无浆干重 (g/m²)	1m² 棉布经纱无浆干重	83.073
	1m² 棉布纬纱干重	72.952
	1m² 棉布无浆干重	156.025

四、织造机器配备计算

(一)织物用纱量计算

已知:总经根数为 3536 根,经纱缩率取 5.51%,纬纱缩率取 6.4%,经纱总伸长率取 1%,经纱回丝率取 0.6%,纬纱回丝率取 0.8%,加放率取 0.9%,则:

1. 每米织物经纱用量

$$每米织物经纱用量 = \frac{经纱线密度 \times 总经根数 \times (1+加放率)}{10^3 \times (1+经纱总伸长率) \times (1-经纱织缩率) \times (1-经纱回丝率)}$$

$$= \frac{29 \times 3536 \times (1+0.9\%)}{1000 \times (1+1\%) \times (1-5.51\%) \times (1-0.6\%)} = 109.07(g/m)$$

2. 每米织物纬纱用量

$$每米织物纬纱用量 = \frac{纬纱线密度 \times 纬纱密度(根/10cm) \times 织物幅宽(cm) \times (1+加放率)}{10^4 \times (1-纬纱织缩率) \times (1-纬纱回丝率)}$$

$$= \frac{29 \times 243 \times 125 \times (1+0.9\%)}{10^4 \times (1-6.4\%) \times (1-0.8\%)} = 95.72(g/m)$$

(二)织造各生产工序的产量计算

1. 织机生产率

已知:织机转速取 170r/min,织机时间效率取 90%,织机配备台数 168 台,则:

$$织机理论生产率 = \frac{60 \times 织机每分钟转数}{10 \times 每10cm 中的纬纱数}(m/台 \cdot h) = \frac{60 \times 170}{10 \times 243} = 4.2[m/(台 \cdot h)]$$

$$织机实际生产率 = 织机理论生产率 \times 时间效率[m/(台 \cdot h)]$$

$$= 4.2 \times 0.90 = 3.78[m/(台 \cdot h)]$$

$$织机的定额台数 = 织机配备台数 \times (1-计划停台率)$$

设织机的计划停台率为2%，则：

$$织物的总产量 = 织机配备台数 \times 0.98 \times 织机实际台时产量$$
$$= 168 \times 0.98 \times 3.78$$
$$= 622.34(m/h)$$

2. 络筒机的生产率

已知：络筒线速度取575m/min，时间效率取70%，则：

$$络筒机的理论生产率 = \frac{络筒线速度(m/min) \times 60 \times 纱线特数}{1000 \times 1000}[kg/(锭 \cdot h)]$$

$$= \frac{575 \times 60 \times 29}{1000 \times 1000} = 1.001[kg/(锭 \cdot h)]$$

$$络筒机的实际生产率 = 络筒机的理论生产率 \times 时间效率(70\%)[kg/(锭 \cdot h)]$$
$$= 1.001 \times 0.7 = 0.701[kg/(锭 \cdot h)]$$

3. 整经机生产率

已知：整经机速度取250m/min，每轴整经根数取442根，时间效率取50%，则：

$$整经机的理论生产率 = \frac{整经机速度(m/min) \times 60 \times 每轴经纱根数 \times 纱线特数}{1000 \times 1000}[kg/(台 \cdot h)]$$

$$= \frac{250 \times 60 \times 442 \times 29}{1000 \times 1000} = 192.27[kg/(台 \cdot h)]$$

$$整经机的实际生产率 = 整经机的理论生产率 \times 时间效率$$
$$= 192.27 \times 50\% = 96.14[kg/(台 \cdot h)]$$

4. 浆纱机的生产率

已知：浆纱机线速度取30m/min，时间效率取70%，则：

$$浆纱机的理论生产率 = \frac{浆纱机线速度(m/min) \times 60 \times 织轴总经根数 \times 纱线特数}{1000 \times 1000}(kg/台 \cdot h)$$

$$= \frac{30 \times 60 \times 3536 \times 29}{1000 \times 1000} = 184.58[kg/(台 \cdot h)]$$

$$浆纱机的实际生产率 = 浆纱机的理论生产率 \times 时间效率(70\%)$$
$$= 184.58 \times 70\% = 129.21[kg/(台 \cdot h)]$$

5. 穿筘架生产率　穿筘的定额一般取1100根/(台·h)。

6. 验布机生产率

已知：验布机速度取18m/min，则：

$$验布机理论生产率 = 验布机线速度 \times 60 = 18 \times 60 = 1080[m/(台 \cdot h)]$$

时间效率：狭幅棉布为30%、阔幅棉布左右侧各验一遍故为15%，涤棉布亦为15%。

$$验布机实际生产率 = 验布机理论生产率 \times 时间效率$$
$$= 1080 \times 15\% = 162[m/(台 \cdot h)]$$

7. 折布机生产率

折布机速度取54m/min，时间效率取40%，则：

$$折布机理论生产率 = 折布机线速度(m/min) \times 60$$
$$= 54 \times 60 = 3240[m/(台 \cdot h)]$$

$$折布机实际生产率 = 折布机理论生产率 \times 时间效率$$
$$= 3240 \times 40\% = 1296[m/(台 \cdot h)]$$

8. 中包机生产率　生产定额一般取12包[7200m/(台·h)]。

(三)每小时织物的经、纬纱用纱量

$$每小时织物的经纱用纱量 = \frac{织物总产量(m/h) \times 每米织物经纱用纱量(g/m)}{1000}(kg/h)$$

$$= \frac{622.34 \times 109.07}{1000} = 67.88(kg/h)$$

$$每小时织物的纬纱用纱量 = \frac{织物总产量(m/h) \times 每米织物纬纱用纱量(g/m)}{1000}(kg/h)$$

$$= \frac{622.34 \times 95.72}{1000} = 59.57(kg/h)$$

(四)织造各生产工序机器配备的计算

1. 织机配备台数 取 168 台。

2. 络筒机计算配备锭数

若络筒机的计划停台率为 5.5%,则

$$络筒机定额锭数 = \frac{织物的经纱(纬纱)用纱量(kg/h)}{每锭实际生产率(kg/锭 \cdot h)} = \frac{67.88}{0.701} = 96.83(锭)$$

$$络筒机的计算配备锭数 = \frac{定额锭数}{1 - 计划停台率} = \frac{96.83}{1 - 5.5\%} = 102.5(锭),取 102 锭$$

3. 整经机的计算配备台数

$$整经机定额台数 = \frac{织物的经纱用纱量(kg/h)}{每台实际生产率(kg/台 \cdot h)} = \frac{67.88}{96.14} = 0.71(锭)$$

若整经机的计划停台率为 4%,则:

$$整经机的计算配备锭数 = \frac{定额台数}{1 - 计划停台率} = \frac{0.71}{1 - 4\%} = 0.74(台),取 1 台$$

4. 浆纱机的计算配备台数

$$浆纱机定额台数 = \frac{织物的经纱用纱量(kg/h)}{每台实际生产率(kg/台 \cdot h)} = \frac{67.88}{129.21} = 0.53(台)$$

若浆纱机的计划停台率为 7%,则:

$$浆纱机的计算配备锭数 = \frac{定额台数}{1 - 计划停台率} = \frac{0.53}{1 - 7\%} = 0.57(台),取 1 台$$

5. 穿经架的计算配备台数

$$穿经架的计算配备台数 = \frac{织轴上的总经根数}{穿筘定额} \times \frac{织物的生产量}{一只织轴绕纱可织布的长度}$$

$$= \frac{3536}{1100} \times \frac{622.34}{35 \times 35} = 1.63(台),取 2 台$$

6. 验布机的定额台数

$$验布机的定额台数 = \frac{织物的生产量}{验布机的实际生产率} = \frac{622.34}{162} = 3.84(台),取 4 台$$

7. 折布机的定额台数

$$折布机的定额台数 = \frac{织物的生产量}{折布机的实际生产率} = \frac{622.34}{1296} = 0.484(台),取 1 台$$

8. 中包机的定额台数

$$中包机的定额台数 = \frac{织物的生产量}{中包机的实际生产率} = \frac{622.34}{7200} = 0.09(台),取 1 台$$

9. 纬纱用络筒机的定额锭数

$$络筒机定额锭数 = \frac{织物的纬纱用纱量}{每锭实际生产率} = \frac{59.37}{0.701} = 84.98(锭)$$

若络筒机的计划停台率为 5.5%,则

$$络筒机的计算配备锭数 = \frac{定额锭数}{1 - 计划停台率} = \frac{84.98}{1 - 5.5\%} = 89.93(锭),取 1 台,每台 100 锭$$

10. 卷纬机的定额台数

$$卷纬机的理论生产率 = \frac{140 \times 60 \times 29}{1000 \times 1000} = 0.244[\text{kg}/(锭 \cdot \text{h})]$$

$$卷纬机的实际生产率 = 0.244 \times 0.8 = 0.195[\text{kg}/(锭 \cdot \text{h})]$$

$$卷纬机定额锭数 = \frac{59.57}{0.195} = 305.5(锭)$$

计划停台率取 3.5%,则:

$$卷纬机的计算配备锭数 = \frac{定额锭数}{1 - 计划停台率} = \frac{305.5}{0.965} = 317(锭)$$

纱哔叽织布工艺设计及机器配备见附表 1 - 2。

附表 1 - 2 纱哔叽织布工艺设计及机器配备表

织物名称	纱哔叽	密度 (根/10cm)	经纱	283	缩率 (%)	经向	5.51	每米织物用纱量 (g)	经纱	115.34
织物组织	2/2		纬纱	243		纬向	6.4		纬纱	95.72
织物幅宽 (cm)	125	经纱根数	地经	3536	伸长率 (%)	络筒	1		纱总重	211.06
织物匹长 (m)	35		边经	—		整经			经纱	71.80
			总经根数	3536		浆纱				
纱别	经纱 (tex) 29	加放率 (%)	0.9		回丝率 (%)	经纱	0.6	总用纱量 (kg/h)	纬纱	59.57
	纬纱 (tex) 29					纬纱	0.8		合计	131.37

工序	速度 (m/min) (r/min)	经纱根数	理论产量 (kg/h)(m/h)	时间效率 (%)	定额产量 (kg/h)(m/h)	定额台 (锭)数	计划停台率 (%)	计算台 (锭)数	配备台 (锭)数
络筒	575	1	1.001	70	0.701	102.4	5.5	108.4	150
整经	250	442	192.27	50	96.14	0.77	4	0.80	1
浆纱	30	3536	184.58	70	129.21	0.56	7	0.60	1
穿筘					1100[根/(台·h)]			1.63	2
络纬机	575	1	1.001	70	0.701	84.98	5.5	89.93	100
卷纬	140		0.245	80	0.196	303.93	3.5	315	400
织布	170		4.2	90	3.78	2		168	168
验布	18		1080	15	162	1		3.84	4
折布	54		3240	40	1296	1		0.48	1
打包					7200			0.07	1

附录二　色织物工艺与设备配备计算实例

彩条小提花缎条府绸

一、织物规格

1. 原料与纱线设计　考虑到府绸织物的品种特点及用途,要求吸湿、透气性好、故采用纯棉原料,经、纬纱选用 14.5tex × 14.5tex。

2. 织物密度设计　参考类似品种,织物密度为:472 根/10cm × 267.5 根/10cm。

3. 成品幅宽　114.3cm。

4. 织物组织设计　府绸织物以平纹组织为主,加上缎纹提花条子。

5. 经、纬纱配色设计　纬纱为白色,经纱每花排列根数和顺序:见附表 2-1。

6. 工艺规格计算

(1)确定坯布幅宽。由于 40 英支 × 40 英支的平纹组织结构的府绸,经、纬密在 74 × 70 根/英寸时,经过漂白大整理后处理以后,其幅缩率达到 7.39%,而缎条府绸,缎条部分经线占半数,经纬密与上列府绸相仿,缎纹组织较平纹组织的结构松弛,它的缩率也较大。所以取用 8% 作为缎条府绸坯布的幅缩率。

$$坯布幅宽 = \frac{成品幅宽}{1 - 幅缩率} = \frac{114.3}{1 - 8\%} = 124.2(\text{cm})$$

(2)初算总经根数。

$$总经根数 = 坯布幅宽 × 坯布经密 = 122.1 × × \frac{472}{10} ≈ 5763(根)$$

考虑到每筘齿穿入数,取 5764 根。

(3)确定每筘齿穿入数。

测定成品织物,蓝色提花部分宽度为 4.5mm,共有 28 根经纱,其经纱密度(成品)为 48 根 ÷ 4.5mm ≈ 600(根/10cm)。

提花之间的平纹宽度为 11.5mm,共有 51 根经纱,其经纱密度为:51 根 ÷ 11.5mm ≈ 450 根/10cm。

故花地经密的比值约为 600 : 450 = 4 : 3。

可见地部平纹每筘齿穿 3 根(3 入),花部每筘齿穿 4 根(4 入)较妥。边部穿法根据工厂经验为(3×4 + 4×3) ×2 = 48 根,共用 14 筘齿。

(4)初算筘幅。参考类似品种,纬纱织缩率取 3.3%。

$$筘幅 = \frac{坯布幅宽}{1 - 纬纱织缩率} = \frac{122.1}{1 - 3.3\%} = 126.27(\text{cm})$$

（5）每花筘齿数。

$$每花平纹地部共用筘齿数 = (150 - 48) \div 3 = 34(齿)$$

$$每提花部分共用筘齿数 = 24 \times 2 \div 4 = 12 齿$$

$$每花筘齿数 = 34 + 12 = 46(齿)$$

$$平均每筘穿入数 = 150 \div 46 \approx 3.26(根/筘齿)$$

（6）全幅花数。

$$全幅花数 = (初算总经根数边 - 边经根数) \div 每花根数$$

$$= (5764 - 48) \div 150$$

$$= 38 花 + 16 根$$

二、绘作织物素材平面图（附图2－1）

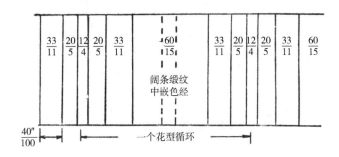

附图2－1 缎条府绸素材平面图

（1）劈花。该花纹本身不对称，是花筘穿法，劈花主要顾及拼花方便并使每花综能达到循环。经考虑多余经纱16根似乎太多，若取消多余经纱，红色接近，布也不太理想，如加6根白色，则两者兼顾，不但拼花方便，而且穿综达到循环。因此，暂定全幅花数为38花＋6根，这样修改总经根数为：

$$总经根数 = 150 \times 38 + 6 + 48 = 5754(根)$$

（2）全幅筘齿数。

$$全幅筘齿数 = 每花筘齿数 \times 花边 + 多途经纱筘齿数 + 边经筘齿数$$

$$= 46 \times 38 + 6 \div 3 + 14 = 1764(齿)$$

（3）筘号。

$$筘号 = \frac{全幅筘齿数}{筘幅} \times 10 = \frac{1764}{126.27} \times 10 = 139.7(cm) \quad 取整数用140号。$$

一般情况下，计算筘号与标准筘号误差小于±0.4号，故不必修改总经根数，只筘幅做修正即可。修正后的筘幅为：

$$筘幅 = \frac{全幅筘齿数}{筘号} \times 10 = \frac{1764}{140} \times 10 = 126(cm)$$

与初算筘幅126.27cm相差0.27cm，在允许范围内（16mm以内）。

（4）核算坯布经密。

$$坯布经密 = \frac{总经根数}{坯布幅宽} \times 10 = \frac{5754}{122.1} \times 10 = 471(根/10cm)$$

核算所得经密与设计经密仅差1根/10cm，在允许范围内，故上述各项计算均有效。

（5）综页数及各页综丝密度计算。综页数由设计时的组织知道,不同运动规律的经纱共有13种,其中平纹用2页综,提花用11页综。各页综丝密度如下：

$$平纹：(102 \div 150) \times 5754 \approx 3912（根）$$

由于最大用综为16页,而花经已用11页,故平纹最多用4页。

$$平纹综每页综上的综丝数 = 3912 \div 4 = 978（根）$$

$$综丝密度 = \frac{每页综上综丝数}{筘幅 + 2} = \frac{978}{126 + 2}$$

$$\approx 7.64（根/cm）$$

参照前表,综丝密度在最大密度范围内,故平纹用4页综。

花经各片综丝上的综丝密度远小于标准,在允许范围内。

（6）千米织物经长。参考类似品种,取经纱织缩率为9.6%,则

$$千米织物经长 = \frac{1000}{1 - 经纱织缩率} = \frac{1000}{1 - 9.6\%}$$

$$= 1106.2（m）$$

经、纬纱分色用纱量计算及纬密牙计算从略。

（7）坯布筘幅及全幅经线总使用筘齿数。缎条带平纹小提花府绸,纬缩一般为5-5.2%,则：

$$坯布应有筘幅 = \frac{100}{100 - 5.2} \times 34.8$$

$$= 34.8 \times 1.055$$

$$= 36.8 英寸$$

$$全幅总使用筘齿数 = \frac{48}{2} \times 36.8 = 883.2 齿,取用 883 齿$$

（8）布边统用筘齿数。为使布边在纬纱织入时不过分厚实,宜采用平纹组织,每个筘齿穿入根数和地部平纹相同,即每齿通穿3根。但经实验结果,最外边纱采用每筘齿通穿2根为好,同时根据布边宽度需要,布边每边采用每筘线22根,用筘齿8个,两边合计边纱线44根用筘齿16个。

（9）织物全幅花纹循环个数。

$$\frac{883 - 16（布边用筘齿）}{51（每花用筘齿）} = 17 个花纹循环$$

（10）经线通穿起讫点。因来样阔条部分的缎纹色彩较深,且经线有60根,在安排经线起穿点时,如把阔条缎纹靠近布边不适当。因此对起穿的经线起点,宜安置在铗条缎纹中间的狭条平纹12根处,再平分为二,作为经线通穿起讫点,如附图2-1素材平面图上所标明的一个整花型箭头范围上引出的两点。

平纹小提花部分:33根用11齿,标明$\frac{3}{11}$。

狭缎条:20根用5齿,标明$\frac{20}{5}$。

狭条平纹条子:12根用4齿,标明$\frac{12}{4}$。

从左向右计数,一整花型共使用筘齿数:11 + 5 + 4 + 5 + 11 + 15 = 51齿

从图左方的经线向右通穿17个花纹经线所使用的筘齿数：

左布边		22根	8齿	
从左向右	狭条平纹	6根	2齿	
	狭条缎纹	20根	5齿	
	平纹小提花	33根	11齿	穿17次循环
	阔条缎纹	60根	15齿	
	平纹小提花	33根	11齿	
	狭条缎纹	20根	5齿	
	狭条平纹	6根	2齿	
右布边		22根	8齿	

合计经线总根数 $178 \times 17 + 22 \times 2 = 3070$（根）

全幅使用总筘齿数 $51 \times 17 + 8 \times 2 = 883$（齿）

（11）每花色经排列根数和顺序，见附表 2－1。

附表 2－1　每花色经排列根数和顺序表

	狭条 平纹			狭条 缎纹		平纹条 小提花			阔条 缎纹		平纹条 小提花			狭条 缎纹		狭条 平纹			每花共 计根数
色经	2		1		2	1		1	26		26	1		1		2	1		2	98
白经		1		2		16		1				8			1		16	2		1	80
共计		*2					*16						*16					*2		178

（12）条纹组织图和纹版图，经线穿综次序（略）。

（13）经线通穿综框明细统计表。见附表 2－2。

附表 2－2　经线穿综插筘明细统计表

根数	综框顺序	筘齿数
布边 2 双	根,3,4	2
布边 3×4	1,2,3,4	4
布边 6	1,2,3,4,1,2	2
	以下通穿 17 次来回	
6	3,4,1,2,3	2
20	5,6,7,8,9	5
9	1,2,3,4,1,2,3,4,1	3
3	2,10,3	1
3	11,1,12	1
3	3,13,1	1
3	12,3,11	1
3	1,10,2	1
9	3,4,1,2,3,4,1,2,3	3
60	5,6,7,8,9	15
9	1,2,3,4,1,2,3,4,1	3
3	2,10,3	1
3	11,1,2	1
3	3,13,1	1
3	12,3,11	1
3	1,10,2	1
9	3,4,1,2,3,4,1,2,3	3
20	5,6,7,8,9	5
6	1,2,3,4,1,2	2

续表

根数	综框顺序	筘齿数
178		51 共 17 次循环
3026 44	布边	867 16
3070		883

(14)填织物设计规格表。见附表 2-3。

附表 2-3 织物设计规格表

产品名称:色织棉缎条提花府绸　设计编号:　　　　　年 月 日

				纹板图
成品规格	纱线	经纱(tex)	棉 14×2(色)	
		纬纱(tex)	棉 21(色)	
	密度	经密(根/10cm)	355.5	
		纬密(根/10cm)	265.5	
	紧度	经向紧度(%)	69.58	
		纬向紧度(%)	44.99	
	幅度(cm)		122	
	匹长(m)		40	
	织物组织		平纹地经起花	
织造规格	筘号(齿 10cm)		99	
	筘幅(cm)		136.37	
	筘穿数		/4	
	总经根数		4326	
	经纱缩率(%)		10.36	
	纬纱缩率(%)		4.6	

经纱排列及穿棕、穿筘			
名称	色经排列	织物组织	穿综、穿筘方式
左边	白 16	$\frac{2}{2}$纬重平	1 1 2 2 3 3 4 4 1 1 2 2 3 3 4 4
布身全 幅 22 整 花,每	白 36	$\frac{2}{2}$纬重平	1 2 3 4 1 2 3 4 1 2 3 4 3次
	白 1、褐 1、共 8 次	平纹地经起花	111212　313414　114213　312411
	白 18	平纹	1 2 3 4 1 2 3 4 1 2 3 4 1 2 3 4 1 2
	红 8	4 枚变则缎纹	7 9 8 10 7 9 8 10
	白 12	平纹	3 4 1 2 3 4 1 2 3 4 1 2
	红 8	4 枚变则缎纹	7 9 8 10 7 9 8 10

续表

名称	色经排列	织物组织	穿综、穿筘方式
布身全幅22整花,每	白18	平纹	<u>3 4 1</u> <u>2 3 4</u> <u>1 2 3</u> <u>4 1 2</u> <u>3 4 1</u> <u>2 3 4</u>
	白1、褐1、共8次	平纹地经起花	<u>111212</u> <u>313414</u> <u>114213</u> <u>312411</u>
	白24	平纹	<u>123</u> <u>412</u> <u>341</u> <u>234</u> <u>123</u> <u>412</u> <u>341</u> <u>234</u>
	白24	透孔	<u>161</u> <u>252</u> <u>161</u> <u>252</u> <u>161</u> <u>252</u> <u>161</u> <u>252</u>
花192根	白12	平纹	<u>1 2 3</u> <u>4 1 2</u> <u>3 4 1</u> <u>2 3 4</u>
零花	白36	平纹	<u>1 2 3</u> <u>4 1 2</u> <u>3 4 1</u> <u>2 3 4</u> 3次
	白1、褐1、共8次	平纹地经起花	<u>111212</u> <u>313414</u> <u>114213</u> <u>312411</u>
	白18	平纹	<u>1 2 3</u> <u>4 1 2</u> <u>3 4 1</u> <u>2 3 4</u> <u>1 2 3</u> <u>4 1 2</u>
右边	白16	$\frac{2}{2}$纬重平	<u>1 1 2 2</u> <u>3 3 4 4</u> <u>1 1 2 2</u> <u>3 3 4 4</u>
纬纱排列			
花	白36		

设计者_____ 日期_____

参考文献

[1]钱鸿彬.棉纺织工厂设计[M].2版.北京:中国纺织出版社,2007.

[2]罗建红.纺纱技术[M].上海:东华大学出版社,2015.

[3]任家智.纺纱原理[M].北京:中国纺织出版社,2002.

[4]杨锁廷.纺纱学[M].北京:中国纺织出版社,2004.

[5]刘国涛.现代棉纺技术基础[M].北京:中国纺织出版社,1999.

[6]郁崇文.纺纱工艺设计与质量控制[M].2版.北京:中国纺织出版社,2011.

[7]史志陶.棉纺工程[M].4版.北京:中国纺织出版社,2007.

[8]孙卫国.纺纱技术[M].北京:中国纺织出版社,2005.

[9]常涛.多组分纱线工艺设计[M].北京:中国纺织出版社,2012.

[10]薛少林.纺纱学[M].西安:西北工业大学出版社,2002.

[11]徐少范.棉纺质量控制[M].北京:中国纺织出版社,2002.

[12]张一心.纺织材料[M].3版.北京:中国纺织出版社,2017.

[13]姚穆.纺织材料学[M].4版.北京:中国纺织出版社,2014.

[14]郁崇文.纺纱系统与设备[M].北京:中国纺织出版社,2005.

[15]荆妙蕾.织物结构与设计[M].5版.北京:中国纺织出版社,2014.

[16]刘荣清,孟进.棉纺织计算[M].3版.北京:中国纺织出版社,2011.

[17]谢光银.纺织品设计[M].北京:中国纺织出版社,2005.

[18]沈兰萍.新型纺织产品设计与生产[M].2版.北京:中国纺织出版社,2009.

[19]江南大学,无锡市纺织工程学会,《棉织手册》(第三版)编委会.棉织手册[M].3版.北京:中国纺织出版社,2006.

[20]许鉴良.棉结杂质的控制[J].梳理技术,2002(5):67–74.

[21]罗兆恒.近期倍捻机发展情况[J].纺织机械,2003(5):9–12.

[22]王庆球.国外新型梳棉机的附加分梳件[J].棉纺织技术,2002(1):62–64.

[23]秦贞俊.紧密纺环锭纱的纺纱技术[J].现代纺织技术,2002(2):3–6.

[24]秦贞俊.现代纺纱工程中的棉结问题探讨[J].纺织科技进展,2006(1):1–5.

[25]刘荣清.棉纺异物检测清除机的现状分析[J].上海纺织科技,2006(1):12–14+18.

[26]经纬纺织机械股份有限公司清梳机械事业部.开清梳联合机(产品样本),2006.

[27]黄传宗.ZFA113型单轴流开棉机电气设计的探讨[J].纺织机械,2002(3):18–20.

[28]张新江.FA322型高速并条机性能分析与生产实践[J].纺织导报,2002,(9).

[29]史志陶.梳棉机锡林盖板梳理区棉结产生机理的研究[J].棉纺织技术,2004(8):17–21.

[30]吕恒正.棉精梳机顶梳梳理功能探讨[J].棉纺织技术,2002(1):20–24.

[31]刘东升等.亚麻Coolplus棉混纺色纱的开发[J].棉纺织技术,2010,38(5):40–42.

[32]上海纺织控股(集团)公司,棉纺手册(上)(第三版)编委会.棉纺手册(下)[M].3版.北京:中国纺织出版社,2004.